Menschen, Macher und Maschinen

Berichte über außergewöhnliche
Frauen und Männer, komplexe Technik,
große Baustellen und andere Welten

Herausgegeben von
Roland Hensel und Wieland Simon

Siemens AG, Industry Solutions, Erlangen

Impressum

Die Deutsche Bibliothek verzeichnet diese Publikation in der Deutschen Nationalbiografie, detaillierte bibliografische Daten sind im Internet über http://dnb.ddb.de abrufbar.

Fotonachweis:
Thomas Geiger, Hersbruck: alle Studioaufnahmen der Porträtierten • Corbis: Cover, 14, 27, 65, 67, 70, 91, 119, 128, 163, 208, 209 • dpa Picture-Alliance: 176 • Fotolia: 161 • iStockphoto: 11, 14, 45, 46, 47, 50, 119, 122, 133, 135, 163, 198 • Photocase.com: 9, 14, 17, 19, 39, 41, 70, 148, 173, 174, 179, 184, 201, 203, 207, 209, 213, 215, 218 • Stadtkommunikation Linz: 59, 61 • Voith Siemens Hydro: 177
Alle anderen Fotos: Siemens AG oder privat

www.industry.siemens.de

ISBN 978-3-00-024364-6 (Hardcover)
ISBN 978-3-00-024365-3 (Broschur)

Herausgeber: Roland Hensel, Wieland Simon
Siemens AG, Industry Solutions, Media Relations (Pressestelle)
Konzeption und Redaktion: Roland Hensel, Wieland Simon
Layout: Agentur Feedback, München
Druck: Aumüller Druck, Regensburg
Auflage: 1. – 3. Tsd. (Hardcover), 1. – 4. Tsd. (Broschur)
Vertrieb: Siemens AG, GSS PML SO, Gründlacherstr. 248, 90765 Fürth-Bislohe, Deutschland • Fax: +49 (0)911 654-4271
E-Mail: hotlinec4bs.gss@siemens.com

Menschen, Macher und Maschinen
Herausgegeben von Roland Hensel und Wieland Simon
Siemens AG, Industry Solutions, Erlangen

Inhalt

Über Menschen,
Macher und Maschinen

160 Jahre Innovationen in Elektrotechnik und Elektronik haben Siemens zu einem der weltgrößten Unternehmen dieser Branche gemacht. Über 460.000 Mitarbeiter erwirtschaften in 190 Ländern der Erde einen Umsatz von 80 Milliarden Euro. Knapp zehn Prozent davon entfallen auf „Industry Solutions", den Anlagenbauer von Siemens. Die Division begleitet mit ihren Ingenieuren Anlagen vom ersten Tag des Entwurfs bis zum letzten Tag ihres Bestehens. Für den größten Dienstleister bei Bau, Instandhaltung und Modernisierung von Industrie- und Infrastrukturanlagen arbeiten mehr als 36.000 Spezialisten an über 60 Standorten in aller Welt. Einige von ihnen sind Geburtshelfer und Notarzt zugleich, die häufig unter extremen Bedingungen die auf Papier geplanten und dann vor Ort montierten Anlagen zum Leben erwecken oder bei akutem Stillstand erste Hilfe leisten. Ihr Einsatzort: Kupferminen in Chile, Walzwerke in der Inneren Mongolei, Papierfabriken in Japan und Europa oder ein Postverteilzentrum in den USA. Sie optimieren die Antriebstechnik des Kreuzfahrtschiffes Aida genauso wie die der Gepäckförderanlagen am Flughafen in Peking oder Dubai oder der Zementfabrik in Jeddah. Sie fliegen zu Offshore-Anlagen in die Nordsee, zu Hochöfen nach Brasilien oder zu Wasseraufbereitungsanlagen nach Singapur. Sie kennen Timbuktu, Zhungeer und Albinsand genauso wie Touristen Kapstadt, Schanghai oder New York.

Doch kaum einer erfährt, wer diese Menschen sind, die unter großem persönlichen Einsatz und zuweilen auch hohem Risiko dafür sorgen, dass Fabriken Papier oder Stahl produzieren, U-Bahnen sicher fahren und Erdöl auch bei Eis und Sturm vor der Küste gefördert wird. „Es geht nicht" gibt es bei diesen Männern und Frauen nicht. Wir haben 21 angehende Journalistinnen und Journalisten der Universitäten Leipzig und Eichstätt gebeten, sich mit einigen dieser Frauen und Männer zu treffen und über diese Begegnung zu schreiben – in welcher Form und in welchem Stil blieb ihnen überlassen. Ein Fotograf begleitete diese Gespräche, um den Geschichten eine Klammer zu geben. Ergänzt werden die einzelnen Porträts mit den unterschiedlichsten „Erinnerungsfotos" aus dem Alltag der Inbetriebsetzung.

Das Ergebnis ist eine Sammlung von höchst unterschiedlichen Geschichten und höchst unterschiedlichen Menschen, die alle eines gemeinsam haben: Freude an Technik, Neugier auf fremde Länder und Spaß beim Kennenlernen anderer Kulturen. Sie alle lieben die Sicherheit, bieten Verlässlichkeit und bleiben dennoch Abenteurer, die die Herausforderung suchen.

Roland Hensel und Wieland Simon

Für die meisten von ihnen war die Arbeit auf der Baustelle zunächst der Einstieg in das Berufsleben, eine Gelegenheit, abwechslungsreiche und anspruchsvolle Aufgaben zu lösen und innerhalb kürzester Zeit Verantwortung zu übernehmen. Denn mit der gewonnenen Erfahrung und der bewiesenen Fähigkeit zum Problemlösen stehen ihnen viele Türen offen. Vom Beruf zur Berufung ist es für diese Frauen und Männer häufig nur noch ein kleiner Schritt. Nur wenige möchten tauschen, die meisten bleiben bis zum wohlverdienten Ruhestand dabei.

Jedes Porträt gibt dem Anlagenbau ein Gesicht. Es ist eine Auswahl, die stellvertretend für die vielen Frauen und Männer stehen soll, die in den letzten 160 Jahren bei Siemens dazu beigetragen haben, dass Ideen und Visionen Realität werden.

Wir danken allen Beteiligten für ihre Offenheit und die Bereitschaft, an diesem Projekt mitzuwirken. Wir danken den Studentinnen und Studenten der Journalistikstudiengänge sowie deren Dozenten Christian Klenk (Universität Eichstätt-Ingolstadt) und Prof. Michael Haller (Universität Leipzig), die im Dezember 2007 eine facettenreiche und zum Teil auch sehr individuelle Innenansicht aus dem Alltag eines Industrieunternehmens lieferten. Unser Dank gilt auch dem Fotografen Thomas Geiger und Wilfried Berlinger für Rat und Tat bei der Vorbereitung der Druckunterlagen sowie dem Siemens Management mit Jørgen Ole Haslestad und Bernd Euler für die Unterstützung bei diesem Projekt.

Erlangen, im April 2008
Wieland Simon und Roland Hensel

7

Wir sind schon ein bisschen verrückt

Wenn Wolfgang Zellner von seinen Auslandseinsätzen erzählt, macht er das nicht nüchtern anhand von Daten und Fakten, sondern berichtet wie ein Abenteurer: von Einheimischen, mit denen man sich nur mit Händen und Füßen verständigen konnte, von Mangelware in den Camps, in denen die Männer Wurst nach Rezepten ihrer Großmütter selbst räucherten oder von Naturschauspielen, die so schön waren, das sie ihm einfach nur den Atem raubten.

Text: Melanie Völk

Länger als zwanzig Tage kann man nicht auf 4000 Metern Höhe arbeiten. In den anschließenden zehn Tagen Pause besuchen Zellner und seine Kollegen entweder die Hauptstadt La Paz oder andere Sehenswürdigkeiten, wie die antiken Inkastädte in den Anden. Hauptsache weit weg von der Baustelle.

Korea, 2003: Ein Mann kniet über einem Bretterhaufen und versucht, ganz wie bei Robinson Crusoe, Holzbretter mit einem selbst hergestellten Kleber zu einem Boot zusammenzubauen. Einige Tage später fährt das Boot und trägt ihn ein kleines Stück über den Ozean. Ahwas, 1993, 5 Uhr morgens: Langsam pirscht sich der Mann in der iranischen Wildnis an eine Gruppe Wildschweine heran, fixiert eines von ihnen und drückt ab. Libyen, 1986, ein Camp in Misurata: Vorsichtig füllt der Mann etwas Zucker und Hefe in eine Flasche und verschließt sie mit einem Kronkorken. Nach einigen Tagen Gärprozess im eigenen Badzimmer genießt er sein erstes selbstgebrautes Bier.

Nein, dieser Mann kämpft nicht ums Überleben. Das sind die Freizeitbeschäftigungen von Wolfgang Zellner, der mehr als die Hälfte seines Tages auf der Baustelle verbringt. Es ist auch die Beschäftigungstherapie für einen Menschen, dessen Job ihn regelmäßig von einem Ende der Welt ans andere bringt. „Man muss sich selbst beschäftigen können. Das habe ich für mich herausgefunden. Man kann überall etwas finden. Das ist wichtig, wenn man überleben will", sagt Wolfgang Zellner.

Seit fast 30 Jahren ist der gelernte Maschinenbauer jetzt bei Siemens und als Bauleiter für elektrische Maschinen auf zahlreichen Baustellen in der ganzen Welt. Er lebte während seiner Arbeit in Fünf-Sterne-Hotels, in der Wildnis, in 18-Quadratmeterboxen mit Nasszelle oder auf 4000 Metern Höhe mitten in den Anden. Extreme Bedingungen, die zu seinem Job gehören, die ihn aber gerade auch interessant machen und weswegen er ihn auch nie aufgeben würde.

Wolfgang Zellner ist 53 Jahre und man vermutet schon beim ersten Blick, dass er nicht an den Schreibtisch gehört, sondern in die weite Welt. Er ist leger gekleidet, sportlich und dynamisch, seine Haut ist leicht gebräunt und sein Lächeln lässt ihn herzlich wirken. Und er ist vor allem eines: weltoffen und erfahren. Wenn er von seinen Auslandseinsätzen erzählt, macht er das nicht nüchtern anhand von Daten und Fakten, sondern berichtet wie ein Abenteurer: von Einheimischen, mit denen er sich angefreundet hat, obwohl er sich nur mit Händen und Füßen verständigen konnte, von Camps, in denen Luxusgüter Mangelware waren, und die Männer deswegen die Rezepte ihrer Großmütter wieder ausgepackt haben, um sich Schinken selbst zu räuchern.

Oder von Naturschauspielen, die so schön waren, dass sie ihm einfach nur den Atem raubten. „Wir sind schon ein bisschen verrückt", sagt Wolfgang Zellner und lacht herzlich. „Ich bin der Typ Mensch, der die Extreme braucht. Da muss man schon ein Gen dafür haben, dass man den Job machen kann." Und genau dieses Gen ist bei ihm besonders stark ausgeprägt – als würden sich die extremen Situationen gerade Wolfgang Zellner als Bauleiter aussuchen.

Die Karriere, die Wolfgang Zellner bei Siemens gemacht hat, wird man heute nicht mehr so oft finden. Der 53-Jährige machte zuvor eine Maschinenbaulehre bei einer Firma im Saarland, holte nach deren Konkurs seinen Meistertitel nach und wechselte 1978 zu Siemens. Doch dort lief es anfänglich nicht so, wie er es sich vorgestellt hatte: Mit Baustellen sah es eher mau aus und obendrein pendelte er wöchentlich zwischen seiner Heimatstadt Saarbrücken und seinem Arbeitsplatz in Erlangen – eine teure Angelegenheit. „Ich war ganz dicht dabei, wieder abzuspringen und hab mich auch schon woanders beworben", erinnert sich Wolfgang Zellner. Dann lief es auf einmal: Zusammen mit einem älteren Kollegen ging es endlich auf eine Baustelle und kurz darauf kam die erste eigene Baustelle in Saudi-Arabien, die er alleine bewältigen musste. Damals war das für ihn „eine ganz große Sache", inzwischen ordnet er sie aber eher der Kategorie „Peanuts" zu. Denn heute ist er Oberbauleiter auf riesigen Baustellen mit großer Verantwortung – und das alles ohne akademische Ausbildung. Sein Lebensmotto: Sich Ziele zu setzen, die man auch erreichen kann. „Ich kann nicht ohne Ziel leben. Ein Ziel gibt mir die Sicherheit, die ich brauche", sagt er lapidar.

Gerade liegt einer seiner längsten Einsätze hinter ihm: Fast 20 Monate verbrachte er auf einer Baustelle in San Christobal in Bolivien. Arbeiten auf 4000 Metern Höhe, um ihn herum nur die gewaltige Bergkette der Anden. Jeder andere hätte wahrscheinlich großen Respekt vor dieser Verantwortung und würde sich schon Monate vorher in die Vorbereitungen stürzen. Nicht jedoch Wolfgang Zellner: „Solche Aufgaben sind für mich das Normale geworden, das sind keine Sensationen mehr", sagt er ganz gelassen, ohne zu übertreiben.

Eine neue Baustelle, ein neues Land. Wieder ein neuer Ort, an dem er sein Lebensgerüst komplett neu errichten musste. Jedes Mal muss er sich auf

Wolfgang Zellner (53)
Maschinenbaumeister, derzeit Site Manager im Außendienst • Haupteinsatzländer: China, Libyen, Korea, Mittlerer Osten und Südamerika • Projekte: Walzwerk No1, Baoshan, China, Kupfermine San Christobal, Bolivien • Lebensmotto: Träume nicht dein Leben – sondern lebe deinen Traum.

neue Bedingungen einstellen: Auf die Baustelle, auf das Klima, auf das Land, auf die Denkweise der Einheimischen und der Arbeiter vor Ort. „Die Mentalität ist komplett anders als die der Europäer. Das sind alles sehr nette und zuvorkommende Menschen, die ihre Arbeit machen. Aber sie haben ganz andere Vorstellungen vom Terminplan. Wir leben für unseren Terminplan, aber sie sehen das viel lockerer", erzählt Zellner. Jeder Arbeitstag kostet viel Geld, wenn er dann auf Leute trifft, die es mit der Zeit nicht ganz so genau nehmen, muss er sich oftmals beherrschen. „Das sind Momente, in denen es in mir hochkocht. Dann sage ich mir: Ich gehe jetzt, bevor etwas passiert und kümmere mich morgen um das Problem. Man ist dann wieder ruhiger und hat fast immer eine Lösung parat. Das ist wichtig in dem Job, dass man weiß, wie man mit so etwas umgeht", berichtet Wolfgang Zellner.

Mit Luxus hat das Leben in den Anden nichts zu tun: Die Wohncontainer sind spartanisch eingerichtet, es gibt zwar einen Fitnessraum, aber sportliche Höchstleistungen sind auf 4000 Metern unvorstellbar. Außer Lesen, Schlafen und Fernsehen gibt es keine Freizeitmöglichkeiten. „Unter solchen Bedingungen ist man daran interessiert, so lange wie möglich auf der Baustelle zu sein, weil Freizeit hier keinen Wert hat. Freizeit heißt Langeweile, mit der Zeit kannst du nichts anfangen". Trotzdem: Zu viele Tage am Stück an solchen Orten laugen selbst den härtesten Kerl irgendwann aus. Deswegen gibt es eine strenge Regel: 20 Tage arbeiten, dann 10 Tage Pause. In dieser Zeit nehmen Wolfgang Zellner und seine Kollegen eine Auszeit – entweder in der Hauptstadt La Paz oder in einer anderen Stadt – Hauptsache weit weg von der Baustelle. „Wenn wir die 20 Arbeitstage überschritten hatten, sind wir hibbelig geworden. Da konnte man nichts dagegen machen." In solchen Baustellensituationen arbeitet Wolfgang Zellner am Limit – sowohl körperlich als auch psychisch. 20 Monate in einem anderen Land, tausende Kilometer von seiner Familie entfernt, ein Zusammenleben auf engstem Raum mit Menschen, die meist nur die Arbeit verbindet. Denn Freundschaften, sagt Wolfgang Zellner, knüpft man auf der Baustelle nur oberflächlich. Das gehört ein bisschen zur Professionalität dazu, denn er weiß, dass er dem Großteil der Kollegen kaum ein zweites Mal begegnen wird, zu vielfältig

„Ich bin der Typ Mensch, der die Extreme braucht. Da muss man schon ein Gen dafür haben, dass man den Job machen kann."

Bild oben: Und wieder auf einem Sightseeing-Trip. Diesmal geht's mit der Fähre zum Titicaca-See.

Bild links: Das Stadtbild von La Paz wird vom mächtigen Illimani (6439 m) mit seinen drei Gipfeln beherrscht. Mit viel Fantasie kann man in den Felsen an seinen Hängen ein Bild eines Indio mit Frau, Kind und Lama erkennen.

Bild links außen: Auf einer Zweitagestour – Fahrt mit dem Jeep über den Salzsee Salar de Uyuni. Der Salzsee liegt ca. 12 Stunden von La Paz entfernt.

11

sind die Arbeitsaufgaben und Einsatzorte rund um den Globus. Nur eine einzige Freundschaft, die auf einer Baustelle begann, besteht heute noch – 25 Jahre später. Dieser Freund ist heute sein Chef und zuweilen auch so etwas wie ein Anker für ihn. „Manchmal rufe ich ihn an, wenn ich mich über irgendetwas geärgert habe und mit einem vernünftigen Menschen reden muss. Und mein Chef lacht dann immer."

Auf der Baustelle durchlebte Wolfgang Zellner alle Arten von Gefühlen: Wut, Ärger, Glück, aber auch Phasen, in denen er sich fragte, was er da überhaupt macht. Und er lernte andere Seiten an sich kennen: „Man lebt manchmal zwei Leben, weil man in solchen Extremsituationen lockerer wird und auch Sachen macht, die man zu Hause nicht machen würde." Beispielsweise wenn auf einer Feier keine Frauen auf der Tanzfläche sind, feiert man den Abend über eben mit den Männern. Etwas, was er unter normalen Umständen in Deutschland nicht machen würde.

Fast 30 Jahre im Job und Erfahrungen auf zahlreichen Baustellen in der ganzen Welt. Kein Krisenherd oder keine widrigen Umweltbedingungen können den 53-Jährigen aus der Ruhe bringen. Gelassen und routiniert geht er an jede neue Aufgabe heran – auch wenn er länger als geplant auf der Baustelle bleiben oder mit ungeahnten Schwierigkeiten kämpfen muss. „Ich habe gelernt damit umzugehen. Man darf das nur nicht zu nah an sich ranlassen." Als wäre es das Normalste auf der Welt, auf 4000 Metern Höhe, in glühender Hitze oder bei eisiger Kälte zu arbeiten.

Immer wieder bekräftigt er, bei keinem Einsatz je Angst verspürt zu haben – nicht nach mehrmaligen Sabotageakten und erst recht nicht in politisch instabilen Ländern. Nur einmal ging der Monteur an seine Grenzen, wurde mit einer Situation konfrontiert, in der es ihm schwer fiel, Nerven und Kontrolle zu behalten. Und in der er das erste Mal Angst hatte: Auf einer Baustelle in Indonesien, kurz vor Abschluss der Bauarbeiten an einem Walzwerk, stürzt der 160 Tonnen schwere Motor 1,20 Meter in die Tiefe. Nach dem ersten Schock sieht sich Wolfgang Zellner auf der Baustelle um: Sieben Arbeiter liegen am Boden, einer von ihnen direkt unter dem Motor eingeklemmt, überall zerschmetterte Helme. „Das war mein schlimmstes Erlebnis im ganzen Leben", sagt er und gerät ins Stocken. „Das sind solche Momente, in denen ist man blutleer. Ich war wie gelähmt, wollte hingehen und gucken, aber ich konnte nicht. Ich hab meine Füße nicht voreinander gebracht." Innerhalb weniger Sekunden war die Arbeit von zwei Monaten

„Kein Krisenherd oder widrige Umweltbedingungen können Wolfgang Zellner aus der Ruhe bringen. Nur einmal wurde der Bauleiter mit einer Situation konfrontiert, in der es ihm schwer fiel, Nerven und Kontrolle zu behalten."

zerstört, mehrere Kollegen verletzt und ein Schaden von 400 Millionen Euro drohte. Obendrein verloren mit dem Baustop mehrere hundert Indonesier von einem Tag auf den anderen ihre Arbeit und landeten wieder auf der Straße. „Für diese Menschen war ich der Verantwortliche gewesen. Einer, der ihre Träume von Geld und Wohlstand kaputtgemacht hatte. Da hatte ich schon etwas Angst, dass mich einer von ihnen einmal packt." Nachdem die Verletzten ins Krankenhaus gebracht worden waren, standen der Bauleiter und sein Team ziemlich ratlos vor den Trümmern. „Wir wussten nicht, wie es weitergeht. Doch dann dachten wir uns etwas aus und bastelten auf gut Glück einen neuen Terminplan zusammen." Niemand wusste so richtig, ob das funktionieren wird, einige Spezialisten vor Ort prophezeiten das frühzeitige Scheitern. Doch das Team ließ sich nicht beirren, legte dem Kunden den neuen Terminplan vor und packte die Aufgabe erneut an. „Dann hab ich eine Lösung gefunden, wie wir den 160 Tonnen-Motor wieder aus der Baugrube bekommen, und das hat dann auch geklappt. Als danach noch die Meldung kam, dass keiner der Arbeiter lebensgefährlich verletzt war, fiel ein großer Teil des Drucks weg." Aus dem Buhmann wurde ein Held, und Wolfgang Zellner zog seine Lehre aus dem Vorfall: „Man wird vorsichtiger und folgt ausschließlich seinem eigenen Instinkt." Denn trotz anfänglicher Bedenken an der technischen Umsetzung des Projekts ließ sich Zellner überreden, es anders zu machen. „Als der Motor dann unten lag, habe ich mich natürlich geärgert, dass ich nicht meinen Lösungsweg verfolgt habe. So etwas passiert mir heute nicht mehr. Ich habe gelernt, nur noch das zu machen, wo ich persönlich ein gutes Gefühl dabei habe".

Trotz des Vorfalls hat Wolfgang Zellner nie an seiner Arbeit gezweifelt. Ihm ist bewusst, dass seine Arbeit „mitunter etwas gefährlicher ist". Das erfordert überlegtes Handeln, Rückgriff auf den eigenen Erfahrungsschatz und die notwendige Ruhe, wenn etwas schief geht.

Die ruhige Art – das ist es, was seine Kollegen an Wolfgang Zellner schätzen. Doch das ist nicht die einzige Eigenschaft, die man mitbringen muss, wenn man als Bau- und Projektleiter auf großen Baustellen in der ganzen Welt arbeitet. „Man braucht auch eine große Portion Selbstvertrauen, um die ganzen Entscheidungen zu treffen." Hat man das nicht, ist sich Wolfgang Zellner sicher, verzweifelt man an seinen Aufgaben. „Das Selbstvertrauen baut man sich auf, man lernt ja bei jeder Baustelle und wächst daran. Meine Frau sagt sogar, dass ich zu viel Selbstvertrauen habe", sagt Wolfgang Zellner und lacht herzlich.

Der Satz „Hinter jedem starken Mann steht auch eine starke Frau" klingt wie ein Klischee und ziemlich abgegriffen. Aber bei Wolfgang Zellner trifft diese Aussage zu. „Wenn man so viel auf Reisen ist wie ich, kommt irgendwann der Punkt, an dem man sich zwischen Familie und Beruf entscheiden muss." Monatelang unterwegs sein und nie wissen, wann man wieder nach Hause kommt, ist nicht die beste Basis für eine Beziehung. „Aber ich habe Glück. Meine Frau unterstützt mich voll und ganz. Natürlich passt es ihr nicht immer, aber sie steht hinter mir." 34 Jahre ist Wolfgang Zellner jetzt verheiratet. „Wir haben uns das von vorn herein ganz genau überlegt. Wir wussten, dass meine Arbeit mit Trennung verbunden sein wird und dass es für meine Frau nicht einfach sein wird." Die Unterstützung seiner Frau bedeutet dem Bauleiter sehr viel: Sie hält ihm nicht nur zu Hause den Rücken frei, sondern begleitet ihn auch manchmal bei seinen Auslandseinsätzen – wenn es die Situation zulässt. Bei seinem nächsten Einsatz in Kuala Lumpur ist sie wieder dabei. Er weiß, dass es für sie alles andere als einfach ist, das

Für den bolivianischen Bergbau ist die unter freiem Himmel errichtete Mine San Christobal ein ehrgeiziges Projekt: Dort werden zukünftig 100.000 Tonnen Blei, Zink und Silber abgebaut. Die Bilder zeigen die Mine und die Förderstrecke.

gewohnte Umfeld zu verlassen, für längere Zeit in einem anderen Land zu leben und komplett noch einmal bei „Null" anzufangen. Doch genau dafür ist er seiner Frau dankbar: „Meine Frau ist ein sehr wichtiger Teil in meinem Beruf. Wenn das häusliche Umfeld stimmt, kann man immer wieder auftanken", sagt Zellner.

Dennoch, ganz konfliktfrei geht es auch in der Familie nicht: „Meinen Kindern hängt das schon ein bisschen an. Meine Tochter hat es mir sehr übel genommen, dass ich längere Zeit für sie nicht da war. Sie ist heute total dagegen, dass ihr Mann irgendeine Dienstreise macht." Nicht zu sehen, wie die eigenen Kinder aufwachsen und wichtige Stationen in ihrem Leben meistern, oder einfach an Familienfeiern nicht da sein – „das tut schon weh, wenn man Weihnachten unterwegs ist und die Kinder von Zuhause anrufen, weil sie es nicht verstehen, warum der Vater nicht da ist. Und das ist oft sehr hart. Das sind eben die Schattenseiten des Berufs."

Wenn Wolfgang Zellner von seinem Arbeitsalltag, seinen Aufgaben und den schwierigen Situationen berichtet, so glaubt man, dass diesen Mann kaum etwas aus der Ruhe bringen kann. Sich rechtzeitig zurückziehen und einfach einmal eine Nacht darüber schlafen – lautet sein Rezept. Aber es gibt auch Situationen, die den Bauleiter auf die Palme bringen: „Ich mag es nicht, wenn man mir in meine Arbeit reinfummelt oder nicht einsehen will, wenn etwas falsch läuft. Das greift mich wirklich an." In seiner Anfangszeit als Bauleiter wurde Wolfgang Zellner ständig beobachtet. Er war der Neue, trug große Verantwortung für die Projekte und stand ständig auf dem Prüfstand. „Das hat mich schon mächtig genervt, dass ich damals immer der ‚Junge' war". Heute hat sich das Blatt gedreht. Heute ist Wolfgang Zellner der, zu dem die jungen Kollegen aufschauen, den sie für seine Erfahrung und seine Art, wie er an die Dinge herangeht, bewundern.

Wolfgang Zellner liebt seinen Job, die Herausforderungen, das Reisen und das Extreme. „Ich habe es nie bereut, diesen Job angenommen zu haben. Den ganzen Tag am Schreibtisch sitzen und aus dem Fenster gucken, das könnte ich nicht". Trotz aller Liebe zum Beruf hat er sich selbst ein Limit gesetzt: Mit 60 Jahren will er in den Ruhestand gehen, den Koffer endlich in die Ecke stellen und zusammen mit seiner Frau in sein Haus in Malaga ziehen. Eine Hintertür hält er sich aber schon jetzt offen: „Ich kann mir vorstellen, dann doch noch das eine oder andere Mal als Freiberufler auf Baustellen zu arbeiten", sagt er mit einem verschmitzten Lächeln. Denn insgeheim weiß er: Wenn das Telefon klingelt und ihm die Bauleitung eines interessanten Projekts angeboten wird, wird er nicht Nein sagen können. Dann wird das schlummernde Gen, das das Abenteuer und das Extreme so liebt, wieder aufwachen.

1 Parinacota und Pomerape spiegeln sich auf rund 4500 m im klaren Wasser eines Sees. Aufgenommen im Nationalpark Lauca, Chile.

2 Über den größten Salzsee der Welt, den Salar de Uyuni in Bolivien, fährt man besser mit einem Allrad-Jeep.

3 Siemens installierte ähnliche Technologien auch in der chilenischen Kupfermine Los Pelambres.

4 Der Salar de Uyuni in Bolivien ist mit 12.000 km² der größte Salzsee der Welt, ist aber in Zeiten geringer Niederschläge eine Salzwüste.

5 Schon der Transport der Mühlen und der Antriebe ist im bolivianischen Hochland eine logistische Herausforderung.

6 Wie in jeder bolivianischen Stadt gibt es auch hier Markthallen und riesige offene Märkte, wobei der Wollmarkt in La Paz schon einen Besuch wert ist.

7 Auf der weltweit größten Silber-Zink-Blei-Mine sind drei getriebelose Erzmühlen im Einsatz.

8 Die Aymara leben auf der Hochebene des Altiplano und stellen ca. 35 % der bolivianischen Bevölkerung – aufgenommen in Ayo Ayo.

Bilanz nach anderthalb Jahren

Abraham Tesfai (28) und Viktor Warkentin (26) verkörpern den heimlichen Traum eines jeden deutschen Integrationsbeauftragten. Der Eritreer und der Russe haben beide in Deutschland studiert, Abraham Tesfai an der Universität Wuppertal Elektrotechnik und Viktor Warkentin an der Fachhochschule Lippe und Höxter Mechatronik. Seit anderthalb Jahren arbeiten sie als Inbetriebsetzer bei Siemens, und ihr Arbeitsort ist der gesamte Globus. Im Interview erzählen sie, wie es ihnen in den letzten 18 Monaten ergangen ist.

Text: Felix Stephan

Wer an China denkt, hat meist dessen boomende Metropolen vor Augen. In der Tat konzentriert sich um Peking, Schanghai und Hongkong ein Großteil der Bevölkerung und der Wirtschaft. Doch auch das Hinterland des Reichs der Mitte setzt gegenwärtig zum Sprung in die Moderne an und baut seine Industrie und Infrastruktur aus. Seit mehr als 100 Jahren hat Siemens eine Niederlassung im Reich der Mitte.

Ihr seid beide noch nicht lange bei Siemens. Wie habt Ihr die vergangenen Monate erlebt?

Tesfai: Ich bin jetzt seit anderthalb Jahren dabei, aber die Zeit vergeht extrem schnell. Ich weiß nicht, wie das bei den anderen Jobs ist. Aber hier sind wir ständig unterwegs und da vergisst man die Zeit.

Warkentin: Ich habe die Stelle sehr kurzfristig angenommen und auch die Zusage viel zu schnell bekommen. Ich hatte da nur einen Tag Zeit, mich zu entscheiden. Das ist aber so in Ordnung.

Tesfai: Man krempelt sein Leben total um. Wir kommen beide nicht aus Erlangen oder Bayern, sondern aus Nordrhein-Westfalen. Wir haben uns aber ganz gut eingelebt. Die meisten Kollegen aus unserer Gruppe lernt man erst nach und nach kennen. Zum einen, weil man zuerst viele Technik-Kurse besucht und nicht im Büro sitzt, und zum anderen, weil viele Kollegen ständig unterwegs sind. Ich wurde nach drei Monaten erstmals mit einem erfahrenen Kollegen auf die Baustelle geschickt. Wir sind beide Inbetriebsetzer. Ich habe mich auf Großantriebsanlagen spezialisiert, das sind spezielle große Antriebe für Lüfter, Kompressoren oder Pumpen.

Warkentin: Ich setze die Antriebe in einem anderen Leistungsbereich in Betrieb. Bei mir sind es Niederspannungsantriebe mit einer Spannungsversorgung bis 1000 Volt und einer Leistung von höchstens ein oder zwei Megawatt. Abraham's Antriebe haben schon eine Spannungsversorgung um die 6600 bis 20.000 Volt und eine Leistung von 1 Megawatt bis 30 Megawatt.

Wie kommt Ihr zu einem Einsatz? Kriegt Ihr einen Anruf?

Tesfai: Das ist unterschiedlich. Ich werde gefragt, ob ich zu dem oder dem Zeitpunkt fliegen könnte. Wenn ich frage, wie lange die Einsatzdauer ist, dann sagt mein Vorgesetzter: „zwei bis drei Wochen". Das ist normalerweise die Standardeinsatzzeit, aber es kann auch länger dauern. Wenn allerdings auf der Anlage alles vorbereitet ist und alles glatt läuft, bin ich schon nach einer Woche wieder zurück. In den letzten drei Monaten war es sehr übersichtlich, weil ich hier in Deutschland gearbeitet habe. Ich war zuletzt zwei Wochen im Dynamowerk in Berlin. Zwei Wochen waren für Tests geplant und ich musste in dieser Zeit auch fertig sein. Punkt! Das ist so in Deutschland. Aber im Ausland, in China zum Beispiel, da kommt man auf die Baustelle und alles kann viel länger dauern als geplant ...

Warkentin: Nach einem Einsatz sitzt man nur kurz im Büro. Oft kommt bereits nach zwei Tagen der Anruf für den nächsten Einsatz. Das kann sehr kurzfristig gehen: Der Chef bekommt eine Anfrage vom Kunden oder von einem Bauleiter, er fragt dich, ob du kannst, und schon bist du unterwegs. Ich komme gerade aus Südkorea von so einem kurzfristigen Einsatz. Ich sollte auf einem Tanker die Pumpenantriebe in Betrieb setzen. Die Kollegen aus Holland, die das Projekt eigentlich betreuen, brauchten Unterstützung. Aber niemand wusste, wo das Schiff genau liegt, was für Antriebe das sind und wo genau sie im Schiff eingebaut waren. Ich bekam nur einen Link zu einem holländischen Server, wo ich mir alle Päne runterladen konnte. Alles andere musste ich mir selbst zusammenreimen.

Bist Du da alleine geflogen oder im Team?

Warkentin: Allein. Man bekommt das Visum und das Ticket und fliegt einfach los. Da es sehr kurzfristig war, hatte ich nicht einmal eine Hoteladresse, gar nichts. Ich wusste nur ungefähr, wo der Kunde sitzt. Und ich hatte mein Ticket nach Busan.

Tesfai: Das hat man immer rechtzeitig!

Warkentin: Und da kommst du dann in Südkorea an, die Handys funktionieren nicht, egal welches man benutzt. Es gibt keinen deutschen Provider für die Netze. Das erste, was man macht, man kauft sich ein neues Handy für das koreanische Netz. Wenn man das nicht weiß, hat man schon das erste Problem. Während des Fluges sollte mein Hotel reserviert werden. Aber nach meiner Ankunft konnte ich ja niemanden anrufen. Das einzige, was ich hatte, war die Adresse der Werft. Samsung Heavy Industries. Sie bauen dort mehr als 50 Riesentanker im Jahr. Meine holländischen Kollegen sagten vorher, ich solle von München nach Seoul und dann weiter nach Busan fliegen und von dort aus mit dem Taxi zur Werft fahren. Ich habe dann vor Ort dem Taxifahrer den Zettel mit der Adresse gezeigt, aber er musste erst eine halbe Stunde telefonieren, um herauszufinden, wo die Baustelle überhaupt ist. Die Fahrt hat dann noch einmal zwei Stunden gedauert. Ich kam dann an die Hauptpforte und war ziemlich überrascht: Es hat mich sogar jemand empfangen. Die Kollegen waren also informiert, dass ich komme. Das Schiff lag vor Anker und wir mussten mit einem kleinen Took-Boot übersetzen. Wir haben auf dem Schiff in den Kabinen übernachtet und ich muss sagen: Dagegen ist ein Vier-Sterne-Hotel nichts. Die Einrichtung war sehr gut und auch das Essen ausgezeichnet.

Welchen Auftrag hattest Du auf der Werft?

Warkentin: Ich war für die Inbetriebsetzung der Umrichter für die Be- und Entladepumpen verantwortlich. Die waren mit einer übergeordneten Steuerung verbunden, die meine holländischen Kollegen betreuten. Das Schiff, ein Eisbrecher und Öltanker in einem, hat eine russische Reederei bauen lassen. Sie will damit Erdöl von der russischen Nordküste zu pazifischen Häfen transportieren. Die Mannschaft, die das Schiff übernehmen sollte, war auch an Bord. Und da ich ja in Russland geboren bin, hatte ich schnell Kontakt zu ihnen. Sie erzählten, dass das Schiff für die Zukunft gebaut ist. Jetzt lohnt sich der Transport noch nicht, da die Ölförderung im Norden noch zu teuer ist. Aber wenn der Ölpreis weiter steigt, wird es für die Reederei interessant.

Viktor Warkentin (26)
Diplom-Ingenieur für Mechatronik (spezialisiert auf elektrische Systeme), beschäftigt als Inbetriebsetzungsingenieur für Niederspannungsantriebe • Haupteinsatzländer: Serbien, Saudi-Arabien, Südkorea, Rumänien, Schweiz, Niederlande, Schweden • Lebensmotto: Take it easy.

„Man kommt von der Uni, hat viel gelernt, weiß aber absolut nichts. Wenn man dann auf die Anlage geht und Probleme lösen muss, sammelt man in kürzester Zeit sehr viel Erfahrung."
Viktor Warkentin

Oder wenn das Eis weg ist.
Tesfai: Dann brauchen sie aber auch keinen Eisbrecher mehr.

Hat man bei so einem Einsatz eigentlich Zeit für das Land, oder sieht man nur den Flughafen und die Anlage?
Tesfai: Es kommt darauf an. Wenn der Kunde den Einsatz gut vorbereitet hat, dann sehe ich in der Tat nur den Flughafen, das Hotel und meinen Einsatzort. Wenn aber Schadensfälle eintreten oder eine Wartung an der Anlage ansteht, dann gibt es durchaus Möglichkeiten, Land und Leute kennen zu lernen.
Warkentin: Wenn man viel Wartezeit hat, kann man sich schon mal umschauen.
Tesfai: Wenn Verzögerungen vorkommen, z.B. durch Umstände, die wir nicht zu vertreten haben, dann kann der Aufenthalt bis zu mehreren Wochen dauern. Ich komme gerade von einer Baustelle in China, dort gab es einen Asbest-Vorfall und ich durfte die Baustelle nicht betreten. Da gibt es dann die Alternative: Entweder man bleibt solange vor Ort, bis der Schaden behoben ist, oder man tritt die Heimreise an und kommt nach zwei, drei Wochen wieder zurück.
Warkentin: Aber das entscheiden wir nicht selbst. Man kann auch nicht einfach wegbleiben.
Tesfai: Wenn ich beispielsweise nach Peking oder nach Schanghai fliegen würde, um mir die schönen Touristenplätze anzuschauen, dann kann dies den Kunden verärgern. Man braucht hier Feingefühl und Talent, denn der Kunde möchte weiterhin einen Ansprechpartner auf der Anlage haben. Auf der letzten Baustelle hatte ich den Großantrieb für eine Luftzerlegungsanlage in Betrieb zu setzen. Bei einer solchen Anlage verdichtet der Antrieb die Luft so stark, dass sie sich in ihre Hauptbestandteile zerlegt. Der Sauerstoff wird an das Stahlwerk verkauft, um im Konverter den Kohlenstoff im flüssigen Roheisen zu verbrennen. Die großen Verdichterantriebe für diese Anlage werden in Berlin gebaut und getestet, nach China verfrachtet, und wir setzen sie dort in Betrieb. Siemens-Antriebe sind ziemlich beliebt, weil sie eine lange Lebensdauer haben. Und das ist auch gut so, denn wenn so ein Großantrieb ausgetauscht werden muss, steht die Anlage still und das bedeutet Produktionsausfall.

Abraham Tesfai (28)
Diplom-Ingenieur der Elektrotechnik (spezialisiert auf Energietechnik), beschäftigt als Inbetriebsetzungsingenieur von Großantriebsanlagen, Schutzgeräten und Erregerschränken • Haupteinsatzländer: China, Südkorea, Portugal, Schottland und Niederlande • Lebensmotto: Geht nicht, gibt's nicht.

Bild links: Trotz des mittlerweile großen Einflusses westlicher Fastfoodketten wird die lokale Imbisskultur in China noch immer von den zahlreichen kleinen Nudel- und Garküchen geprägt.

Bild unten: Schanghai ist eine der aufregendsten Städte der Welt. Noch Anfang der 1980er Jahre gab es kaum Gebäude über 18 Stockwerke, heute sind es über 5000 – insbesondere im Stadtteil Pudong.

Bild oben: Befüllen eines LD-Konverters. Mit dem Sauerstoff der Luftzerlegungsanlage wird hier das Roheisen zu Stahl umgewandelt.

Bild links: Abraham Tesfai vor der Schaltanlage des Dampfkraftwerks Wilhelmshaven, Deutschland. Hier wurden die Schutzgeräte und der Stromwandler überprüft.

Warkentin: Wenn man auf einem solchen Reparatur- und Wartungseinsatz ist, hat man eigentlich keine freie Zeit. Der Kunde will, dass alles so schnell wie möglich fertig wird. Da hat man dann kaum ein Wochenende frei. Manchmal arbeitet man auch nachts, um andere Gewerke nicht zu stören. So wie in Südkorea: Hier bin ich nach der 24-stündigen Anreise schnell noch mal am Abend auf die Anlage. Gut, dass ich im Flieger schon eine Mütze Schlaf nehmen konnte ... Aber das ist nicht die Regel. Es geht auch anders. Ich war mehrere Wochen in Riad bei Yamama Cement, wo ich die Antriebe in Betrieb setzen sollte. Hier waren Kollegen auf der Anlage, die schon seit Jahren dort arbeiteten. Diese Kollegen zeigen einem dann auch mal die Umgebung und machen Ausflüge mit Kamel oder Jeep in die Wüste. Allerdings sind in Saudi-Arabien die Vergnügungsmöglichkeiten sehr beschränkt.

Tesfai: Aber wir waren schon an der Universität nicht die Typen, die viel ausgegangen oder weggefahren sind. Und von Frauen sollte man hier besser die Finger lassen!

Warkentin: Man muss immer sehr offen und wach sein. Man trifft ständig auf Menschen, von deren Kultur man wenig kennt. Da kann es schnell Missverständnisse und Schwierigkeiten geben.

Tesfai: Vor allem bei politischen und religiösen Themen.

Warkentin: Solche Themen sollte man niemals ansprechen. Ein Kollege in Riad erzählte mir, dass er im Restaurant saß und die Beine übereinander geschlagen hatte. Da hat ihm ein älterer Herr mit voller Kraft gegen das Knie gehauen. Der Kollege wusste absolut nicht, was geschehen ist und was er falsch gemacht hat. Ein jüngerer Saudi hat ihm dann erklärt, dass man keinem Moslem die Schuhsohle zeigen darf. Bei übereinandergeschlagenen Beinen passiert dies schon. Doch so reagieren eher die älteren Menschen. Die jüngere Generation ist da schon sehr viel toleranter.

Tesfai: Außerdem fahren wir nicht in die Länder, um etwas zu verändern, sondern Anlagen zum Laufen zu bringen. Wir wohnen ja nur kurze Zeit dort und ziehen nicht für immer hin. In dieser Zeit können wir die Landessitten kennen lernen und sie beherzigen. Das Primärziel ist aber nach wie vor, unsere Aufgaben auf der Anlage zu lösen.

Warkentin: Das ist ja auch das Schöne an dem Beruf. Man ist nicht als Tourist unterwegs. Man hat viel mehr Kontakt zu Land und Leuten. Manchmal wird man vom Kunden eingeladen und kommt dadurch an Orte, die man sonst

„Das Schönste und Befriedigendste an dieser Arbeit ist, wenn alles fertig ist. Die Maschine läuft, der Kunde ist total glücklich und du hast deine ganzen Unterschriften auf Stundenzetteln, Final Acceptance Certificates und anderem."

Abraham Tesfai

nie gesehen hätte, oder lernt Dinge kennen, die man vorher nicht kannte.

Tesfai: Ich habe einmal Raupen in China zu essen bekommen. Anscheinend soll es eine große Delikatesse sein.

Warkentin: Die Chinesen sind sehr einfallsreich, was das Essen angeht.

Tesfai: Und Froschschenkel. Da muss man durch und mit der Zeit gewöhnt man sich daran. Andere Länder, andere Sitten. Mir macht es Spaß, nach China zu fahren. Hier sind die Menschen sehr gastfreundlich und zuvorkommend.

Seit wann lebt ihr eigentlich schon in Deutschland?

Warkentin: Ich bin seit 1992 hier.

Tesfai: Ich bin seit 1985 in Deutschland. Ich kam hierher, bevor ich sechs Jahre alt wurde. Ich bin in Eritrea geboren. Man spricht dort Tigrinya. Tigrinya wird nur in Eritrea gesprochen und ist eine semitische Sprache, ein Zweig der afroasiatischen Sprachfamilie. Wir haben eine eigene Schrift, die aber auch in Äthiopien Anwendung findet. Das letzte Mal war ich 2001 in Eritrea. Der Kontakt dorthin wird durch Briefe und Telefonate aufrechterhalten. Ich bin in Deutschland mit sechs Jahren eingeschult worden, besuchte zuerst die Grundschule, dann die Gesamtschule und zum Schluss die Universität in Wuppertal. Ich habe Wuppertal nie verlassen, bis ich hierher gezogen bin. Ich hätte nie gedacht, dass ich dienstlich und auch privat nach Bayern ziehen werde. Das habe ich mir als Wuppertaler nie vorgestellt.

Warkentin: Ich komme aus dem Uralgebirge an der Grenze zu Kasachstan.

„Man hat viel mehr Kontakt zu Land und Leuten. Manchmal wird man vom Kunden eingeladen und kommt dadurch an Orte, die man sonst nie gesehen hätte, oder lernt Dinge kennen, die man vorher nicht kannte."

Viktor Warkentin

Bild oben: Siemens-Kompressorwerk in Hengelo, Niederlande. Abraham Tesfai setzte hier die Synchronmaschine (12 MW / 11 kV) mit Erregerschrank nach DOL Verfahren (Direct Online) in Betrieb. Im Bild das Antriebssystem mit Synchronmaschine und Kompressor.

Bild Mitte: Nach erfolgreicher Inbetriebsetzung schult Abraham Tesfai die Mitarbeiter der Firma Messer.

Bild links: Luftzerlegungsanlage in Xiangtan, China. Abraham Tesfai setzte hier die Antriebe in Betrieb. Im Bild die MAN Kompressor-Kupplung, das Getriebe und die Kupplung-Synchronmaschine (Synchronmaschine (18,5 MW / 10 kV) nicht sichtbar).

Fünf Klassen hatte ich noch in Russland besucht, in Deutschland kam ich erst auf die Hauptschule, dann habe ich mein Fachabitur gemacht und anschließend studiert. Das ging wirklich Step-by-Step. Früher hätte ich mich nie in so einer beruflichen Position gesehen. Das sehe ich auf jeden Fall als Erfolg an. Erstens hätte ich nie gedacht, dass ich einmal studieren werde, und zweitens, dass ich so viel Geld verdienen werde. Ich kenne viele Studienkollegen, bei denen sieht es deutlich schlechter aus, was das Gehalt angeht. Sie arbeiten aber auch nicht in solchen Großunternehmen, sondern eher bei kleineren Firmen und sind auch nicht ständig unterwegs.

Tesfai: Sie wohnen und arbeiten nur in ihrer engen Umgebung und haben ein geregeltes Leben.

Warkentin: Ja, aber das weiß man vorher. Beim Vorstellungsgespräch wurde uns ein Foto von einer einsamen, sibirischen Hütte gezeigt. Hier wohnte einmal ein Kollege einige Monate, während er dort eine Anlage in Betrieb setzen musste. Das ist schon ein Extremfall, die Bedingungen sind manchmal schon hart. Aber mir ist so etwas nicht passiert. In Riad habe ich mitten in der Stadt gewohnt. Da kann man schon viel unternehmen und richtig einkaufen, und auch mit den anderen Einsatzorten hatte ich es gut getroffen.

Für wie viele Stellen habt Ihr Euch eigentlich beworben?

Tesfai: Acht. Ich hatte den Arbeitsvertrag schon unterschrieben, noch bevor ich meine Diplomarbeit abgegeben hatte.

Warkentin: Bei mir waren es nicht so viele. Aber ich muss sagen, dass die Stellenausschreibungen der Großkonzerne schon sehr abschreckend sind.

Tesfai: Das stimmt.

Warkentin: Man denkt immer, dass man eine Eins plus braucht, sonst wird man nicht genommen. Ich bin über die Hannover Messe vor zwei Jahren an die Stelle gekommen. Da habe ich vielen Unternehmen meine Bewerbungsunterlagen gegeben. Siemens hat gesagt, sie würden Leute suchen und sich nach der Messe bei mir melden. Das war auch so. Keine Woche später hatte ich den Anruf, zwei Tage später das Gespräch und während des Gesprächs schon die Zusage. Dann kamen die Fragen: Wo willst du eigentlich wohnen? Was sagt die Familie dazu? Aber es hat alles funktioniert. In der letzten Zeit war ich immer vier Wochen in Riad und vier Wochen zuhause. Außerdem hatte ich dieses Jahr sehr viel frei: Ich musste den Jahresurlaub vom letzten Jahr und von diesem Jahr nehmen. Zudem hatten sich auf der Baustelle viele Überstunden angesammelt, so dass ich noch einmal zwei bis drei Monate frei hatte. Insgesamt gesehen ist das sogar besser, als wenn man nur am Wochenende nach Hause fährt. Dieses Jahr gehe ich ein Jahr nach Holland und meine Freundin kommt mit. Ich habe zwar noch keine Ahnung, was mich da erwartet, aber ich bin näher am Zuhause.

Wie fühlt sich das eigentlich an, wenn man sich plötzlich an irgendeinem Platz in der Welt wiederfindet und Probleme lösen muss?

Warkentin: Man funktioniert wie ein kleines Unternehmen, man ist sein eigener Chef. Im Büro kann ich immer jemanden fragen, wenn ich aber in Südkorea ohne Telefon dastehe, muss ich mir was einfallen lassen, sonst komme ich nicht weiter. Das war auch für mich wichtig, als ich den Job angenommen habe: Man kommt von der Uni, hat viel gelernt, weiß aber absolut nichts. Wenn man dann auf die Anlage geht und Probleme lösen muss, sammelt man in kürzester Zeit sehr viel Erfahrung.

Tesfai: Und dass es glatt läuft, ist eigentlich …

Warkentin: Ein Traum.

Tesfai: In China zum Beispiel hat der Kundenwunsch nicht mit dem projektierten Vorhaben übereingestimmt. Es wurde ein Programm in Deutschland geschrieben, welches nicht auf die Anlage abgestimmt war. Diese Unstimmigkeiten bekommt dann als Erster der Inbetriebsetzer vor Ort mit. In dem Augenblick bin ich der Leidtragende. Man kann sich ärgern oder nicht, nach kurzem Aufbrausen muss dann eine Lösung her. In solchen Angelegenheiten gibt es Unterstützung aus Deutschland und von erfahrenen Kollegen. Die erzählen dir dann, dass alles halb so schlimm ist. Und irgendwie schafft man es immer, so dass der Kunde zufrieden ist.

Warkentin: Denn bei dir steht auf der Stirn „Siemens". Du musst alles wissen.

Tesfai: Die Arbeiter auf der Anlage kommen dann auch schon mal mit einem Siemens-Handy und fragen dich: Warum funktioniert das nicht? Aber das Schönste und Befriedigendste an dieser Arbeit ist, wenn alles fertig ist,

Viktor Warkentin mit seinem Dienstfahrzeug auf der Baustelle von Yamama Cement in Riad, Saudi-Arabien.

die Maschine läuft, der Kunde total glücklich ist und du deine ganzen Unterschriften auf Stundenzetteln, Final Acceptance Certificates und anderem hast. Dann hat sich die ganze Mühe gelohnt. Wenn man als Inbetriebsetzer auf die Baustelle kommt, dann ist der Kunde noch angespannt, aber erst einmal zufrieden, dass jemand da ist. Dann tauchen die ersten Unstimmigkeiten und Probleme auf. Der Kunde wird langsam nervös, weil es aus seiner Sicht nicht richtig vorangeht. Wenn aber am Ende alles läuft und der Kunde zufrieden ist, ist alles Schnee von gestern. Der Kunde will dann immer deine Visitenkarte und sagt: „Falls mal wieder irgendwas ist, rufen wir nur dich an." Wenn ich, als junger Inbetriebsetzer, in China arbeite, beispielsweise am Erregerschrank, habe ich sehr viele Chinesen hinter mir, die mir bei der Arbeit zuschauen. Von den zehn bis zwanzig Leuten sind vielleicht zwei bis drei interessiert und verstehen die Zusammenhänge. Der Rest unterhält sich lautstark über offenbar private Themen. In diesem Augenblick fehlt die Konzentration. Die erfahrenen Inbetriebsetzer sind da knallhart und schicken alle vor die Tür und sagen: „Kommt in drei Tagen wieder, dann erkläre ich euch die Funktionsweise. Punkt!" Das bekommt man aber erst mit der Zeit heraus. Als junger Inbetriebsetzer geht das nicht so einfach. Denn wenn nach drei Tagen dann noch nicht alles fertig ist, dann fragt sich der Kunde, was ich da hinter verschlossenen Türen die ganze Zeit gemacht habe. Nach ein paar Anlagen kennt man schon einen Teil der Schwierigkeiten, die auftauchen können und löst diese daraufhin schneller.

Warkentin: Es gibt Situationen, in denen nichts funktionieren will und du kommst einfach nicht weiter. Dann musst du Hilfe suchen. Meist helfen einem die Kollegen weiter. Es gibt Kollegen, die sich auf bestimmten Gebieten sehr gut auskennen und dir helfen können. Im Zweifelsfall hilft dir dein Chef. Denn wenn der Kunde in Deutschland anruft und fragt, was die da für einen geschickt haben, und dich dann dein Chef anruft, ist es wirklich zu spät.

„Es kann sehr stressig werden, aber nur dann lernt man auch was. Wenn alles von vornherein klappt, gibt es keine solchen Erfolgserlebnisse."
Abraham Tesfai

Würdet Ihr Euch noch mal für den Job entscheiden?

Warkentin: Ja.

Tesfai: Auf jeden Fall.

Warkentin: Es ist halt super interessant.

Tesfai: Es macht auch Spaß. Es kann sehr stressig werden, aber nur dann lernt man ja auch was. Wenn alles von vornherein klappt, dann gibt es nicht so viele kleine Erfolgserlebnisse, durch die man ein erfahrener Inbetriebsetzer wird.

Warkentin: Es ist auch schön, sich in einer Stadt wie Riad auszukennen und sich dort ohne fremde Hilfe sicher bewegen zu können.

23

Willst du ein Leben lang glücklich sein, liebe deine Arbeit!

Seit mehr als 20 Jahren lebt und arbeitet Bernhard Bausch nach diesem Motto. Dennoch denkt der Fünfzigjährige jetzt darüber nach, von einem Beruf, den er liebt, ein wenig zurückzutreten. Mit Rücksicht auf seine Familie will er sesshaft werden und seine fast 15-jährige Welttournee beenden. Soweit die Planung. Doch wo ist Heimat für einen Mann aus der Wedemark, der zur Zeit in Indien wohnt und die letzten Jahre hauptsächlich in China gearbeitet hat?

Text: Jürn Kruse

Im Großraum Bangalore, dem „Silicon Valley" Indiens, leben fast zehn Millionen Menschen. Die öffentliche Hand will die Infrastruktur verbessern und geht dabei neue Wege. So entsteht ein neuer Flughafen in Bangalore in einem Public Private Partnership zwischen dem indischen Staat, dem Unionsstaat Karnataka und einem Joint Venture von privaten Investoren.

Erlangen, 22. Dezember 2007

Bernhard Bausch ist Senior Project Manager On-Site in Bangalore. Doch dort weilt er seit 24 Stunden nicht mehr. Angekommen in Erlangen sitzt er jetzt am Esstisch in seiner Wohnung. Noch zwei Tage bis Heiligabend. Er hat einen leichten Jetlag und dennoch viel Geduld bei unserem abendlichen Gespräch. Seine Tochter wuselt um ihren Papa herum. Bausch lächelt und wirkt trotz seiner Müdigkeit zufrieden. Er ist kein affektiert-smarter Businessman, hat keine gegelten Haare und keinen Anzug an. Mit dem hochgekrempelten Pullover wirkt er bodenständig sympathisch. Irgendwann schaut Bausch auf die Uhr: „Bei uns ist es jetzt schon viereinhalb Stunden später."

„Bei uns" ist Bangalore, sein derzeitiger Arbeitsort. Schwer vorzustellen, dass das seine Heimat wird. Seit Ende 2005 lebt und arbeitet Bausch in der indischen IT-Metropole. Dort wird der neue Flughafen, Bangalore International Airport, gebaut, ein Turn Key Projekt nach dem Public Private Partnership-Modell. Bernhard Bausch ist als Projektleiter vor Ort verantwortlich für den kompletten Siemens-Teil. „Siemens liefert alles für den Flughafen, außer Boden und Beton": von den Gepäckförderanlagen angefangen über Flugfeldbefeuerung, Sicherheitssysteme, IT-Systeme, Energieverteilung, Fluggastbrücken, selbst Rolltreppen und automatische Türen. Die Aufgabe empfand Bausch vom ersten Tag an als reizvoll. Ganz im Gegensatz zur Stadt, deren Entwicklung selbst für indische Verhältnisse als krasses Negativbeispiel dasteht.

Innerhalb von nur 15 Jahren hat sich die Einwohnerzahl von drei auf sechs Millionen verdoppelt. Mit den entsprechenden Konsequenzen. Die Luftverschmutzung ist hoch. Genauso wie die Zahl der Verkehrsunfalltoten und der Stromausfälle. Das Telefonnetz und damit verbunden die Internetleitungen in diesem indischen IT-Mekka, wo sich Firmen wie SISL, SAP, Oracle, IBM oder Microsoft angesiedelt haben, um den Herzschlag der Informationstechnik zu spüren, entsprechen noch längst nicht europäischen Standards. Einige englischsprachige Firmen haben ihre Callcenter dorthin verlegt. Auskünfte zum Londoner U-Bahn-Plan gibt es telefonisch nur noch aus dem Silicon Valley Indiens. „Doch manche packen schon wieder ihre Koffer", sagt Bausch, „der Ausbau der Infrastruktur geht einfach zu langsam voran und deshalb wurde auch der neue Flughafen gebaut."

Früher war der 50-Jährige meist ein halbes Jahr am Stück in Bangalore, mittlerweile muss er häufiger raus aus der Stadt. Anfangs versuchte er sich durch Nordic Walking fit zu halten, „doch während ich morgens lief, wurde nebenan der Müll verbrannt. Es war nicht auszuhalten."

Dagegen war Bauschs erster Auslandseinsatz ganz anders. „Im Juni 1994 kam mein Chef zu mir und sagte: Hier hast du das große Los gezogen", erinnert er sich. Bausch kämpfte sich durch den Vertrag, den Siemens mit dem Kunden abgeschlossen hatte – was mit seinem Schulenglisch schon die erste Hürde darstellte – und ging für zwei Jahre nach Malaysia, genauer gesagt nach Langkawi, ins Urlaubsparadies. Während seine Frau die Kinder mit Lehrmaterialien aus der Heimat unterrichtete, zog Bausch als Bauleiter eine Zementfabrik hoch. Heute fällt dem Ingenieur zuallererst der Montage-faktor Malaysias ein. Der lag bei 1,55, was bedeutet, dass lokale Arbeiter circa die eineinhalbfache Zeit für die Ausführung einer Arbeit brauchen sollten, so der Plan und die Kalkulation. Bausch musste bald feststellen, dass das deutlich zu niedrig gegriffen war: Bei der Montage eines 80 Tonnen schweren Trafos sollten vier Räder unter das Gerät geschraubt werden. Doch die eingefetteten Schrauben landeten im Sand und mussten immer wieder abgewischt werden, diverse Anläufe scheiterten. „Die gestoppte Zeit ergab am Ende einen Montagefaktor von 20", lacht Bausch. Sich in Geduld zu üben war also die erste Ingenieurspflicht auf der Premierenbaustelle im Ausland.

Bei einem Blick auf Bauschs Vita überrascht es, dass der aus dem Hanno-verschen Umland stammende Energieanlageninstallateur und -elektroniker mit einer solchen Selbstverständlichkeit die Arbeit im Ausland angepackt hat. Mitte der siebziger Jahre hatte Bausch seine Ausbildung bei Siemens in Hannover begonnen, die er 1980 mit zwei Gesellenbriefen abschloss. An-schließend holte er das Abitur nach und studierte an der Fachhochschule in Hannover Elektrotechnik und Energietechnik. Die Diplomarbeit schrieb er bereits für Siemens und blieb in deren Montageabteilung bei der Zweigniederlassung in der niedersächsischen Landeshauptstadt.

Dann trieb es ihn allerdings raus aus Hannover, raus aus der Wedemark. Er war bereits Gruppenleiter und koordinierte 300 Mitarbeiter der Montage-abteilung; nun sollte er Hauptgruppenleiter werden. „Siemens war damals organisiert wie die Bundeswehr", erzählt Bausch schmunzelnd, dessen Be-förderung einen Umzug nach Erlangen voraussetzte. Frisch verheiratet, wollte Bausch damals eigentlich nicht so schnell seine Frau und Kinder allein lassen. Heute lacht er darüber – er wusste ja nicht, wo es noch hingehen sollte.

In Erlangen übernahm er als Leiter zunächst die Entwicklung von Baustel-len-Software. Man suchte einen Software-Fachmann mit Baustellenerfahrung; eine Kombination, die damals noch nicht so oft anzutreffen war. Als das Programm „Integrale Baustelle" nach einem Jahr Entwicklung die Vertriebsreife erreicht hatte, wollte Bausch zurück in den Norden, doch die Position eines Hauptgruppenleiters war mittlerweile abgeschafft worden. Bausch stand vor der Entscheidung, entweder nach Hannover und beruflich einen Schritt zurückzugehen oder in Erlangen zu bleiben. Ohne Zögern ent-schied sich Bernhard Bausch, in Erlangen zu bleiben und damit für das Abenteuer Ausland – und gegen die alte Heimat. Diesen Schritt hat er nie bereut. Im Gegenteil, er liebt es, neue Länder und Kulturen kennen zu ler-

Bernhard Bausch (50)
Dipl. Ing. Elektrotechnik, Projekt- und Bauleiter • Projekte: Flughafen Hong-kong und Bangalore, Indien, Chekka Zement Libanon, Walzwerke Handan und Shijiazhuang, China, Papierfabrik Ningbo, China • Lebensmotto: Willst du ein Leben lang glücklich sein, so liebe deine Arbeit.

Bernhard Bausch hat in China gelernt, dass er oft einen Umweg gehen muss, um wei-terzukommen: Präsenz zeigen, Vor-bild sein. Nicht im Büro sitzen, sondern mit den Leuten auf der Baustelle wühlen und – immer wieder Ruhe bewahren.

nen und vor allem die wechselnden Herausforderungen, die damit verbunden sind.

Diese Entscheidung spülte ihn für weitere sechs Monate an den Strand Langkawis. Danach ging die gerade gestartete Asientournee weiter. Die nächste Station war einige Nummern größer: Hongkong. Sieben Millionen Einwohner auf einer Fläche, die kaum größer ist als Berlin. In der Enklave Chinas wurde ein neuer Flughafen gebaut, Chek Lap Kok. Bausch war 18 Monate als örtlicher Projektleiter für die Bodenstromversorgung zuständig. 18 Monate, in denen das zarte Pflänzchen der Beziehung zwischen Bausch und China zu knospen begann. Was er damals noch nicht wusste: Er war seiner neuen Heimat ein Stückchen näher gekommen.

Nach Hongkong ging es für die Bauschs jedoch zunächst noch einmal zurück nach Deutschland. Zumindest für vier der fünf: Bernhard Bausch machte sich für zwei Wochen auf in den Libanon. Wieder eine Zementfabrik. Wieder Bau- und Projektleitung. Doch es sollte länger dauern, denn der Elektroingenieur übernahm auch die Inbetriebsetzungskoordination der Anlage. Am Ende waren es elf Monate, die Bausch in dem krisengeschüttelten Land arbeitete. Heute kommentiert er die ungeplante Verlängerung seines Aufenthalts in einem Land, „in das man seine Familie nicht unbedingt mitnehmen sollte", ohne Gram: „Libanon ist ein unglaublich schönes Land, ich würde sofort wieder dort hingehen."

Es scheint diese Unvorhersehbarkeit zu sein, die ihn bis heute an seinem Job fasziniert. Immer wieder war der Feuerwehrmann Bausch gefragt. Wie schon im Libanon, musste er als nächstes in Deutschland ein Projekt leiten, das in Verzug geraten war. Der Grund: Fliegerbomben aus dem zweiten Weltkrieg. Deren Räumung hatte viel Zeit gekostet, die Bausch und sein Team aufholen sollten. ThyssenKrupp hatte die Fertigung einer Gieß-Walzanlage in Auftrag gegeben. Jeder Tag, an dem eine solche Anlage zu spät produziert, kostet viel Geld. In der Zeit, die Bausch am Rand des Ruhrgebiets

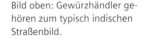

Bild oben: Gewürzhändler gehören zum typisch indischen Straßenbild.

Bild Mitte: Das Taj Mahal ist eines der schönsten und meist besuchten Bauwerke Indiens. Bernhard Bausch auf einem Kurzbesuch im Dezember 2006.

Bild unten: Frauen in Indien tragen vornehmlich einen Sari, meistens bunt verziert und angenehm luftig. Ähnlich wie bei der westlichen Kleidung gehört zu jedem Anlass ein bestimmter, passender Sari.

Bild links: Die Mahatma Gandhi Road gehört zu den Hauptverkehrsadern von Bangalore, Indien.

27

beschäftigt war, merkte er, warum das Arbeiten in Asien angenehmer ist: „Man achtet streng darauf, dass niemand sein Gesicht verliert", sagt Bausch. „Man ist toleranter und freundlicher als in Europa." Es versteht sich aber von selbst, dass sein Team allen Widrigkeiten zum Trotz die Anlage termingerecht übergeben konnte.

Bausch wollte wieder ins Ausland. Wieder nach China. Zurück zu Konfuzius, den er so gerne zitiert: „Wenn du eine Stunde glücklich sein willst, schlafe. Wenn du einen Tag lang glücklich sein willst, geh fischen. Wenn du eine Woche lang glücklich sein willst, schlachte ein Schwein und iss es mit Freunden. Wenn du einen Monat lang glücklich sein willst, heirate. Wenn du ein Jahr lang glücklich sein willst, erbe. Und wenn du ein Leben lang glücklich sein willst: liebe deine Arbeit!" Bausch liebt seine Arbeit – vor allem in China.

Bevor Bernhard Bausch jedoch wieder ins Reich der Mitte zurückkonnte, werkelte er ein halbes Jahr in Erlangen und testete den Jahr-2000-Ernstfall für den Londoner Nahverkehr. Für die Datumsumstellung musste jede herkömmlich programmierte Softwarelösung überprüft werden, damit der Betreiber kein Risiko einging. „Jedes Stellwerk und jedes Signal sollte auch in der ersten Minute des neuen Jahres problemlos funktionieren – Safety Case", fasst Bernhard Bausch zusammen. Das Durchspielen und Testen der Software mit Simulationsprogrammen war erfolgreich, ihm jedoch zu theoretisch. Bausch, der Praktiker, wollte raus, zurück auf Baustellen, zurück ins Ausland. Er hörte sich um, bot sich an und fand im November 1999 erneut einen Weg zurück nach China.

Zunächst brachte ihn ein kurzes Intermezzo nach Hongkong. Bei der Kowloon-Canton Railway Corporation hatte man Schwierigkeiten, die Planung von elf neuen S-Bahnhöfen fristgerecht fertig zu stellen, Bausch konnte helfen. Anschließend ging es ins 500 Kilometer südlich von Peking gelegene

Es scheint die Unvorhersehbarkeit zu sein, die ihn bis heute an seinem Job fasziniert. Immer wieder ist der Feuerwehrmann Bausch gefragt.

Bild oben: Knapp 1000 Antriebe montierte die Siemens-Inbetriebsetzungsmannschaft an der Kartonmaschine PM 1 in Ningbo.

Bild unten: Die ersten Rollen Papier – Bernhard Bausch vor der weltgrößten Kartonmaschine PM 1 in Ningbo in der ostchinesischen Provinz Zhejiang.

Shijiazhuang, wo er eine Feineisen-Walzstraße errichtete, später folgte der Bau einer Stranggießanlage im 200 Kilometer entfernten Handan. Die Beziehung Bausch–China stand mittlerweile auf einem soliden Fundament. Das brauchte es auch, denn das nächste Projekt war eine Nummer größer und sollte in der Industriemetropole Schanghai geplant werden. Für den Mann aus einem kleinen Dorf bei Hannover war das eine überwältigende Erfahrung. In dem Ballungsraum, der mehr als 18 Millionen Einwohner beherbergt, plante Bausch den Bau der größten Papierfabrik der Welt. An freien Tagen erkundete er die Stadt mit dem Mountainbike. Nach Abschluss der Planungen übernahm Bernhard Bausch die Errichtung der Fabrik im 200 Kilometer südlicher gelegenen Ningbo. „Das kann ich", sagt Bausch voller Selbstbewusstsein zu der ganzheitlichen Betreuung eines Projekts: angefangen von der Ausarbeitung des Angebots, der ersten Idee zur Umsetzung über die Planung der Anlage, Kontrolle der Terminpläne, Auswahl der Zulieferer bis zur Errichtung der Anlage und der Inbetriebsetzung. Bernhard Bausch kann es nicht nur, er genießt es. Wenn er von den diversen Arbeitsanforderungen und Herausforderungen auf der Baustelle spricht, leuchten seine Augen. In Schanghai und Ningbo konnte er sein ganzes Können zeigen.

Doch wie schon in Langkawi, war auch in Ningbo Bauschs Geduld gefragt. So brach unter der tonnenschweren Last eines Trafos ein zuvor frisch gelegtes Fundament zusammen. Die chinesischen Arbeiter mussten ein weiteres Mal kommen. „Man muss bedenken, dass solche Arbeiten dort von Ungelernten, ausgeführt werden", relativiert Bausch, „nicht wie bei uns, wo gelernte Betonierer am Werk sind."

Dieses Anleiten und Überprüfen von „Civil Work", wie Bausch es nennt, gehört genauso zu seinem Job wie das Ausarbeiten von Bauplänen, die Auswahl von Zulieferern und die Betreuung des Auftraggebers vor Ort. Es ist diese Abwechslung zwischen Büro und Baustelle, die Fingerspitzengefühl und Geduld fordert, aber dem früheren Monteur gleichzeitig viel Freude bereitet. Darüber hinaus weiß er mit den Leuten umzugehen. Laotse hat es ihm beigebracht. Der legendäre chinesische Philosoph sagte 600 Jahre vor Christus: „Wer gut zu führen weiß, ist nicht kriegerisch. Wer gut zu kämpfen weiß, ist nicht zornig. Wer gut die Feinde zu besiegen weiß, kämpft nicht mit ihnen." Das zeigt auf, dass meist ein Umweg wirkungsvoller ist als die direkte Konfrontation.

Bausch zitiert gerne chinesische Weisheiten, hat er doch gerade auch in China gelernt, dass er oft einen Umweg gehen muss, um weiterzukommen: „Werfe ich jemandem seine Fehler aufbrausend vor, hört mir bald keiner mehr zu", erläutert Bausch. „Man muss immer aufpassen, dass niemand sein Gesicht verliert." Wie bringt er die Arbeiter dazu, dennoch auf ihn zu hören? „Präsenz zeigen. Vorbild sein. Nicht im Büro sitzen und mit Bauklötzen spielen, sondern mit den Leuten auf der Baustelle wühlen." Und immer wieder Ruhe bewahren, denn „oft muss nachgebessert werden", sagt Bausch und grinst.

Allerdings lernte der Wedemarker auch, den Chinesen zu vertrauen: Etliche Kilometer nicht verlegter Kabel und 400 chinesische Soldaten halfen ihm dabei. Als Bausch seine Baustelle eines Samstags verließ, waren die Kabel noch nicht an ihrem Platz in der Halle. Ihm war klar, dass die übertragene Aufgabe nächste Woche nicht termingerecht fertig werden würde. Doch als er am Montag die Baustelle betrat, traute er seinen Augen nicht: 400 Soldaten zogen die kilometerlangen Kabelstränge durch das Werk. Der chinesische Kollege, der für die Kabelverlegung verantwortlich war, musste sie geordert haben – mehr weiß Bausch nicht. Letztlich war dies auch egal, denn die

Bild oben: Siemens-Projektleiter für das Flughafenprojekt Bangalore. Zweiter von rechts, Bernhard Bausch.

Bild Mitte: Die Abfertigungshalle des Flughafens Bangalore kurz vor der Eröffnung.

Bild unten: Der neue internationale Flughafen entsteht in Devanahalli, rund 30 km nördlich von Bangalore. Im Endausbau sollen mehr als 40 Millionen Passagiere und eine Million Tonnen Luftfracht pro Jahr abgefertigt werden.

Verlegung ging plangemäß über die Bühne, der Termin wurde gehalten und der Projektleiter war um eine Erfahrung reicher: „Wenn es schnell gehen muss, scheinen im Reich der Mitte die Ressourcen unbegrenzt zu sein."

Zurück am Esstisch in Erlangen. Bernhard Bausch gießt Jasmintee nach. In kleine asiatische Tassen ohne Henkel. „Ich trinke den Tee mit Zucker, obwohl das in China niemand tut", sagt er lächelnd. Dieses Land ist bei den Bauschs allgegenwärtig – und das nicht nur durch seine Frau. Der Hobbykoch Bausch, bei dem es scheint, als trage er genauso viele deutsche wie chinesische Tugenden von Baustelle zu Baustelle, hat in der Küche einen Gasherd mit fünf Kochfeldern. Sie sind angeordnet wie die Fünf eines Würfels, wobei die vier Äußeren einen großen Krater in der Mitte flankieren. Passgenau für einen chinesischen Wok. Der Herd ist von der deutschen Siemens AG, für die Tausendsassa Bausch seit über 30 Jahren tätig ist.

Der Herd wird nach unserem Gespräch wohl die meiste Zeit kalt bleiben, denn nach nur vier Tagen Weihnachtsurlaub fliegt Bernhard Bausch zurück nach Bangalore. Dann ist er wieder der Senior Project Manager On-Site. Die Ärmel kann er hochgekrempelt lassen, denn es gilt, die verbliebenen „Milestones" in Bangalore zu erreichen.

Der von ihm entworfene Projektfertigstellungsplan, der jeden Bauabschnitt und dessen Fertigstellung definiert, wurde bisher nicht nur eingehalten, sondern Bausch und sein Team errichteten im selben Zeitraum 150 Prozent des zunächst geplanten Flughafenneubaus. Denn der Airport, der noch vor zwei Jahren für jährlich sechs Millionen Fluggäste konzipiert war, wäre schon bei seiner Eröffnung zu klein gewesen. Der alte Flughafen Bangalores steht mit einem Umschlag von jährlich 8,5 Millionen Passagieren kurz vor dem Kollaps. Es scheint sicher, dass weitere Aufträge folgen werden und Bausch seinen Aufenthalt in Bangalore verlängern muss. Er plant, über die Flughafeneröffnung im März 2008 hinaus noch ein Vierteljahr zu bleiben, aber dann soll Schluss sein. Nicht nur mit seinem Teil des Flughafenbaus, sondern auch mit den häufigen Baustellenwechseln.

Doch wo ist nun die eigene Heimat nach fast 15 Jahren Welttournee? „Heimat ist da, wo meine Familie ist", sagt Bausch. Er erzählt, wie die Zukunft für ihn und seine deutsch-chinesische Familie aussehen soll: gemeinsam. Und auch wenn der Niedersachse sich in Erlangen sehr wohl fühlt, so sähe er sich, seine Familie und die Heimat am liebsten an einem anderen Fleck: „Im Norden Chinas ein Projekt für Siemens zu leiten, das wäre perfekt." Und dieses Glück kündigte sich wenige Tage nach unserem Gespräch an, allerdings im Süden Chinas: Siemens braucht ihn wieder kurzfristig für ein Projekt auf Hainan, einer Insel im südchinesischen Meer. Wieder ist sein Können gefragt, wieder ist es die größte Papierfabrik der Welt, wieder beginnt die Planung in Schanghai. Da kann er nicht widerstehen und freut sich auf die neue Herausforderung, diesmal zusammen mit seiner Familie.

Ein Inbetriebsetzer mit Leibwächter

Dass er eines Tages mit dem Flugzeug nach Nigeria fliegen wird, um dort eine Mälzerei in Betrieb zu setzen, hätte sich Gerhard Hälßig nie erträumt. Der 27-jährige Ingenieur aus Regensburg ist kein Draufgänger, er mag es lieber gemütlich.

Text: Sebastian Wieschowski

Der Bundesstaat Abia liegt im Süden von Nigeria. Wichtigster Wirtschaftszweig neben der Förderung von Erdöl ist die Landwirtschaft. Es werden vor allem Getreide, Kokosnüsse, Mais, Reis, Yams, Maniok, Obst und Gemüse angebaut. Bemerkenswert ist noch die Anzahl der Brauereien, die ihre Rohstoffe von der Mälzerei in Aba beziehen.

Die afrikanische Luft riecht eigenartig. Ein wenig stickiger, ein wenig verbrauchter als die Luft, die Gerhard Hälßig noch vor ein paar Stunden am Frankfurter Flughafen atmete. Jetzt ist er allein in der dunklen Nacht. Am Airport von Abuja kommt die Aufregung – zum ersten Mal ist Hälßig der Sonderling in einer farbigen Menschenmasse, der Weiße in Afrika, der „Andere" unter Einheimischen. Eine ganze Impfsammlung haben ihm deutsche Ärzte in den Körper gespritzt. Mittel gegen Typhus, Tetanus, Diphterie. Hepatitis A, Hepatitis B, Gelbfieber. Vor den Mücken soll er sich schützen, fernhalten von Sümpfen, immer die Hände waschen. Es sind gut gemeinte Ratschläge, die allesamt dieselbe Nebenwirkung haben wie die vielen Medikamente, die Gerhard Hälßig in seiner Tropenapotheke verstaut hat: Bauchschmerzen. Stechende Bauchschmerzen, gepaart mit einem ungeduldigen Kribbeln. Das Gegenmittel gegen Bauchschmerzen, eine tragbare Playstation, will auch nicht recht wirken. Die ganzen Wochen hatte er es geschafft, die Gedanken an Afrika zu verdrängen. Jetzt ist er da und in seinem Kopf läuft immer wieder der gleiche Kurzfilm ab – mit vielen Fragen: Wie gefährlich wird es tatsächlich werden? Wie sieht die Arbeit auf der Baustelle aus? Welche Eindrücke wird er von Land und Leuten gewinnen können?

Dass er eines Tages mit dem Flugzeug nach Afrika fliegen wird, um eine Anlage in Betrieb zu setzen, hätte sich Gerhard Hälßig nie erträumt. Der 27-jährige Ingenieur aus Regensburg ist kein Draufgänger, er mag es lieber gemütlich. In der Freizeit grübelt er bei den Schachfreunden Tegernheim über den nächsten Zug, er tanzt gern, hört Schlager, Oldies, Achtziger Jahre. „Gott schuf die Zeit, von Eile hat er nichts gesagt", ist eines seiner Lieblingszitate. Doch als Mitarbeiter von „Industry Solutions" bei Siemens in Erlangen hat er gelernt, schnell zu reagieren und das Büro hinter sich zu lassen. Kaum hielt Gerhard Hälßig sein Diplom von der Fachhochschule Regensburg in den Händen, wurde er von Siemens schon in die ersten Krisengebiete geschickt, um stillstehende Anlagen wiederzubeleben oder Motoren und Umrichter zum Laufen zu bringen. Sein erster Auslandseinsatz führte den frisch gebackenen Diplom-Ingenieur kurz nach der letzten Elektrotechnik-Vorlesung nach Charleroi – „die wohl gefährlichste Stadt Belgiens", meint Hälßig. Doch die Auftragslotterie hielt für Hälßig eine noch größere Herausforderung bereit: seinen ersten Einsatz auf einem anderen Kontinent.

Der Arbeitsplatz für die nächsten zwei Wochen schien Gerhard Hälßig unbeschreiblich weit entfernt, viel weiter als die tausende Kilometer Luftlinie von Erlangen: der Bundesstaat Abia im Süden des westafrikanischen Nigeria – eine Ecke des Landes, „in die der normale Nigerianer selbst nicht hingehen will", wie Hälßig versichert. Kein Wunder, denn ganz in der Nähe der Baustelle liegt Port Harcourt, Handelszentrum der Region und auch in deutschen Fernsehnachrichten als Pulverfass beschrieben. Immer wieder wird der Ort zum Schauplatz für heftige Schusswechsel zwischen paramilitärisch organisierten Jugendbanden und der Polizei – fast immer sterben dabei Menschen. Über Generationen hinweg wurde das Gebiet von nigerianischen Militärs ausgeplündert. Trotz immer weiter gestiegener Erdöl-Fördermengen sieht die einheimische Bevölkerung nicht viel vom Reichtum ihres Bodens. Mit Entführungen lässt sich aber auch schnelles Geld machen. Wer sich genauer über die Gegend informiert, riskiert weitere Bauchschmerzen: „Autofahrten sollten nur mit ortskundigen und zuverlässigen, möglichst persönlich bekannten und einheimischen Personen durchgeführt werden, vorzugsweise im Konvoi", ist in einer Reisewarnung des deutschen Auswärtigen Amtes zu lesen. An anderer Stelle gibt es praktische Ratschläge für den nächsten Boxenstop auf nigerianischen Highways: „Reifenpannen können von Straßenräubern hervorgerufen werden. Im Zweifel trotz Reifenpanne weiterfahren, um mögliche Komplikationen zu entgehen."

Und für alle anderen Unannehmlichkeiten gibt es den freundlichen „Mopol". Kurz nach Sonnenaufgang wird Gerhard Hälßig am nächsten Morgen von einem Angestellten der „Armed Mobile Police Force" begrüßt, einer Art Mietpolizei. Gegen Geld bewachen die Privat-Polizisten ihre Gäste aus Europa. Die Leibgarde mit Kalaschnikow wird zum ersten persönlichen Kontakt des deutschen Ingenieurs mit den Menschen auf dem schwarzen Kontinent. Gerhard Hälßig lernt Afrika trotz der bitteren Armut als einen stolzen Kontinent kennen: „Das Herz der Afrikaner schlägt sehr laut. Man sollte keine schlechten Worte über ihre Heimat verlieren", sagt Hälßig. Die Mopos sind interessiert an ihrem weißen Klienten aus dem fernen „Germany" – sie fragen ihn, wie Afrika gefällt und was die größten Unterschiede sind. Wenig später betritt Hälßig seinen Arbeitsplatz, die Baustelle einer Mälzerei – und fühlt sich gefangen: „Wie ein Häftling im freien Vollzug", erinnert er sich. Eine Mauer, zweieinhalb Meter hoch, gesichert mit Stacheldraht, trennt die Baustelle vom Rest Afrikas. Ohne Begleitschutz kommt Hälßig nicht nach draußen, der Blick aus den Fenstern der Wohncontainer wird von zentimeterdicken Gitterstäben begrenzt.

Die Laune des Ingenieurs verschlechtert sich. Er hat die afrikanische Luft geatmet, im Gespräch mit seinen schwerst bewaffneten Mietpolizisten den Klang des afrikanischen Herzens gehört – nun will er den schwarzen Kontinent auch hautnah erleben, ohne Gitterstäbe, ohne Stacheldraht. Mit seinem Mopol geht er auf die Straße – „Leute gucken", einfach mal so. Er sieht, wie die Menschen in Wellblechhütten hausen. Er denkt nach, über afrikanische Probleme und deutsche Problemchen: „Die Menschen hier haben große Sorgen, wann und wie das nächste Essen auf den Tisch kommt. Bei uns macht sich so mancher Sorgen, wenn der Benzinpreis um ein paar Cent steigt", sagt Gerhard Hälßig. Er wirkt nachdenklich, zweifelt auch den Luxus an, den er als Gastarbeiter genießt: „Wenn hier jemand von uns einen Arbeitsunfall hat oder krank ist, geht's in eine Klinik, die ohne Zweifel mit einer deutschen Uniklinik vergleichbar ist. Der normale Afrikaner wird so eine medizinische Versorgung in den nächsten fünfzig Jahren nicht zu Gesicht bekommen",

Gerhard Hälßig (27)
Elektroingenieur, Spezialist für Antriebstechnik • weltweit unterwegs • Projekte: Druckerei in Charleroi, Belgien, Zementfabrik in Chekka, Libanon, Mälzerei in Aba, Nigeria • Lebensmotto: Gott schuf die Zeit, von Eile hat er nichts gesagt.

Bild oben: Blick aus dem Hotelfenster – einem Gefängnis ohne Gitter. Nur mit Begleitschutz war es möglich unter Menschen zu gehen.

sagt Gerhard Hälßig. Er klingt zornig: „Man regt sich dann einfach nur noch auf." Doch Aufregen bringt nichts. In Afrika ist es einfach normal, dass im Essen von Zeit zu Zeit ein paar Ameisen krabbeln. Dass ein Fleischlieferant eine Fleischkeule im Rucksack trägt – für das deutsche Wort „Kühlkette" scheint es hier keine Übersetzung zu geben. Und der Arbeitsalltag kündigt sich an: Auf der Baustelle sollen vier große Lüfter in Betrieb gesetzt werden. Hälßig ist zwar ein Nachwuchsingenieur, doch die nötige Erfahrung hat ihm Siemens bereits als „Informand" mitgegeben – als er bei seinen ersten Jobs noch erfahrenen Kollegen über die Schulter gucken und Fragen stellen durfte.

Dabei hatte er so manche Geschichte von Arbeitseinsätzen in den entlegensten Winkeln der Erde gehört, während er sich mit Lüfterantrieben vertraut gemacht hat. Jetzt steht er selbst in Westafrika. Den Job erledigt Hälßig in wenigen Tagen. Er sorgt dafür, dass die Maschinen der Mälzerei sauber hochlaufen. Nebenbei sorgt er sich um das eigene Leben. Aus Port Harcourt dringen Gerüchte auf die Baustelle – vier Weiße sollen entführt, einer erschossen worden sein. Die Rebellen haben die Weißen aufgefordert, das Land zu verlassen. Ganze Straßenzüge wurden überfallen. Deshalb darf Gerhard Hälßig in keinem Falle verraten, wo er untergebracht ist. Der Kontakt zu Einheimischen – nach dem Sicherheitskonzept ist er eigentlich verboten.

Trotzdem will Gerhard Hälßig nach zwölf Stunden auf der Baustelle wenigstens für ein paar Stunden den schwarzen Kontinent und die Lebensfreude spüren, die den armen Nigerianern oft nachgesagt wird. Kurzerhand werden die Mopols als Leibwache für die abendliche Kneipentour engagiert, für ein paar Euro extra sorgen die Mietpolizisten für ein paar sorglose Stunden. Auf den Straßen der Stadt zuckeln Transporter herum, für neun Insassen gebaut und mit mindestens 20 Menschen besetzt. Hälßig lernt, dass in Afrika auch vier Personen auf ein Mofa passen. Gemeinsam mit den Kollegen landet er in einer kleinen Bar, sie trinken Palmenwein und lassen sich von den afrikanischen Rhythmen mitreißen. Während ein Mopol mit Maschinengewehr vor der Bar steht und ein weiterer die Deutschen drinnen beobachtet, tauchen die Siemens-Mitarbeiter sorglos in der Menge unter, in der niemand auf die Hautfarbe achtet.

Die Beats dröhnen, der Bass wummt, bunte Lichtkegel peitschen über die

Bild oben: Der tägliche Verkehrswahnsinn in Aba. Ausländer können sich hier nur mit bewaffneter Eskorte bewegen.

Bild unten: Auf schwimmenden Märkten verkaufen oder tauschen Frauen und Kinder in ihren Pirogen Obst und Gemüse und andere Waren des täglichen Gebrauchs.

Bild links: Typisches Bild in Nigeria – Frauen waschen in farbenfrohen Gewändern am Fluss.

35

Köpfe der Besucher hinweg. Die Luft ist schweißgeladen und emotionsgeschwängert. Hälßig und seine Kollegen reißen die Arme in die Luft, sie tanzen und kreischen. Immer wieder werden sie angetanzt und angesprochen – woher kommst du, warum bist du in Afrika, wie gefällt es dir? Gerhard Hälßig muss aufpassen, was er sagt – die Information, wo reiche Deutsche in der Stadt übernachten, kann in Nigeria viel Geld wert sein. Gerhard Hälßig erlebt für ein paar Stunden ein anderes, sorgloses Afrika. Für einige lange Augenblicke vergisst er die Stacheldrähte und Fenstergitter seiner Baustelle, dieser kleinen europäischen Insel auf dem schwarzen Kontinent.

Katerstimmung kommt am nächsten Morgen nicht wegen des Palmenweines auf, sondern wegen des tropischen Regens. Das Thermometer zeigt 26 Grad, der Regen trommelt auf die Wellblechdächer der Hütten, in denen die einheimischen Partygäste aus der Palmenbar nun wieder hausen. Gerhard Hälßig hat den nächtlichen Zauber von Afrika längst hinter sich gelassen, er liegt wieder in seinem Hotelzimmer und kämpft gegen die Langeweile. Eigentlich sollte er zwei Wochen bleiben, der Auftrag auf der Baustelle ist längst erledigt. Doch es gibt Probleme mit dem Visum, die Abreise verschiebt sich von Tag zu Tag. Irgendwann resigniert Hälßig – den 8. September, seinen Geburtstag, wollte er eigentlich mit der Familie in Regensburg feiern, endlich wieder mit den Freunden des Schachspielvereins zusammensitzen, ein gutes deutsches Bier trinken. Internet gibt es nur auf der Baustelle, die Flatrate für 800 Euro monatlich sorgt lediglich für den Kontakt nach Hause. Für ein Heimatgefühl sorgt der Fernseher im Hotelzimmer: „Das Programm des ZDF und den Fernsehgarten habe ich in der Zeit sehr intensiv studiert", erinnert sich Gerhard Hälßig, der sonst eigentlich kein Freund des Zweiten Deutschen Fernsehens ist. In den Nachrichten sieht er immer wieder einen „Bericht aus Nigeria": Ein deutscher Reporter steht vor der Kamera, im Hintergrund ist Afrika zu sehen. Hälßig will mit eigenen Augen noch viel mehr von Afrika sehen, doch von seiner komfortablen Unterkunft ist der schwarze Kontinent meilenweit entfernt, fast so weit wie das heimische Regensburg.

Hälßig will weg. Nur noch weg. Eine deftige Currywurst mit Pommes essen, in einem anständigen Bett liegen, im eigenen Schlafzimmer, mit einer Tapete an der Wand, die mit Erinnerungen an seine eigene Geschichte behaftet ist. Nach neun Wochen darf Gerhard Hälßig endlich ausreisen. Auf der Fahrt zum Flughafen verabschiedet er sich von Afrika, ein letztes Mal blickt er auf exotische Pflanzen, überfüllte Busse und ein armes, aber stolzes Land. Noch einmal atmet er vor dem Eingang zum Wartebereich des Flughafens tief die afrikanische Luft ein, die neun Wochen zuvor noch so fremd war. Jetzt hat Deutschland den Kopf von Gerhard Hälßig voll im Griff – er will die Freunde in der Heimat so schnell wie möglich wieder sehen, mal wieder richtig weggehen, ohne Mopol. „Do you have something" – ein letztes Mal hört er bei der Gepäckabfertigung die freundliche Aufforderung, mit denen afrikanische Beamte immer wieder ein paar Geldscheine für das eigene Überleben einkassieren. Aber er hat jetzt Zeit, rund 24 Stunden später ist er zurück in Deutschland.

Doch der Herzschlag des schwarzen Kontinents pocht noch immer in dem Regensburger. Er erinnert sich an Früchte, die er dort einfach vom Baum abreißen konnte und hier nur steril abgepackt im Supermarkt kaufen kann. An Bananen, die viel intensiver schmecken als in Deutschland. Aber auch an Korruption, Armut, Ungerechtigkeit: „Nigeria ist so ein reiches Land, dort gibt es alles – Öl, Gold, Kupfer, Titan, Erdgas", sagt Gerhard Hälßig. Trotzdem können die meisten Kinder in Nigeria nicht in die Schule gehen. Hälßig wird nachdenklich: „Man lernt auf so einer Reise viel über sich selbst", sagt er. Und die verschiedenen Gesichter der Armut: ein hungriger Afrikaner dort, in der Hütte mit gebrochenem Wellblechdach – ein junger Azubi hier, dessen Geld nicht für einen flotten Sportwagen reicht. Inzwischen hat Gerhard Hälßig seinen Platz im deutschen Alltag wieder gefunden. Er besucht Freunde und Familie, grübelt bei den Schachfreunden Tegernheim in Ruhe über den nächsten Zug, er tanzt wieder in gewohnter Umgebung, hört seine liebsten Schlager und Oldies. Vor seinem Fenster gibt es keine Gitterstäbe mehr, das Bürogebäude in Erlangen ist nicht von einer meterhohen Mauer mit Stacheldraht umgeben. Die deutsche Luft hat einen ruhigen, gemütlichen, vertrauten Geschmack.

Wie lange der Alltag im Büro andauert – ein Siemens-Mitarbeiter wie Gerhard Hälßig weiß es nicht, denn in der Lotterie der Auslandseinsätze ist fast alles möglich. Jederzeit könnte das Telefon klingeln, ein Auftrag den Ingenieur ans andere Ende der Welt befördern. Doch nach Nigeria will er vorerst nicht mehr: „Ich habe erstmal genug von Krisengebieten", sagt Gerhard Hälßig und ergänzt: „Es ist schon ganz gut, wenn man ohne Leibwächter in den Supermarkt gehen kann". Ob er bei der Auftragslotterie bisher eher gewonnen oder eher verloren hat? „Keine Frage, je weiter das Ziel von Deutschland entfernt liegt, desto wertvoller scheint der Gewinn", gibt er zu und grübelt: „Vielleicht geht es als nächstes zur Abwechslung mal nach Norwegen." Für ihn wäre es ein Hauptgewinn in der Lotterie der Auslandseinsätze.

„Man lernt auf so einer Reise viel über sich selbst und die verschiedenen Gesichter der Armut: ein hungriger Afrikaner dort, in der Hütte mit gebrochenem Wellblechdach – ein junger Azubi hier, dessen Geld nicht für einen flotten Sportwagen reicht."

Bild oben: Siemens-Mitarbeiter auf der Baustelle in Aba.

Bild unten: In Nigeria wird Bier fast nach dem deutschen Reinheitsgebot gebraut – mit Wasser, Gerstenmalz, Hopfen und Mais.

Träume eines Zirkuskindes

Schon als Kind war Torben Schappert klar, dass er später auch einmal so ein Leben führen will wie sein Vater. Immer unterwegs, rund um die Welt mit der ganzen Familie. Heute leitet der 35-Jährige selbst Projekte auf dem halben Erdball – von der Papierfabrik in Deutschland angefangen über das Metronetz in Taiwan bis zu den Flughäfen in Mexiko und den Philippinen – und spricht fließend Mandarin, Englisch und Spanisch.

Text: Anika Galisch

So vielfältig wie die Farben der traditionellen Bekleidung in Mexiko sind auch die Aufgaben in den Projekten von Torben Schappert.

Wenn man drei Jahre alt ist, hat man nicht viele Sorgen. Es geht um das Lieblingsspielzeug oder den leeren Bauch, der sich danach sehnt, gefüllt zu werden. Nicht so bei Torben Schappert. Als er drei Jahre alt war, dachte er nur an eines: Kontrollknöpfe – am liebsten leuchtend und blinkend. Jedes Mal, wenn ihn sein Vater mit auf die Baustelle nahm, freute er sich über diesen Anblick und konnte gar nicht genug davon bekommen. Andere wollten einen Teddy, er eben seine Knöpfe. Wenn er heute davon erzählt, leuchten seine Augen wieder wie die des Dreijährigen. Die Familie lebte damals in Burma, wo Schapperts Vater den Bau einer Zementfabrik für Siemens überwachte. Ein Entwicklungsprojekt mitten im Dschungel. „Wir sind eine Zirkusfamilie", sagt Torben Schappert. Als er klein war, zog seine Familie von Ort zu Ort, blieb nie länger als zwei Jahre am selben. Heute ist der 35-Jährige selbst verheiratet und arbeitet für Siemens als Projektleiter – in exotischen Regionen wie Mexiko oder auf den Philippinen – rastlos und immer auf der Suche nach der nächsten Herausforderung. Das war seit dem Tag sein Traum, als er in Burma zum ersten Mal die bunten, blinkenden Knöpfe entdeckte.

Schon als Kind war ihm klar, dass er später auch so ein Leben führen will wie sein Vater. Rund um die Welt mit der ganzen Familie. Noch vor der Einschulung lebte er für anderthalb Jahre in Burma, im Kindergarten war er in Indonesien, später in Saudi-Arabien in der Grundschule – immer in deutschen Schulen. Das heimische Erlangen war für die Familie nur eine Zwischenstation. Da die Eltern darauf bestanden, dass ihr Sohn in Deutschland eingeschult wird, war sein Vater zwei Jahre alleine unterwegs und konnte die Familie nur ab und zu sehen. Damit ihr Mann sie wenigstens hören konnte, schickte Schapperts Mutter besprochene Kassetten auf die Baustelle in Indonesien. Liebesgrüße aus der Heimat. Zugang zum Telefon gab es nur gelegentlich. Und von E-Mails ahnte damals noch niemand etwas. Es war das Jahr 1976.

Heute kommt es vor, dass Torben Schappert seine Eltern oft Monate lang nicht sieht. Trifft sich die Familie dann zu Weihnachten doch wieder, fällt ihm eines immer besonders auf: „Wenn man sich so lange nicht gesehen hat und so weit voneinander entfernt lebt, genießt man die Zeit zusammen umso intensiver. Da gibt es nie Streit."

Das Leben wie in einem Wanderzirkus war nicht immer leicht für Torben Schapperts Familie. Seine Mutter hatte sich Ende der siebziger Jahre in Burma einen ominösen Virus eingefangen. Niemand wusste, was es war.

Anderthalb Jahre lag sie im Tropeninstitut in Hamburg und wurde behandelt. Dann noch ein Jahr in der Uniklinik in Erlangen. Die Ärzte versuchten alles, um herauszufinden, was sie hatte. Ohne Erfolg. Nachdem sie die Haare verloren hatte und auf 38 Kilo abgemagert war, gaben ihr die Ärzte nur noch ein paar Monate Zeit zu leben. Da entschied sich die Familie dafür, den nächsten Baustellenauftrag in Saudi-Arabien anzunehmen – zusammen mit der Mutter. Obwohl alle Ärzte abrieten, wollte sie selbst entscheiden, wo sie ihre letzten Monate verbringen sollte. Doch Saudi-Arabien veränderte alles: Ihre Medikamente konnte sie in der Hitze nicht einnehmen. Also musste sie ohne auskommen. Plötzlich ging es ihr besser. Tagsüber lag sie im Camp am Pool und trank Cola. Abends kam Torben Schapperts Vater von der Baustelle und kochte das Abendessen für die Familie. Sie nahm wieder zu, ihre Haare wuchsen. Was sich Schapperts Mutter damals im Dschungel eingefangen hatte, weiß die Familie bis heute nicht. Nur eines: Saudi-Arabien hat ihr das Leben gerettet.

Von seinem Traum abbringen konnte Torben Schappert kaum etwas. In Erlangen machte er eine Ausbildung zum Industrieelektroniker für Gerätetechnik. „Ich hätte es nicht gemacht, wenn man mir gesagt hätte, dass er später in irgendeiner Werkstatt stehen muss." Aber die Kollegen seines Vaters versicherten ihm damals, dass er mit einer solchen Ausbildung seinen Traum verwirklichen und später im Ausland arbeiten könnte. Das war eine Perspektive. Daran gezweifelt, dass er das schaffen kann, hat Torben Schappert nie. „Dass Kabelanschließen nicht das Ende der Fahnenstange ist, war mir klar. Wenn ich mich nicht persönlich und beruflich weiterentwickeln kann, ist das langweilig. Ich will nicht stehen bleiben und 30 Jahre dasselbe machen", sagt der 35-Jährige und sieht sich ganz klar. Er ist selbstbewusst, in allem was er tut. Gelernt hat er das im Ausland. Als Kind auf deutschen Schulen in Saudi-Arabien und Indonesien umgab er sich fast nur mit Älteren. Er musste sich durchsetzen. Mit 16 lebte er bereits alleine zu Hause. Die Eltern waren im Ausland, die acht Jahre ältere Schwester längst ausgezogen. „Meine Mutter hat mich zur Selbstständigkeit erzogen. Ich musste Wäsche waschen, kochen und bügeln. Das war normal, von Anfang an." Von seinem Vater hat Torben Schappert den unbedingten Willen übernommen, jede Aufgabe zum Erfolg zu führen. So machte der Vater auf sich aufmerksam und arbeitete sich vom Starkstromelektriker zum Bauleiter hoch. Das Leben des Sohnes schreibt sich ähnlich: Er hat sich vom Techniker zum Projektleiter entwickelt.

Torben Schappert liebt die Herausforderung. Angst, irgendetwas nicht zu schaffen, hat er kaum. Und Torben Schappert schafft alles: Von der Papierfabrik in Deutschland über das Metronetz in Taiwan bis zum Flughafen in Mexiko. Jedes Mal eine Herausforderung, jedes Mal ist alles wieder neu. Auf Mexiko hatte sich Torben Schappert besonders gefreut. „Die linke Seite der Weltkugel hatte ich zuvor noch nicht erkundet." Bisher betreute er meist Projekte in Asien, spricht fließend Mandarin. Spanisch konnte er noch nicht. Etwas Neues zu lernen, ist für ihn wichtig und meist ist die Sprache die Herausforderung. „In Amerika zu arbeiten, reizt mich nicht. Englisch ist eigentlich meine Muttersprache. Ein Einsatz in Deutschland wäre eine weitaus größere Herausforderung für mich." Mit seiner Frau spricht er Englisch, auch mit Kunden muss meist auf Englisch diskutiert werden. Im Interview passiert es oft, dass ihm zuerst der englische Begriff einfällt. Nach dem passenden deutschen Wort muss er suchen.

Jeden Tag am gleichen Ort zu verbringen, kann sich Torben Schappert gar nicht vorstellen. „Als Bänker hinter einem Schalter zu arbeiten, wäre für mich nicht möglich." Doch auch wer ständig unterwegs ist, braucht einen

Torben W. Schappert (35)
Industrieelektroniker Gerätetechnik, eingesetzt als Techniker für Installation und Inbetriebsetzung, Bau- und Projektleiter • Hauptaufgabe: Abwicklung von Gesamt- und Teilprojekten in technischer und kommerzieller Hinsicht • Haupteinsatzländer: Indonesien, Saudi-Arabien, Philippinen, Taiwan, Mexiko • Lebensmotto: Everything is possible.

„Ich hätte es nicht gemacht, wenn man mir gesagt hätte, dass ich später in irgendeiner Werkstatt stehen muss. Jeden Tag am gleichen Ort zu verbringen, kann ich mir nicht vorstellen."

Platz, an den er immer wieder zurückkommen kann. Und dieser Platz ist Nürnberg, wo er mittlerweile wohnt. Wenn er dorthin nach Monaten zurückkehrt, bietet sich immer das gleiche Bild: Das Auto springt nicht an, weil die Autobatterie leer ist, und irgendein elektrisches Gerät, sei es Kühlschrank, Waschmaschine oder Fernseher, gibt beim Einschalten den Geist auf.

Torben Schappert weiß, wer er ist und was er kann. Das sieht man ihm auch an. Mit dem glattrasierten Kopf, dem sauber gestutzten Bart und dem schwarzen Anzug mit Rollkragenpullover wirkt er seriös und modern zugleich, aber nie unnahbar. Wenn beim Erzählen hin und wieder seine Augen wie die des Dreijährigen auf der Baustelle in Burma leuchten, dann merkt man ihm an: er ist zufrieden mit sich. Nur, wenn man ihn fragt, was für ihn „Heimat" bedeutet, wird er kurz unsicher und schluckt. Dann findet er aber schnell zurück und antwortet souverän: „Heimat ist dort, wo ich gerade bin." Heimat ist seine Familie. Seine Frau hat er in Taiwan kennengelernt. Sie arbeitete dort in einem Hotel. Heute lebt sie mit ihrem Mann in Deutschland – zumindest zeitweise. „Mir war es wichtig, dass meine Frau das Leben auf der Baustelle zuvor kennen lernt. Ich wollte nicht heiraten, ohne dass sie weiß, was ich eigentlich treibe." Mittlerweile hat sie ihren Job aufgegeben, begleitet ihren Mann auf den Dienstreisen. Während er auf der Baustelle ist, schaut sie sich die Gegend an oder geht einkaufen. „So ist es nun mal", sagt der Projektleiter, „der eine verdient das Geld, der andere gibt es aus." In Deutschland hat sich seine Frau schnell zurechtgefunden und fühlt sich wohl, auch wenn sie bei kürzeren Dienstreisen mal allein zu Hause bleiben muss. Das war ihm wichtig. Noch vor der Hochzeit nahm der Bayer sie mit nach Deutschland, damit sie seine Familie und das Land kennen lernen konnte. „Mit meiner Familie ist es nicht so einfach, gerade durch das Zirkusleben." Torben Schappert wollte sicher sein. Sicher, dass seine Frau sein Leben verkraftet und es auch zu ihrem Leben machen will. Zu oft hatte er von Kollegen gehört, die im Ausland überstürzt heirateten und ihre Frau mit nach Deutschland brachten. Die Ehe hielt meist nur ein paar

Bild oben: Chichen Itza ist die vielleicht faszinierendste Maya-Stätte in Mexiko. Auf die Pyramide „El Castillo" führen vier Treppen zu je 91 Stufen. Zählt man noch die oberste Plattform dazu, ergibt das genau 365 Stufen. Diese Zahl stellt nicht zufällig die Zahl der Tage im Jahr dar.

Bild Mitte: Der Tempel des Quetzalcóatl, wurde zu Ehren des gleichnamigen Naturgotts errichtet. Sein Name beschreibt zugleich sein Antlitz: gefiederte Schlange. Im Inneren des Tempels fand man zahlreiche Opfergaben, wie Messer, Keramikscheiben oder Jadefiguren, aber auch die Reste menschlicher Knochen.

Bild links: Hier eine Straßenszene aus dem zentralen Hochland von Mexiko. Immer wieder fällt auf, dass die Leute, obwohl sie nicht sonderlich viel Geld haben, viel Wert auf ein gepflegtes Äußeres legen.

Monate. Das wollte Torben Schappert nicht. Er wollte ein Zirkusleben, wie er es aus seiner Kindheit kannte – mit Familie. Erst als er sicher war, dass er das bekommen würde, heiratete er.

So ist es auch mit seinen Projekten. Erst, wenn er sich sicher ist, übergibt Torben Schappert ein Projekt an den Kunden. Er kontrolliert immer selbst, ob die Zahlen stimmen. „Ich muss selbst davon überzeugt sein, dass alles in Ordnung ist." Hundert Prozent Vertrauen hat er nur zu sich. Angst, dass eine Aufgabe zu groß für ihn sein könnte, hat er nicht. „Man muss mit einer gewissen Kaltschnäuzigkeit an ein Projekt herangehen und darf sich Unsicherheiten nie anmerken lassen. Sonst wird man überrollt." Sorgfältige Vorbereitung ist deshalb das A und O.

Auf Verhandlungen im Ausland bereitet sich der gelernte Industrieelektroniker sorgfältig vor. „In Asien ist es wichtig, dass der Verhandlungspartner dich mag. Wenn das nicht der Fall ist, kann man einpacken", sagt er sicher. Torben Schappert passt sich an, verstellt sich aber nicht. In Taiwan wurde er zwei Monate lang vom Kunden beobachtet. „Auf einmal wurde ich zum Karaoke eingeladen und das Verhältnis wurde etwas herzlicher." Kollegen versuchten ihm oft zu erklären, wie er sich zu verhalten habe, wenn er in diesem oder jenem Land verhandelt. Umgesetzt hat er es kaum. Er handelt intuitiv. „Das habe ich von meinem Vater. Ein Kunde muss sich darauf verlassen können, dass deutsche Ingenieure auch deutsche Wertarbeit leisten und Dinge immer wie vereinbart zu Ende bringen", ist sich der Projektleiter sicher. Und seine Laufbahn bestätigt das: Torben Schappert war oft genug Ersatzmann für einen Kollegen, der Probleme mit dem Kunden hatte. Er selbst hat dann die Probleme ausgeräumt und alle Projekte erfolgreich beendet. „Sicher muss man sich in jedem Land die entsprechenden Umgangsformen aneignen und Menschen mit der gebotenen Höflichkeit begegnen. Auf der Baustelle gibt es aber das Projekt. Und hier bleibt der Stil, wie ich das Projekt erfolgreich abwickle, immer der gleiche. Als Projektleiter übernehme ich den Taktstock. Und wenn ich die Probleme nicht löse, dann tut es niemand. Also übernehme ich die Verantwortung", sagt Schappert selbstsicher.

In den Jahren im Ausland hat er gelernt, wie weit er gehen kann und wo die Grenzen sind. „In Asien geht es nicht, dass der Projektleiter im Büro laut wird und jemanden vor versammelter Mannschaft kritisiert. Das geht nur unter vier Augen. Sonst verlieren derjenige und man selbst sein Gesicht." Auch wenn Torben Schappert sich schon oft zurücknehmen musste, weiß er eines genau: „Am Ende ist es dem Kunden egal, ob man sich gut verstanden und wie man sich verhalten hat. Dann zählt nur noch, ob das Projekt rechtzeitig fertig wird."

Trotz der vielen Reisen gibt es immer noch Orte, wo der Weltenbummler gern arbeiten würde. In Europa war er bisher kaum. Auch das wäre eine Herausforderung. Auf anderen Kontinenten kennt er sich besser aus. Als nächstes könnte er die Leitung eines Projektes in Nürnberg übernehmen. Zu Hause. Doch für immer kann er sich das nicht vorstellen. „Für ein Jahr wäre das schon okay. Aber nicht länger." Ob es wirklich dazu kommt, ist noch unklar. Ohnehin erfährt er das meist erst ein paar Tage vor der Abreise. Mit seinem Vorgesetzten spricht er dann ab, wohin es gehen könnte. Dabei hat er durchaus Freiräume, kann mitentscheiden, welche Projekte er betreut. „Ich hätte gern zehn von seiner Art," sagt sein Chef über ihn. „So flexibel, wie er ist, und die sozialen Fähigkeiten, die er mitbringt – das kann man nicht erlernen."

Wie kommende Einsätze lässt Torben Schappert auch die familiäre Entwicklung auf sich zukommen. Ob er bald Kinder will, plant er nicht. Aber

Bild oben: Um eine minimale Umsteigezeit von 30 Minuten zu garantieren, wurden am Terminal 2 des Flughafens Mexiko-City 30 Kilometer Förderstrecken, 100 Weichen und 13 Sorter installiert.

Von seinem Vater hat Torben Schappert den unbedingten Willen übernommen, jede Aufgabe zum Erfolg zu führen.

dafür sein Zirkusleben aufgeben, würde er schon. „Es gibt Kinder, die verkraften das gut, wenn man immer im Ausland ist. Wenn das später nicht funktioniert, dann muss ich eben hier vor Ort arbeiten und nicht von einem Projekt zum nächsten reisen." Wenn man Torben Schappert kennenlernt, kann man sich aber kaum vorstellen, dass er länger an einem Ort bleiben kann. Zirkuskinder können eben nicht anders. „Wer bis 40 nicht den Absprung geschafft hat, wird es wohl auch nie", zitiert er die verbreitete Meinung unter den Siemens-Mitarbeitern.

Sein Vater hat es nicht geschafft. Obwohl er längst in Rente ist, arbeitet er wieder. Dabei hatte er es wirklich versucht. Gleich nach der Pensionierung

„Heimat ist dort, wo ich gerade bin. Heimat ist meine Familie."

Bilder oben: Für den Flughafen Mexiko-Stadt übernahm Torben Schappert die technische Gesamtprojektleitung für die Elektroinstallation, IT-Airport Systeme, Gepäckförderanlagen und den Automated People Mover des neuen Terminals 2.

Bild links: Mit einem Verkehrsaufkommen von 24 Millionen Passagieren pro Jahr ist der Internationale Flughafen von Mexiko-Stadt der wichtigste Flughafen Lateinamerikas. Das Terminal 2 erweitert die Kapazität.

fing er an, seine Eisenbahn im Keller zu digitalisieren. Er war jetzt Bauleiter seines eigenen Projektes, baute Straßenbahnen selbst und High-Tech-Anlagen. So, wie er es von seinen Baustellen kannte. Immerhin zwei Jahre hat er es so geschafft, sein Fernweh zu verdrängen. „Diese zwei Jahre haben ihm eigentlich mehr zugesetzt, als die 45 Jahre, die er im Ausland tätig war", sagt sein Sohn heute. Er war unzufrieden, kam mit sich selbst nicht mehr klar. Als die Modellbahn fertig war, fragte er sich, was er jetzt noch tun sollte. Heute arbeitet Torben Schapperts Vater in Dubai. Auch seine Mutter wohnt wieder in dem Land, welches ihr so viel Glück gebracht hatte.

Ob Torben Schappert den Absprung je schaffen wird, weiß er nicht. „Vielleicht mit 55", spekuliert er. Wenn er heute von Taiwan und Mexiko erzählt, vor allem von dem, was da noch alles kommen mag, dann leuchten seine Augen wieder, wie die des dreijährigen Torben, der in Burma die blinkenden Kontrollknöpfe bestaunt. Dann kennt man die Antwort, auch wenn er sich selbst noch gar nicht so sicher sein will.

Welcome to the end of the world. Welcome to the beginning of paradise.

Personen: Otto Baumgartner, Siemens-Ingenieur seit 1974 · Johann Tschemernjak, Siemens-Ingenieur seit 1981 · Chef

Text: Felix Stephan

Schiraz ist eine der schönsten iranischen Oasenstädte und wird wegen ihres angenehmen und milden Klimas auch „Garten des Iran" genannt. Bekannt ist sie durch Blumenreichtum, Wein und Rosenzucht. Die Masdjid-Vakil-Moschee beeindruckt durch ihre südliche Bogenhalle, die von 48 markant gewundenen Säulen gestützt wird, die in fünf Reihen angeordnet sind. Es gehört fast zum „Pflichtprogramm", diese Stadt an einem der freien Tage von der Baustelle aus zu besuchen.

Eine Pausenecke in einem Großraumbüro. Es ist kein eigener Raum: Mitten in das Gemeinschaftsbüro, das so groß ist, dass man darin joggen könnte, wurden drei Wände gestellt, es sieht aus wie ein Messestand eines Kaffeeanbieters: Eine halbrunde Theke, zwei Stehtische und Kaffeeautomaten. An den Wänden hängen ein riesiger HDTV-Flatscreen, auf dem Trailer und Werbung für Siemens-Abteilungen laufen, und eine Weltkarte mit einem Fähnchen an jedem Ort, an dem sich zurzeit ein Siemens-Mitarbeiter aufhält. Die Fähnchen stehen auf der ganzen Welt sehr eng beieinander, nur Afrika ist fast leer. Otto Baumgartner betritt die Szene.

Baumgartner *sieht sich erstaunt um:* Was ist denn hier passiert? *Staunend und unsicheren Schrittes geht er zum Kaffeeautomaten und stellt seine Tasse rein.*

Tschemernjak *betritt die Pausenecke, sieht sich erstaunt um:* Was ist denn hier passiert?

Baumgartner: Ah, Johann! Was machst du denn hier? Das sieht verrückt aus, oder? Ich habe es auch gerade erst gesehen. Man bekommt ja nichts mit. Was machst du eigentlich hier?

Tschemernjak: Ich sollte heute nach Indien fliegen ...

Baumgartner: Der Flughafen in Bangalore?

Tschemernjak: Ja genau, aber es gab Probleme mit dem Visum, irgendwas mit der Doppelbesteuerung, weiß ich auch nicht genau, jedenfalls kann ich heute noch nicht weg. Habe ich dir das eigentlich mal erzählt? An dem alten Flughafen von Bangalore hat ein Schild gestanden: „Welcome to the end of the world. Welcome to the beginning of paradise." Das fand ich lustig.

Als beide am Tisch stehen, legt Otto Baumgartner sein Fotohandy auf den Tisch.

Tschemernjak: Ach, hast du auch so ein Ding? Ich habe auch ein Fotohandy, aber meinst du, ich habe je ein Foto damit gemacht?

Baumgartner *nimmt das Telefon in die Hand und betrachtet es von allen Seiten:* Ich habe meins sogar schon benutzt, auch auf Anlagen. Und speziell bei Nahaufnahmen ist es gar nicht so schlecht. Ich fotografiere immer zum Schluss die Schaltschränke.

Tschemernjak: Das sollte ich vielleicht auch mal machen, das klingt ganz gut. Ich komm mit diesem Software-Zeug nicht so richtig zurecht, das geht mir alles zu schnell. Wenn irgendeine Software zu installieren ist, lass ich das immer von den Jungen machen. Jetzt in Südafrika hatte ich wieder so einen dabei zum Einlernen. Das wird ja auch immer mehr, Siemens stellt ja zurzeit wieder ein wie verrückt. Ich habe dauernd so einen Jungen dabei. Aber was der an seinem Laptop gemacht hat! Da habe ich früher Tage dafür gebraucht!

Baumgartner *winkt ab:* Früher war es ja manchmal schon ein Problem, einen Plan zu kopieren. Ich war ja damals oft im Ostblock, als ich noch in Papier gemacht habe. Da konnte man ja zum Beispiel überhaupt nicht kopieren.

Tschemernjak: Telegraphie gab es ja damals noch.

Baumgartner *lacht:* Jaja, stimmt. Da hat man für die Revision wirklich noch mal einen Plansatz gemacht und das Ganze mit nach Hause gebracht. Nicht mal telefonieren ging. Wenn man in den Osten gefahren ist, war man fast verschollen.

Tschemernjak: Aber deine Frau hast du ja trotzdem in der Slowakei kennen gelernt.

Baumgartner: Ja, die habe ich dort kennen gelernt. Die Einsätze im Ostblock waren sowieso immer so eine Sache. Man brauchte ja immer ein Visum, und wenn man im Land war, musste man sich innerhalb von 24 Stunden bei der Polizei melden. Meine Frau war damals Sekretärin vom Technischen Leiter von dem Spanplattenwerk. Deswegen weiß ich, dass dem jeden Morgen berichtet wurde, wo wir uns aufgehalten haben. Die wussten, in welchem Lokal wir mit wem waren! Ich habe das nie gemerkt. In der DDR habe ich das gemerkt, dass ich bespitzelt wurde. Da war ich etwa zehn Mal. Immer auf Papier, da habe ich noch keinen Tiefdruck gemacht. In dem Land habe ich mich eigentlich immer unwohl gefühlt. Das ging am Grenzübergang los. Da wurde man schon eine Stunde kontrolliert. Einmal war ich in der Nähe von Aue. Als ich losgefahren bin, war der Spiegel meines Autos verbogen. Ich dachte: Was soll's, hat jemand versucht zu klauen. Dann komme ich an die erste Kontrolle, sagt der sofort: Wo ist Ihr vorderes Kennzeichen? Ich: Wie? Ist das auch geklaut worden? Er: Wie, geklaut? Dann stand ich da eine halbe Stunde. Dann komme ich an die Hauptkontrollstelle 200 Meter weiter und das erste, was der fragt, ist: Wo ist Ihr Kennzeichen? Die haben garantiert miteinander telefoniert. Das war schon immer ein Zirkus, am schlimmsten waren Frauen. Wenn man hier von Nürnberg hochgefahren ist und dann in Hof an die Grenze kam und die Brücke hochgefahren ist ... Da hat man sofort den Kopf eingezogen und da kamen dann diese sächselnden Beamtinnen. Mit einem Ton und einer Miene! Das war ein beklemmendes Gefühl.

Zwei Mitarbeiter, die offenbar in einer anderen Abteilung arbeiten, kommen vorbei und bestaunen den Fernseher: „Na die haben's ja hier!" Otto Baumgartner und Johann Tschemernjak lassen sich jedoch nicht stören.

Tschemernjak: Ich selbst war ja nie im Ostblock, aber ich habe gehört, dass man die immer mit Stiften aufheitern konnte, Filzstifte, Bleistifte, Kugelschreiber.

Baumgartner: Aber nicht die DDR-Grenzer! Das ging bei allen anderen, Polen, Jugoslawen und so, die haben manchmal richtig danach gefragt. Aber nicht bei den DDR-Grenzern. Wenn du da auch nur was versucht hättest, die hätten dich sofort mitgenommen. Das ist auch lustig: Ich war ja auch längere Zeit in Gotha, da bin ich jedes Wochenende mit einem Ein-Jahres-Visum nach Hause gefahren. Auf der Anlage bin ich in Ostmark bezahlt worden. Und die Übernachtung hat der Kunde bezahlt, da habe ich meistens in so einem Block gewohnt. Aber das ganze Ostgeld musste man verbrauchen, das konnte man ja nicht mit raus nehmen. Wir durften es an der Grenze deponieren und haben es bei der Rückkehr wiederbekommen. Und es hat soviel

Johann Tschemernjak (50) Elektrotechniker, spezialisiert auf Automatisierungstechnik • Haupteinsatzländer: USA, Mexiko, Südkorea, China, Indien, Irak, Iran, Türkei, Polen, Slowakei, Litauen • Projekte: Inbetriebsetzung mehrerer Getreidesilos im Irak, Software-Entwicklung für Automatisierung Postlogistik bei USPS „United States Postal Service", Inbetriebsetzung Papierfabrik in Iran • Lebensmotto: Respektiere andere Kulturen / Werte, schätze deine eigene.

Bild oben: Die Öl- und Erdgasförderung ist bis heute die Haupteinnahmequelle des Staates.

Bild unten: Bereits 1272 bereiste ein venezianischer Händler namens Marco Polo das Gebiet der heutigen Provinz Yazd in Zentraliran. Im Bild die Moschee Amir Chakhmâgh, heute Freitagsmoschee, und die Jamea Moschee.

46

gegeben wie hier. Das waren etwa 24 Mark am Tag, aber man konnte es nicht verbrauchen. Ein gutes Essen hat 6 Mark gekostet. Dann habe ich immer Bücher, Schallplatten und Kindersachen gekauft. Aber weißt du was: Es war verboten, Kindersachen auszuführen. Die wussten garantiert, dass ich Kinder hatte, die wussten ja alles. Ich habe dann jedes Wochenende gesagt, dass ich das nicht gewusst habe und es nächstes Mal nicht mehr mitnehmen würde, da haben die mich fahren lassen. Das habe ich jedes Wochenende gemacht. Einmal war ich in Freiberg, da machen die heute immer noch Papier: Da musste ich mal auf die Toilette und da ist jemand mit mir gegangen, damit ich ja nicht an deren Papiermaschine vorbeigehe. Was hätte ich mir da im Vorbeigehen abschauen sollen? Die waren schon paranoid.

Tschemernjak: Aber da hast du bestimmt kräftig Steuern gespart, oder?

Baumgartner: Früher war ja ohnehin alles besser. Heute muss man ja sogar Steuern zahlen, seitdem es diesen Steuertopf gibt. Aber ich kann die Jungen völlig verstehen, die den Job trotzdem machen wollen. Ich würde es ja auch wieder genauso machen! Wo kann man schon kostenlos die ganze Welt bereisen und dabei gut verdienen?

Tschemernjak: Und anständig in allen Ländern essen gehen?

Baumgartner: Das hat sich ja aber auch sehr verändert. Man ist früher ja wirklich JEDEN Abend ausgegangen. Essen. Trinken. Täglich.

Tschemernjak: Hm. Früher ist auch die Arbeit nicht so stressig gewesen. Es war, das weißt du ja auch, früher doch gemächlicher. Man hat auch vom Land mehr gesehen.

Baumgartner: Ja, das muss man auch sagen. Aber angenommen du bist eine Weile in Deutschland, da kannst du nicht mehr jeden Abend essen gehen.

Tschemernjak: Man kann schon.

Baumgartner: Ja, es geht, aber man macht's nicht mehr! Wir verdienen ja nicht schlecht.

Tschemernjak: Na, aber! Wenn man andere Bereiche sieht, ist man doch

Otto Baumgartner (55)
HTL-Ingenieur, Inbetriebsetzer und Servicespezialist für Antriebe und Automatisierung von Druck- und Papiermaschinen • Haupteinsatzländer: Europa, USA und Japan • Arbeitsmotto: Geht nicht, gibt's nicht!

Bild links: In seiner Freizeit unternahm Otto Baumgartner oft Ausflüge in die Hohe Tratra. Blick auf die Gerlachovský štít, mit 2.655 m der höchste Berg der Hohen Tatra.

Bild rechts: Zu den bekanntesten Sakralbauten der slowakischen Hauptstadt Bratislava gehört der gotische Martinsdom, in dem die ungarischen Könige gekrönt wurden.

Für alle renommierten deutschen Druckmaschinenhersteller liefert Siemens durchgängige Antriebs- und Automatisierungslösungen für alle Stationen von Akzidenz- bis Zeitungsdruckmaschinen.

sehr zufrieden! Und für junge Leute, die sich die Welt und andere Kulturen anschauen wollen, ist das der Traumjob, da bin ich nach wie vor der Meinung. Ich würde den Job ganz sicher wieder wählen. Jeden Tag im Büro sitzen oder in eine Fabrik gehen, das könnte ich gar nicht. *Er schüttelt betroffen und langsam den Kopf.*

Baumgartner: Na, du fährst ja speziell gern, wenn's länger dauert.

Tschemernjak: Ja, die kurzen Einsätze sind ja aber auch viel stressiger. Da ist es nur mehr Reisen und nur mehr Hektik und aufs nächste Flugzeug warten ... *Er winkt ab.* Mindestens zwei Monate müssen's schon sein. Früher war es ja auch gern ein Jahr, aber das gibt's ja nicht mehr so häufig. Als ich in China in den Stahlwerken war oder in Johannesburg und Durban ... In Amerika war ich ja sogar fünf Jahre! In der DDR war ich dagegen nie. Auch gar nicht im Ostblock. Nicht, dass ich nicht gewollt hätte, aber es hat sich nie ergeben. Ich suche mir die Länder ja nicht aus, kann man ja auch gar nicht. Ich geh immer hin, wo sie mich hinschicken.

Baumgartner: Ich eigentlich nicht mehr. Durchs Alter hat man da einen kleinen Vorteil. Da kann man sich schon ein bisschen was aussuchen.

Tschemernjak: Ist das wahr? Das sollte ich auch mal versuchen.

Baumgartner: Ich habe jetzt auch schon mal Nein gesagt.

Tschemernjak: Ich bin da noch gar nicht auf die IDEE gekommen. Man unterschreibt doch, dass man weltweit arbeitet. Man will das ja machen. *Er stockt kurz.* Aaaaahhhh, jetzt hab ich's: Deine Frau hat Druck ausgeübt.

Baumgartner: Ja natürlich.

Tschemernjak: Siehst du, das sind doch meistens die Frauen. Das Problem habe ich ja nicht. Ich könnte auch einfach mal nicht mehr zurückkommen, wenn ich Lust dazu hätte. Mexiko ist wunderschön! Ich war da kürzlich auf dem Land bei Cancún, da habe ich schon gedacht: Hier eine Hacienda, das wäre auch was fürs Alter. Eine wunderschöne Gegend.

Baumgartner: Ich muss gerade daran denken, wie ich in Pakistan war, das war geradezu exotisch. Ich war da in Lahore.

Tschemernjak: Das ist doch nicht exotisch! Das ist doch eine große Stadt!

Baumgartner: Aber das war vor 20 Jahren!

Tschemernjak: Ach so.

Baumgartner: Ich bin da hingefahren und sollte eine Störung beseitigen. Aber ich sollte da drei Wochen hin! Da habe ich dem Vertriebsmann gesagt: „Was soll ich da drei Wochen?" Er: „Die haben drei Wochen schon bezahlt." Solche Länder haben ja immer schon bezahlt, bevor überhaupt jemand gekommen ist. „Sagen's denen, wenn's net so lange dauert, kriegen sie Ersatzteile für das Geld." Am ersten Tag frage ich dann da, was jetzt mit der Störung ist, da sagt er: „Die war das letzte Mal vor einem Jahr. Wir wollen eigentlich eine Schulung." Da habe ich mit vier Leuten da eine Schulung gemacht, das war eine sehr gemütliche Sache.

Tschemernjak: In Iran kann auch sehr interessante Orte haben. Es gibt da sehr schöne Gegenden, vor allem im Norden. Im Süden sind ja eher die Wüsten, aber im Norden, am Kaspischen Meer ist es wunderschön. Da habe ich auf die grüne Wiese eine komplett neue Geldpapier-Maschine gebaut. Eine sehr schöne Fabrik, so eine habe ich in Deutschland nie gesehen. In ganz Europa steht nicht so eine schöne Fabrik, möchte ich sagen. Das war 2002. Dort ließ es sich sehr gut leben. Die Iraner sind von allen Ländern, die ich gesehen habe, eigentlich die deutschfreundlichsten. Gastfreundlich sind ja alle Araber. Nun sind Iraner ja keine Araber, aber da gab es überhaupt keine Probleme, ich habe sehr gut gelebt. In den Zeitungen steht ja, dass es

Baumgartner: „Wo kann man schon kostenlos die ganze Welt bereisen und dabei gut verdienen?" Tschemernjak: „Und anständig in allen Ländern essen gehen?"

ein Gottesstaat ist, in dem jeder beobachtet wird, aber so habe ich das überhaupt nicht empfunden. Teheran war zwar auch hinter den Bergen, aber ich war in Teheran und in Saudi-Arabien, und wenn ich das vergleiche, da ist Iran ein total lockeres Land. Auch die Frauen sind in Iran sehr frei im Vergleich zu Saudi-Arabien. Ein Vielfaches freier. Deshalb verstehe ich auch die Zeitungen nicht. Und der Norden ist wirklich wunderschön: oben schneebedeckte Berge, unten Palmen und Orangenhaine. Ich als Österreicher will ja immer Berge haben, mir gefallen Länder mit Bergen immer besser. Holland zum Beispiel gefällt mir überhaupt nicht. Holland ist eigentlich ein Land, das ich ablehne. Südafrika ist aber auch wunderschön, das hat mich auch überrascht. Da ist natürlich die Kriminalität ein großer Nachteil.

Baumgartner: Die Fahrt von Kapstadt zum Kap der guten Hoffnung ist wirklich unvergleichlich.

Tschemernjak: Vor allem, dass das so ein modernes Land ist, hat mich am meisten erstaunt.

Baumgartner: Mir hat Israel auch sehr gut gefallen. Ich war dort mal auf den Golan-Höhen in einem Kibbuz. Die Israelis stellten Kunststoffprofile für die Jalousien her und lieferten alles nach Deutschland. Sie haben die Stangen hergestellt, aus denen die Jalousien bestehen.

Tschemernjak: Nur die Profile?

Baumgartner: Nur die Profile haben sie hergestellt. Da habe ich eine Reparatur gemacht. Ich weiß noch, wie ich da den Läufer an einer tschechischen Drehbank überdreht habe.

Tschemernjak: *lacht.*

Baumgartner: Das Kibbuz war rundum mit Wachtürmen gesichert, direkt an den Golan-Höhen. 700 Leute haben da gewohnt. Da hatte man einen richtigen Einblick in das Kibbuz-Leben, das war für mich ja total unbekannt. Das war interessant. Wußtest Du, dass die Leute da keinen Cent für ihre Arbeit kriegen?

Tschemernjak: Die machen alles umsonst?

Baumgartner: Die kriegen ihr Essen und ihr Dach über dem Kopf. Nur wenn sie in die Stadt fahren, kriegen sie Geld für den Bus. Aber dass sie für Lohn arbeiten, das gibt es in einem Kibbuz nicht. Außer der Kunststofffabrik hatten sie rundherum noch sehr viele Bananenstauden, so wie ich gesehen habe. Interessant für mich waren die Kindergärten, die sie mir gezeigt haben: Für jedes Jahr waren die Stühle ein Stück größer, und jeder Raum war mit dem Bunker verbunden. Und die Schlafzimmer der Wohnhäuser waren aus Stahlbeton. Und in der Schule genauso: für jedes Schuljahr ein größerer Stuhl.

Tschemernjak: Da freut man sich richtig, wenn man eine Klasse aufsteigt.

Baumgartner: Die hatten alles, was man braucht. Eigener Arzt, alles da. Ich war beeindruckt. Der Chef war ein deutscher Jude, der konnte mir alles erklären. Das war ein schöner Einsatz.

Verpackungs-Tiefdruckmaschinen sind neben den Flexodruckmaschinen die am häufigsten eingesetzten Maschinen für das Bedrucken unterschiedlichster Materialien.

Tschemernjak: „Mexiko ist wunderschön! Ich war kürzlich bei Cancún, da habe ich schon gedacht: Hier eine Hacienda, das wäre was fürs Alter. Wunderschöne Gegend."

49

Tschemernjak: Das ist ja irgendwie auch genau der Grund für das alles hier! Ich habe mich auch für den Job in erster Linie entschieden, weil ich die Welt sehen wollte. Das war es. Deshalb habe ich bei Siemens angefangen. Privat könnte ich mir das ja nicht leisten. Ich war ja aber auch noch nicht überall, Australien habe ich zum Beispiel noch nicht gesehen. Das interessiert mich aber auch gar nicht besonders. Das ist ja eigentlich eine langweilige Gegend. Ich habe kürzlich gelesen, dass Wien mehr Sehenswürdigkeiten hat als der ganze australische Kontinent.

Baumgartner: Was mich dabei jetzt abschreckt, ist vor allem der lange Flug und diese massive Zeitumstellung. Das ist ja sehr unbequem.

Tschemernjak: Das ist richtig. Je älter man wird, desto schlimmer empfindet man das ja wahrscheinlich auch. In der Jugend macht einem das noch weniger.

Baumgartner: Obwohl ich sagen muss: Bei mir wird das schon wieder weniger. Es gab eine Zeit, in der ich das mehr gemerkt habe. Vor zehn, fünfzehn Jahren habe ich sogar daran gedacht aufzuhören. Deswegen und wegen der Kinder. Aber die sind jetzt aus dem Haus.

Tschemernjak: Das Problem habe ich ja nie gehabt.

Baumgartner: Nichtsdestotrotz kann ich heute sagen: Mir hat der Beruf immer gefallen. Es gibt zwar natürlich Momente, in denen man die Nase gestrichen voll hat ...

Tschemernjak: ... und aufhören will ...

Baumgartner: „Wärst du mal doch Pförtner geworden, dann hättest du die Probleme nicht."

Tschemernjak: Aber später denkt man dann doch eher an die guten Sachen zurück, das Schlechte vergisst man ja immer.

Baumgartner: Und immer wenn man hier ist, sieht man ja, dass im Büro auch nicht alles Gold ist. Wenn ich beim Kunden mit einem Ärger habe, kann ich dem aus dem Weg gehen und weiß, dass ich bald weg bin.

Tschemernjak: Aber wenn im Büro was nicht passt, dann sieht man den trotzdem jeden Tag und muss sich mit dem rumärgern. Bei uns gibt es zwar ständig dieses Ungewisse und Neue, aber ich glaube, das ist die angenehmere Variante.

Baumgartner: Es gibt eben immer Abwechslung. Schon die Zeit, wann die Arbeit anfängt, ändert sich ständig. Oder das Essen. Das schlimmste Essen, das ich je hatte, gab es in der DDR. Da war ich in Ludwigslust und da gab es gerade kein Fleisch, höchstens Strammer Max. Da gab es in der Kantine Fisch mit Kartoffeln, wobei nicht mal die Kartoffeln in Ordnung waren. Die waren halb schwarz. Und der Fisch, das waren so kleine Sprotten, ich weiß nicht, wie man die nennt. Ungenießbar. So was Ähnliches gab es auch mal in einer Papierfabrik in Stettin.

Tschemernjak: Die variantenreichste Küche haben zweifellos die Chinesen. Da findet jeder etwas für sich.

Baumgartner: In Japan hat es mir auch nicht so besonders geschmeckt, immer dieses Rohe. Aber sie haben eine herausragende Suppenkultur in Japan. Was die für Suppen haben!

Tschemernjak: Das kommt aber eher aus Korea, glaube ich. Da haben sich die Japaner viel abgeschaut von den Koreanern.

Chef: Otto, du, ich suche dich!

Baumgartner: Ja, hier bin ich doch.

Chef: Wir haben eine Reparatur in Südkorea, machst du das?

Baumgartner *hebt die Kaffeetasse in Richtung des Chefs:* Ja, ich komme gleich. *Chef ab.*

Vorhang

1 + 2 KBA-Tiefdruckrotationsmaschine vom Typ TR 10 mit einer maximalen Druckbreite von 3,6 m. Siemens liefert hierfür die Antriebe und die Steuerung.

3 Der Imam-Platz von Isfahan (Iran) gehört zu den größten Sehenswürdigkeiten des Vorderen Orients. An einer Ecke des 500 m langen Platzes befindet sich diese Prachtmoschee.

4 Otto Baumgartner bei der Inbetriebsetzung einer KBA Tiefdruckrotationsmaschine in Polen.

5 Im Herzen der Slowakei liegt das mittelalterliche Schloss Bojnice. Ende April / Anfang Mai treffen sich hier Geister, Hexen und Vampire aus der ganzen Welt.

6 Blick aus dem Hotelfenster auf die iranische Hauptstadt Teheran vor dem Elburs-Gebirge.

7 Zwei Frauen in typisch islamischer Bekleidung (Hijab) laufen durch die Bergstadt Abyaneh in der Nähe von Isfahan und Teheran, Iran.

Innovationen versetzen Berge

Innovationen, die vor allem die menschliche Arbeitskraft um ein Vielfaches steigern, haben im Tagebau Berge versetzt. Im Mittelalter hat der Mensch gelernt, dafür die Kraft des Wassers zu nutzen, im 18. Jahrhundert die Dampfmaschine und heute ist es der elektrische Strom, mit dessen Hilfe er unter den extremsten Bedingungen und in abgelegenen Gebieten Metallerze, Kohle und andere Mineralien aus der Erde gewinnt.

Technische Gesamtlösungen müssen aufeinander abgestimmt sein: Angefangen vom Abtragen durch Schürfkübel-, Löffel- oder Schaufelbagger über den Transport des Materials durch Bandanlagen oder Trucks und Umschlag über Lade- und Rücklade-geräte bis hin zur Aufbereitung.

Bild oben: In 3200 Metern Höhe lagern 3,12 Millionen Tonnen Kupfererz, die im Tagebau von Los Pelambros, Chile, gewonnen werden.

Gegenüberliegende Seite:

Bild oben: Siemens rüstet Schaufelbagger für den Braunkohletagebau mit der kompletten Elektrotechnik aus.

Bild links unten: Erzmühlen mit getriebelosem Antrieb zerkleinern täglich bis zu 90.000 Tonnen Erz.

Bild rechts unten: Das Gewicht des Erzes schiebt das Förderband über einen Höhenunterschied von 1200 Metern zu Tal. Generatoren erzeugen beim Bremsen des Bandes etwa 19 Megawatt elektrische Energie, die ins Stromnetz der Aufbereitungsanlage eingespeist wird.

Über die Jahrhunderte haben sich auch die Abbaubedingungen geändert: Heute findet der Mensch Rohstoffe meist nur noch hoch im Gebirge, in Wüsten oder im Dauerfrostboden – auf jeden Fall weit ab von jeglicher Zivilisation und unter Umgebungsbedingungen, die alles andere als freundlich sind. Die Ausrüstung muss Hitze und Kälte genauso standhalten wie Staub, Wasser und Erschütterungen. Wettbewerb und schwankende Rohstoffpreise stellen gleichzeitig immer strengere Anforderungen an die Wirtschaftlichkeit des Tagebaus. Produktivität wird zum Kriterium für Unternehmenserfolg oder Verlust des Investments. Mehr denn je kann man heute Geld auch im Sand verbuddeln. Dies erfordert immer weitere Verbesserungen in der Technologie und Steigerungen der Abbaukapazitäten: noch größeres Equipment, noch effizientere Gewinnungs- und Aufbereitungsmethoden, noch intelligentere Prozessautomatisierung. Schon heute fördern riesige Schürfkübelbagger mit einer einzigen Schaufelladung bereits über 100 Kubikmeter Kohle, Ölschiefer oder Abraum. Dieselelektrische Trucks transportieren bis zu 360 Tonnen Erz auf ihrer Ladefläche zu den Gesteinsmühlen. Bandanlagen bewegen Gestein, Abraum oder Kohle über 30 und mehr Kilometer zu den Aufbereitungsanlagen. Riesige Mühlen, von bis zu 20 Meter hohen Ring-motoren angetrieben, zermahlen die Metallerze. Sie haben den Stromverbrauch einer Kleinstadt. Doch auch bei dem anschließenden Flotieren, Trocknen, Homogenisieren, Filtern, Rösten ist der Energieeinsatz sehr hoch. Eine sichere Energieversorgung ist deshalb die Grundvoraussetzung für einen reibungslosen Grubenbetrieb. Die notwendige Infrastruktur mit Umspannwerken, Transformatoren und kilometerlangen Leitungen muss daher meist erst vor Ort aufgebaut werden. Tonnen von Stahl müssen über hunderte von Kilometern transportiert werden, und es steht viel Geld auf dem Spiel. Jeder Zeitverzug kostet Millionen – Logistik und Technik können sich hierbei keinen Zeitverzug erlauben. Deshalb ist Zuverlässigkeit Trumpf. Siemens bietet sie.

Stahl schafft den Anschluss für Schwellenländer

Stahl ist der am meisten eingesetzte metallische Werkstoff und zugleich die Triebfeder für das Wirtschaftswachstum der Schwellenländer. Millionen Tonnen Stahl werden alljährlich für Bürotürme, Einkaufszentren und Wohnhäuser verbaut, für die Entwicklung der Infrastruktur benötigt oder für Kühlschränke, Autos und andere Konsumprodukte gebraucht. Der Stahlbedarf ist in den rasch wachsenden Volkswirtschaften Asiens und Südamerikas so hoch, dass die dort vorhandenenen Rohstoffe Eisenerz und Kokskohle knapp werden.

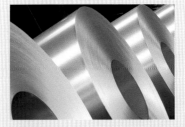

Bild oben: Siemens VAI begleitet die Entwicklungen der Stahlindustrie seit mehr als 150 Jahren: angefangen von der Entwicklung der Regenerativfeuerung und des Siemens-Martin-Ofens über die elektrische Ausrüstung von Walzstraßen bis zu Automatisierungs- und Leitsystemen.

Gegenüberliegende Seite:

Bild oben: Befüllen eines Ultimate-Elektrostahlofens. In einem einzigen Arbeitsgang werden hier 300 Tonnen Schrott chargiert.

Bild links unten: Chinas Branchenprimus Baosteel errichtete im Industriepark Baoshan in Luojing bei Shanghai ein neues Walzwerk. Die Anlage wird Grobblech herstellen, das für Straßen- und Eisenbahnbrücken ebenso benötigt wird wie für Schiffbau und Öl-Pipelines.

Bild rechts unten: In Krakau, Polen, hat Siemens das modernste Warmwalzwerk Europas in Rekordbauzeit von 23 Monaten schlüsselfertig an die ArcelorMittal Group übergeben.

Fünf Faktoren treiben dabei das Geschäft mit der Stahlerzeugung und Stahlverarbeitung: Einsatzstoffe und Energie müssen effizient eingesetzt werden, um die Materialkosten zu minimieren. Dabei muss durchgängig die beste Qualität des Endproduktes garantiert werden. Die Arbeit im Stahl- und Walzwerk muss absolut sicher für die Arbeiter sein. Und immer häufiger fordern Umweltschutzauflagen innovative technologische Lösungen, um den Betrieb der Anlagen zu ermöglichen. Und nicht zuletzt muss Stahl wettbewerbsfähig erzeugt und verarbeitet werden.

Für Anlagenbauer wie Siemens VAI bedeutet dies, ständig neue Verfahren und Prozesstechnologien in bestehende Anlagen zu integrieren und mit innovativen Automatisierungslösungen die Produktivität weiter zu steigern. Durch den Zusammenschluss mit der Voest Alpine Industrieanlagenbau (VAI) entstand vor drei Jahren der Weltmarktführer im metallurgischen Anlagenbau mit über 3000 weltweiten Anlagenprojekten, 8500 hoch qualifizierten Mitarbeitern und über 4000 einschlägigen Patenten. Das Portfolio umfasst zum einen alle mechanischen, elektrotechnischen und energietechnischen Ausrüstungen, Schalt- und Schutzeinrichtungen, Basis- und Prozessautomatisierungen für Hochöfen, Blas- und Elektrostahlwerke, Stranggussanlagen, Warm- und Kaltwalzwerke, Behandlungslinien für die Stahlerzeugung und -verarbeitung. Zum anderen gehört dazu auch die Betreuung der Anlagen über deren gesamten Lebenszyklus mit der Versorgung von Ersatzteilen oder der Erneuerung von Verschleißteilen sowie der Modernisierung und Anpassung an den besten Stand der Technik.

55

Papier – Medium mit Zukunft

Die elektronischen Medien verändern unser Leben – und damit auch die Struktur des Papiermarktes. Ersetzen werden sie Papier jedoch nicht. Im Gegenteil: Der Gesamtverbrauch an Papier steigt weiter. Nach wie vor durchdringt kein anderes Material unser Leben so wie Papier. Wir benutzen es ständig: als Informations- und Gestaltungsmedium oder als recyclingfähiges Verpackungsmaterial.

Für Siemens dreht sich seit über 100 Jahren alles um Zellstoff und Papier. Schon im 19. Jahrhundert hat Siemens den ersten Motor für die Papierindustrie geliefert. Seit dieser Zeit entwickelt Siemens kontinuierlich innovative Lösungen für die Zellstoff- und Papierindustrie. Aus bescheidenen Antriebsmotoren sind im Laufe der Zeit technisch und wirtschaftlich hochentwickelte Sonderausrüstungen geworden, die nicht mehr als einfache Kraftmaschinen, sondern als organische Teile der einzelnen Arbeitsmaschinen zu sehen sind. Sie gewährleisten einen hohen Produktionsdurchsatz und unterbrechungsfreie Prozesse, niedrige Betriebskosten sowie eine hohe Qualität der Endprodukte. Sie setzen Standards hinsichtlich Leistung, Menge und Gewicht, wodurch Platz gespart und die Anlagenintegration vereinfacht wird.

Die Produktion einer Tonne Papier kostet etwa 700 Kilowattstunden elektrische Energie und eine nicht unerhebliche Menge Frischwasser. Steigende Energie- und Rohstoffkosten erzwingen immer weitere Optimierungen der Anlageneffektivität. Dies wird durch breitere und schnellere Maschinen bei Neuanlagen und Verbesserung der Produktion mittels Modernisierungen erreicht. Siemens bietet dazu aufeinander abgestimmte Lösungsmodule für die Papierindustrie, die sich nicht nur auf die Kernbereiche der elektrotechnischen Anlagen, Automatisierung und industrielle Informationstechnologie, beschränken, sondern auch auf die Verbesserung technologischer Regelungskonzepte konzentrieren. Sie erfüllen die hohen Anforderungen an Effizienz und Flexibilität, Betriebssicherheit und Zuverlässigkeit der Anlage und reichen von der elektrischen Gesamtausrüstung für Papier-, Karton- und Tissue-Maschinen über das Komplett-Engineering der Stoffaufbereitung bis zu Umbauten und Erweiterungen an Papiermaschinen sowie zur Implementierung modernster Prozessleittechnik.

Bild oben: Moderne Technologien sorgen für mehr Effizienz in der Papierproduktion, damit die Lager immer gleichmäßig gefüllt sind.

Gegenüberliegende Seite:

Bild oben: Blick auf den Nassteil einer Papiermaschine. Hier beginnt die Papierproduktion, die mit einer Betriebsgeschwindigkeit von 2000 m/min oder 120 km/h am Ende das Papier aufwickelt.

Bild links unten: Voraussetzung für gutes Papier ist hochwertiger Zellstoff, wie er in der weltgrößten Zellstofffabrik im chinesischen Hainan produziert wird. Die Anlage hat eine Kapazität von über einer Million Jahrestonnen.

Bild rechts unten: Die Aufrollung ist der Abschluss der Papierproduktion. Vorher wird die Qualität geprüft, denn jeder will hochwertige Drucksachen lesen.

Dirigentin in einer Männerdomäne

Als Produktmanagerin für Kaltwalzanlagen hat sich Gerlinde Djumlija Anerkennung in einer typischen Männerwelt verschafft: in der Welt des Stahlherstellung. Doch bis Frauen in der Stahlindustrie zum Alltag gehören, werden noch Jahre ins Land gehen – und neue Ideen nötig sein.

Text: Sebastian Wieschowski

Lange Zeit hatte die oberösterreichische Stadt Linz den Ruf der Stahlstadt, den sie dem größten Arbeitgeber, der voestalpine, zu verdanken hat. Hier wurde 1952 das Linz-Donawitz-Verfahren erfunden, das das Siemens-Martin-Verfahren zur Umwandlung von Roheisen in Stahl ablöste. Heute wird mehr als 70% des Stahls nach diesem Verfahren erzeugt. Doch nicht nur Stahl prägt das Bild der nächsten europäischen Kulturhauptstadt: So pilgern zehntausende Besucher jährlich zur Linzer Klangwolke an die Donau oder zum Bruckner-Festival in die Altstadt.

Ja, sie ist verliebt, vielleicht auch ein wenig verrückt nach den mächtigen Anlagen. Und Gerlinde Djumlija steht dazu. Sie strahlt wie der Fan eines Popstars, wenn sie ihre Leidenschaft für das meterhohe Wunderwerk in Sätze zu fassen versucht. „Es ist ein hochkomplexes mechatronisches System", seufzt sie andächtig über ihren Schwarm, der surrt und kracht und manchmal sehr laut werden kann. Manchmal hat er eine attraktive Außenhülle, manchmal ist er schlicht grau, aber immer beeindruckt er ihr Herz: „Man kann da immer wieder reingucken und ist begeistert, wie alles reibungslos ineinander greift", sagt Gerlinde Djumlija über das Innenleben ihres Lieblings. Es ist ein einzigartiges Gewirr aus Wellen, Walzen und Rohren, welches mit der Kraft von zwanzigtausend Pferden scheinbar mühelos silbern schimmernde Stahlbahnen walzt, als sei es feines Papier, welches zu extragroßen Toilettenrollen aufgerollt wird. Über zwei Millionen Tonnen solcher Coils verarbeitet so ein Kraftprotz pro Jahr, und das ohne einen Tag Urlaub. „Sieht das nicht wunderbar aus?", fragt Gerlinde Djumlija glücklich und guckt verträumt ins Leere. In ihren Ohren kracht und surrt er, vor ihren Augen walzt und schiebt er wohl gerade wieder, ihr tonnenschwerer Schwarm – das Kaltwalzwerk.

Als Produktmanagerin bei der österreichischen Siemens VAI Metals Technologies hat Gerlinde Djumlija die meterhohen Walzanlagen fest im Griff. Mit ihren Kollegen sorgt sie dafür, dass die tonnenschweren Teile des komplexen Produktionsprozesses reibungslos ineinander greifen. Die Maschinen, die Gerlinde Djumlija von ihrem Schreibtisch aus dirigiert, sind groß, sehr groß sogar und ungeheuer kräftig, laut und schwer. Klassisch männliche Attribute schweben im Raum, wenn die Produktmanagerin von ihrem Arbeitsalltag erzählt. Dass sie sich ihren Platz in der Männerdomäne Schwerindustrie mühsam erkämpfen musste, wurde Gerlinde Djumlija schon vor dem Studium bewusst. Von ihrer Mutter wusste sie, dass Frauen früher noch größere Probleme hatten, ihren Wunschberuf zu ergreifen: „Meine Mutter wollte Physik studieren, doch ihre Eltern erlaubten ihr nur, in die Handelsschule zu gehen", erzählt Gerlinde Djumlija. Die technikbegeisterte Tochter durfte dagegen studieren, was sie wollte: „Ich wollte irgendwas Technisches machen, das stand schon immer fest", erinnert sich die gebürtige Linzerin. Und sie wollte nicht verglichen werden mit ihren Geschwistern. Der größere Bruder studierte Informatik, der kleinere Bruder studierte Informatik, Gerlinde Djumlija stand dazwischen – und schrieb sich für Metallurgie ein.

An der Technischen Universität Leoben saß sie als eine der wenigen Studentinnen neben dutzenden technikbegeisterten Kommilitonen – „einem Haufen Männer", wie sie selbst sagt. Eine Frau als exotischer Sonderfall in einem sprichwörtlich stahlharten Alltag – das provozierte auch so manche minder geistreiche Bemerkung ihrer Dozenten: „Einige Professoren waren da schon ein bisschen vernagelt, was den Umgang mit Frauen anging", erinnert sich Gerlinde Djumlija lachend. Trotzdem paukte sie zwischen unzähligen männlichen Kommilitonen und Dozenten als eine der wenigen Frauen das nötige Fachwissen über die Gewinnung der Metalle aus den Erzen, sie erfuhr Details der Formgebung durch Gieß- und Umformverfahren und lernte Recyclingmethoden kennen, nach denen gebrauchte Metalle, Legierungen und Rückstände in den Nutzungskreislauf zurückgeführt werden. Die Schulbank drücken wollte sie trotzdem nicht länger als nötig – nach sechs Jahren hatte die Studentin ihr Diplom in der Hand und ein Jobangebot in der Tasche: „Kurz nach meiner letzten Prüfung rief schon der damalige Voest Alpine Industrieanlagenbau an und fragte, ob ich anfangen wollte."

Keine Frage, Gerlinde Djumlija wollte. Endlich konnte sie in die aufregende Welt der Metallverarbeitung aufbrechen, endlich ihre Kräfte am tonnenschweren Walzwerk messen, endlich einen eigenen Beitrag zum Betriebsalltag eines weltweit agierenden Unternehmens leisten. Besonderen Spaß bereitete ihr die Detailarbeit: „So ein Walzwerk besteht aus hunderten Tonnen Stahl, hat tausende Schnittstellen und unzählige Menschen, die im Umfeld beschäftigt sind. Dies alles zusammenzuführen, dass alles reibungslos wie in einem Uhrwerk läuft, das macht mir sehr viel Spaß." Gerlinde Djumlija kniete sich rein in die Technik – den Wunderwerken in Nahaufnahme – sie forschte, maß die Anlagen, nahm die Betriebsabläufe unter die Lupe und standardisierte, bewertete Risiken im Angebot und arbeitete in der Projektabwicklung. Ein Jahr lang leitete sie die Walzwerksgruppe in der Tochterfirma in Pittsburg, USA. Doch noch immer ist eine Frau als Dirigentin der wuchtigen Walzen ein Sonderfall.

Wer als Frau in der stählernen Welt der mächtigen Maschinen bestehen will, muss lernen, ähnlich laut zu sein wie ein Kaltwalzwerk: „Ich habe mich damit abgefunden, immer wieder verbal auf den Tisch hauen zu müssen", sagt Gerlinde Djumlija, die selbst eine wahre Powerfrau ist – wie ein Wirbelwind braust sie durch ihr Büro, lautstark posaunt sie mit einem konstanten Lächeln ihre Meinung heraus. Denn so selbstverständlich, wie die Vereinbarkeit von Familie und Privatleben heutzutage auf bunten Hochglanzmappen für Studienabsolventen und potenzielle Jobeinsteiger beschrieben wird, ist sie auch 17 Jahre nach dem ersten Arbeitstag von Gerlinde Djumlija noch nicht: „Meine damalige Personalabteilung hat sich nicht wirklich engagiert gezeigt und auch sonst fragte keiner, wie ich mir das mit Kind einmal vorstelle", erinnert sich Gerlinde Djumlija an die Zeit, als das erste ihrer beiden Kinder unterwegs war. Selbstbewusstsein und eine gewisse Portion Frechheit waren nötig, um den Kinderwunsch mit dem Job in Einklang zu bringen: „Ich hab meinen Vorgesetzten einfach gesagt, dass ich eine bestimmte Stundenanzahl im Büro arbeiten will und einen gewissen Anteil von zu Hause aus erledige", berichtet Gerlinde Djumlija. Die Fachfrau diktierte ihre Arbeitskonditionen, der Vorgesetzte stimmte zu – der Weg zu einer besseren „Work-Life-Balance" kann für eine Frau auch

Gerlinde Djumlija (42)
Dipl.-Ing. für Metallurgie, derzeit: Product Manager Cold Rolling Mills •
Lebensmotto: Lachen ist gesund.

„Ich habe mich damit abgefunden, immer wieder verbal auf den Tisch hauen zu müssen."

heute noch steinig sein. „Schließlich hat es aber super funktioniert", erklärt sie selbstbewusst. Außerdem sei auch das Verständnis von Kollegen und Vorgesetzten gewachsen, dass man mit Kleinkindern zu Hause nicht immer auf Abruf bereitstehen kann.

Ihr jetziger Arbeitgeber Siemens hat schon länger erkannt, dass qualifizierte Bewerber sich ihren Wunscharbeitgeber nicht nur nach dem Gehalt aussuchen, sondern auch die Umgebung des Unternehmens begutachten. Das beweisen ständig aktualisierte Studien – zum Jahreswechsel stellte beispielsweise das Onlinemagazin ProFirma das Ergebnis einer Befragung vor, bei der nach Attraktivitätsfaktoren für den besten Arbeitgeber gefragt wurde. Das Ergebnis: Frauen bevorzugen vor allem Unternehmen, die ihre gesellschaftliche Verantwortung wahrnehmen und für eine ausgeglichene Work-Life-Balance ihrer Mitarbeiter sorgen. Und den weiblichen Ingenieuren ist durchaus bewusst, dass sie nicht das erstbeste Jobangebot annehmen müssen, sondern von einer Vielzahl an Unternehmen umworben werden. Um die Wahl auf Siemens zu lenken, hat der Konzern eine Vielzahl von Recruiting-Werkzeugen weltweit entwickelt: gleitende Arbeitszeit, Vertrauensarbeitszeit, Jahresarbeitszeit. Flexible Arbeitszeitmodelle helfen Siemens, motivierte Spezialisten zu binden und zu motivieren. Auch die Möglichkeit des Job-Sharings wird an vielen Siemens-Standorten angeboten. Telearbeit ist im Unternehmen in vielen Ländern und an vielen Standorten schon ein Stück Normalität. „Siemens möchte möglichst viele qualifizierte Frauen für sich gewinnen und auch nach der Geburt eines Kindes im Unternehmen halten", heißt es im „Corporate Responsibility Report" des Konzerns.

Wie dies bei Siemens konkret umgesetzt wird, ist jedoch auch regional sehr unterschiedlich: In Norwegen gibt Siemens finanzielle Hilfe an Kindergärten, die von Mitarbeiterkindern besucht werden. An anderen Standorten kooperiert der Konzern mit externen Vermittlungsagenturen. In Deutschland vermittelt der „Familienservice" an vielen Standorten die nötige Betreuung für Kinder, aber auch für pflegebedürftige Angehörige. In Brasilien bezahlt Siemens für rund 200 Mitarbeiterkinder ein Stipendium, um ihnen den Schulbesuch zu ermöglichen – ein ganzer Blumenstrauß an Maßnahmen, der nicht nur den Mitarbeitern selbst zugute kommen, sondern auch die besten Fachkräfte an Siemens binden soll. Doch die guten

Bild oben: Prächtige Bürger- und Stiftshäuser in der Altstadt von Linz lohnen ein genaues Hinsehen ebenso wie die hinter Torbögen verborgenen Innenhöfe.

Bild Mitte: Die Verbindung des Brucknerfestes mit der Ars Electronica und der Linzer Klangwolke gibt Linz ein unverwechselbares Image, das in dieser Form weltweit anerkannt wird. Innenhof des Brucknerhauses.

Bild unten: Nächtliche Panoramaaufnahme der Donau mit Lentos und Nibelungenbrücke. Das Museum für moderne und klassische Kunst wurde 2003 eröffnet.

Ideen werden noch nicht überall umgesetzt. Auch Gerlinde Djumlija weiß deshalb, dass Beruf und Familie im Arbeitsalltag immer noch zu Gegensätzen werden können, wenn man nicht für ihre Vereinbarkeit kämpft: „Ich habe schon lange in der Firma gearbeitet, als sich der Nachwuchs ankündigte. Deshalb war ich in einer viel besseren Verhandlungsposition als eine junge Mitarbeiterin", glaubt Gerlinde Djumlija. Auch die Kinderbetreuung musste sie selbst organisieren. „Zum Glück ist meine Mutter in Pension und konnte helfen. Man braucht ein gutes soziales Netzwerk", meint die Produktmanagerin. Andere Kolleginnen seien zwei Jahre aus dem Job gegangen – eine Auszeit, die sich die leidenschaftliche Walzwerkerin nicht erlauben wollte.

Wer sich als Frau einen Platz in der schweren Welt des Stahls sichern will, braucht einen langen Atem: „Das Problem besteht in den Köpfen der Menschen, besonders bei den Stahl- und Walzwerkern", sagt Gerlinde Djumlija. Noch immer werde jungen Frauen verkauft, dass Metallurgie und Anlagenbau eine reine Männerdomäne sei und Ingenieurinnen nichts in technischen Berufen verloren hätten. Dabei können nur gut ausgebildete Experten die Weltmarktstellung von Unternehmen sichern – und die sind wie in anderen Branchen auch heutzutage längst nicht mehr nur männlich: „Ich kann es nicht nachvollziehen, warum man sich in manchen Chefetagen überhaupt nicht mit der Problematik Frauen und Familienplanung beschäftigen will. Kompliziert wäre es sicher nicht", meint Djumlija. Doch vielerorts gäbe es gar keine Konzepte, die Verantwortlichen seien sich des weiblichen Potenzials nicht bewusst, haben Angst, dass die Frauen aufgrund der Doppelbelastung versagen oder trotzdem erfolgreich sind – und hielten viel lieber die vermeintlich unkomplizierte Männerdomäne aufrecht.

„Der Kampf um einen Platz in der rauen Welt der Metallurgie lohnt sich: Man kann aktiv mitgestalten und viel Verantwortung haben."

Blick auf die neue kontinuierliche Kalttandemstraße mit einer projektierten Kapazität von max. 1,85 Millionen Jahrestonnen bei voestalpine in Linz. Die neue Anlage ist für Feinbleche aus höchstfesten Stahlgüten für die Automobil-, Elektro- und Hausgeräteindustrie konzipiert.

Bis Frauen in der Stahlindustrie zum Alltag dazugehören, werden deshalb wohl noch einige Jahre ins Land gehen – und neue Ideen nötig sein, um noch mehr Frauen für ein Studium in den technischen Wissenschaften zu begeistern. Denn auch zwanzig Jahre nachdem Gerlinde Djumlija an der Universität Leoben die Metalle unter die Lupe nahm, kommen auf eine Studentin in den Ingenieurswissenschaften an vielen Universitäten zehn Kommilitonen. Die Praktikantinnen, die Gerlinde Djumlija oft durch den Unternehmensstandort in Linz führt, erzählten von ähnlichen Studienbedingungen, wie sie Djumlija vor zwanzig Jahren vorfand – mit Professoren, deren Feingefühl im Umgang mit Frauen noch einer „gewissen Feinabstimmung" bedarf. „Man muss den Mädchen schon frühzeitig zeigen, dass Technik alles andere als langweilig ist. In Österreich werden Technikkoffer für Kindergärten gepackt, doch es gibt noch viel zu wenige", ärgert sich Gerlinde Djumlija. Auch an den Universitäten müsste es viel mehr Angebote geben – und auch die Studentinnen selbst müssten um die bestehenden Unterstützungsmöglichkeiten kämpfen. Denn es gibt ja bereits jetzt Förderprogramme, die Studentinnen sowie erfolgreichen Ingenieurinnen finanziell unter die Arme greifen und die Kinderbetreuung organisieren, damit die Fachfrauen Privatleben und den denkintensiven Beruf unter einen Hut bringen können.

Auch die Männer sollen ihren Beitrag dazu leisten: „Ich habe es schon mehrfach erlebt, dass Väter einen Teil der Elternzeit genommen haben, um sich selbst um die Kinder zu kümmern", berichtet Gerlinde Djumlija. Und was zuerst mit staunenden Augen betrachtet wurde, half allen: Die Partnerinnen konnten weiter arbeiten und die Väter hatten „mächtig Spaß" mit ihren Kindern. „Diese Schwarzmalerei, bei der derjenige zum Verlierer wird, der zu Hause bei den Kindern bleibt, muss endlich aufhören", findet Gerlinde Djumlija. „Inzwischen erkennen die großen Konzerne, dass Fachkräfte mit Familie im Beruf einen hohen Einsatz bringen wollen und sich trotzdem ein erfülltes Privatleben wünschen", sagt die Produktmanagerin.

Und der Kampf um einen Platz in der rauen Welt der Metallurgie lohnt sich: „Man kann aktiv mitgestalten und viel Verantwortung haben", berichtet Gerlinde Djumlija. Wer einen technischen Beruf studiert, könne in relativ kurzer Zeit ein ansehnliches Gehalt beziehen und sich bessere Chancen auf spätere Führungsfunktionen sichern. Und wer gern mit Menschen aus aller Welt kommuniziert, werde bei Siemens auch seinen Spaß haben: „Die französischen Kollegen sind manchmal etwas komplizierter als wir Österreicher, aber der Kontakt mit den Kollegen aus dem Ausland ist immer wieder ein Erlebnis", findet Djumlija, die im beruflichen Alltag auch mal nach Bahrein fliegen und Geschäftspartnern erklären muss, wie ihr Walzwerk wirklich funktioniert.

Doch das Wichtigste sind die tonnenschweren Stahlkolosse. „So wie sie aus einem unscheinbaren, grauen Block ein hauchdünnes, silbern schimmerndes Band aus Stahl walzen, das ist doch immer wieder schön anzuschauen", jauchzt sie wieder, denkt dabei an das scheinbare Gewirr aus Wellen, Walzen und Rohren. Denn sie ist die Herrin über die Mechatronik – dem Wunderwerk der Technik. Ihre Augen sind weit geöffnet, sie strahlt wie ein Teenager nach dem ersten Date. Sie schaut aus dem Fenster, in der Tiefe rauschen Güterzüge vorbei, die Schornsteine des nahegelegenen Stahlwerkes dampfen vor sich hin. Irgendwo da unten steht auch ihr Kaltwalzwerk und produziert wohl gerade wieder riesige Stahlrollen, ihr tonnenschwerer Schwarm. Ja, sie ist verliebt.

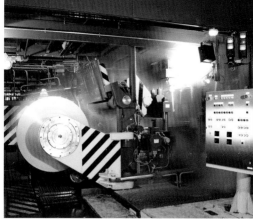

Bild oben: Nach dem Walzen werden die Bleche auf einer Haspel zu so genannten Coils aufgewickelt. Im Bild die TCM der voestalpine Linz.

Bild unten: Die Automobilindustrie fordert immer leichtere Karosserien, die noch besser einem Crash standhalten. Die dazu notwendigen, hoch festen, hoch legierten und vor allem dünnen Stahlbänder liefern neue Walzgerüste. Im Bild das Coillager der voestalpine Linz.

Wo wohnt der Teufel?

Der Zündofen wirft sein grelles Licht auf das Sinterband, Hitzeschlieren flimmern auf der Oberfläche, knackend und knisternd arbeitet sich die Brennfront durch das Material, um schließlich als „Sinter" donnernd in den Schlund zu stürzen, wo es von einem mächtigen Brecher gierig zermahlen und verschlungen wird. Es ist brütend heiß, stickig und staubig. Wenn man durch eine alte Sinteranlage geht, ahnt man, was einen in der Hölle erwartet. Christoph Aichinger plant und modernisiert solche Anlagen.

Text: Claudia Reiser

Die geschützte Lagune von Langebaan gehört zu den beliebtesten Wasser-sport-Revieren der Kapstädter. Hier kann man segeln, windsurfen, Wasserski und Kayak fahren, ohne der mächtigen Brandung an den Küsten des Kaps ausgesetzt zu sein. An der Nordspitze der Lagune liegt die Hafenstadt Saldanha. Der einstige Fischereihafen wurde in den 1970er Jahren zu einem der grössten See-häfen in Südafrika ausgebaut. Mitte der 90er Jahre wurde hier das Stahlwerk „Saldanha Steel" einge-weiht, dessen Anlagen Christoph Aichinger in Betrieb setzte.

Das Schild hängt noch da. Gläsern. Neben einer verschlossenen Bürotür. Fast wirkt es, als sei das Kapitel „Christoph Aichinger, Assistent des Vor-stands" noch nicht abgeschlossen. Und in der Tat ist die Tinte, mit der dieses Kapitel geschrieben wurde, noch relativ frisch.

An die Anfänge erinnert sich Aichinger genau. Sie kamen für den heute 40-Jährigen völlig unvermittelt. Gerade von einem Fortbildungsseminar zurückgekehrt, entdeckte er den Namen der Vorstandssekretärin auf seinem Telefondisplay. „Ich habe mir gedacht, wow, was ist jetzt los? Dann habe ich zurückgerufen: ‚Bitte ins Büro von Vorstandsdirektor Gruber kommen.' ‚Wann?' ‚Sofort!'. Ich lief in den sechsten Stock, ging durch die stählerne Tür in das Vorstandsbüro, und dann eröffnet mir Herr Gruber, dass er einen Assistenten sucht, sofort." Das war 2002.

Die Frage, wie Karl Gruber damals auf ihn aufmerksam wurde, kann Aichinger nicht beantworten. „Ich weiß es selbst nicht so genau. Vielleicht lag es am damaligen Personalmangel", mutmaßt er mit charmant-oberöster-reichischem Akzent. Auf seinen in der Firma bereits lange verwurzelten Namen will er es aber nicht zurückführen lassen.

Aichinger ist ein „Voest-Kind". So bezeichnet er sich auch selbst. Vater und Mutter arbeiteten schon im damals noch eigenständigen Industrieanla-genbau der Voest Alpine und haben sich dort kennen gelernt. „Ich habe den Voest-Geist mit der Muttermilch aufgesogen" betont Aichinger stolz. Nach der Matura, dem österreichischen Abitur, nahm er das Technikstipendium der Voest Alpine in Anspruch und studierte an der TU Graz Wirtschaftsin-genieurwesen Maschinenbau. Bedingung für das Stipendium: Nach Studien-abschluss musste man mindestens fünf Jahre lang für Voest Alpine tätig sein – was ja ohnehin das Ziel Aichingers war. Der Weg ins Unternehmen war also endgültig geebnet.

Zuvor legte Aichinger jedoch einen Zwischenstopp ein, der ihn auch privat prägte: Er setzte sich ein Masters Studium in Vancouver in den Kopf, für das er damals hart kämpfen musste. Heute wird Studenten über Erasmus und andere Austauschprogramme das Studieren im Ausland leicht gemacht, zu jener Zeit war es noch unüblich. „Ich war kein überdurchschnittlich guter Student, ich hatte kein Geld und keine Kontakte nach Übersee. Wie sollte ich das schaffen? Aber genau diese Herausforderung habe ich mir bewusst ausgesucht." Und der ehrgeizige Oberösterreicher war schon damals ein Typ, der zu Ende bringt, was er sich vornimmt: „Als ich dann im Flieger nach Vancouver saß und es geschafft hatte, war das für mich eine irre Erfahrung."

Neben dieser Erkenntnis, mit dem richtigen Willen und einer positiven Herangehensweise fast alles schaffen zu können, wurde privat noch eine weitere Weiche in Kanada gestellt: „Meine Frau hat mich zu Weihnachten 1990 in Vancouver besucht. Wieder nach Hause gefahren ist sie dann zu zweit." Denn neun Monate später, im Oktober '91, kam Aichingers erste Tochter in Vancouver zur Welt.

Nachdem er 1993 sein „Masters Degree in Mechanical Engineering" in der kanadischen Metropole gemacht hatte, kehrten die Aichingers wieder nach Österreich zurück. Dort schloss er das zweite Studium zum Diplomingenieur ab und absolvierte im Anschluss daran den Wehrdienst. Dann stand dem Arbeitsbeginn im Voest Alpine Industrieanlagenbau (VAI) nichts mehr im Weg.

Wenn beides – Auslandsaufenthalt und Doppelstudium – natürlich ideale Voraussetzungen für den Berufseinstieg waren, so musste doch mehr hinter dieser Karriere des Assistenten des Vorstands stecken. Keinesfalls kann es nur der damalige Personalmangel gewesen sein. Aichinger kramt noch etwas aus seinem Gedächtnis hervor: „Ich sollte im Herbst 2002 im Rahmen einer Informationsveranstaltung für Mitarbeiter ein Interview mit Vorstandsdirektor Gruber führen. Das hat sehr gut geklappt. Vielleicht hat Herr Gruber dort gemerkt: Auf den kann man sich verlassen, der ist pfiffig genug." Für das Interview ausgewählt wurde Aichinger aufgrund seiner Tätigkeit im Ausland.

Kaum in der VAI angekommen, wurde der frisch gebackene Diplomingenieur mit einem Teilprojekt eines bis heute einzigartigen Großprojekts betraut: der Planung und dem Bau einer Corex-DR-Verbund-Anlage bei Saldanha Steel in Südafrika. Eine solche Anlagenkopplung und Verfahrenstechnik gab und gibt es bislang weltweit kein zweites Mal: Im Corex-Prozess wird flüssiges Roheisen ohne den üblichen Hochofenkoks hergestellt. Die notwendige Energie liefert die Kohle selbst, die vergast wird. Als „Abfall" entstehen große Mengen Kohlenmonoxid und Wasserstoff. Beide Gase werden in eine angeschlossene Eisen-Direktreduktionsanlage, eine so genannte Midrex-DR-Anlage, geleitet und erzeugen dort Eisenschwamm. Anschließend werden alle im Stahlwerk entstehenden Schlämme und Stäube in einer Schlammgranulationsanlage gesammelt und so aufbereitet, dass sie in der Zementindustrie weiterverwendet werden können. Somit können sämtliche „Abfallprodukte" aus dem Hüttenwerk in Form von Sekundärrohstoffen verwertet werden. Und das sogar Gewinn bringend. Zudem wird die Umweltbelastung signifikant herabgesetzt.

Aichinger sollte im Projektteam zunächst die Projektierung und Abwicklung der Schlammgranulationsanlage und der technologischen Einrichtungen der Corex-Anlage übernehmen. Er begleitete das Projekt zwei Jahre lang von Linz aus und war dabei unter anderem für die Auslegung und den Zukauf des Equipments zuständig. Die Ausmaße einer solchen Anlage sprechen für sich: So mussten beispielsweise 30.000 Tonnen Stahl und hunderte Kilometer Kabel zur Baustelle geschafft werden. Insbesondere die Abwicklung der bis dahin beispiellosen Schlammgranulationsanlage stellte für den jungen Industrieanlagenbauer eine große Herausforderung dar. Sie musste von Grund auf neu konzipiert werden. Aber Aichinger ist dankbar für die

Christoph Aichinger (40)
Dipl.-Ing. Wirtschaftsingenieurwesen Maschinenbau, M.A.Sc. – Mechanical Engineering, derzeit Technischer Leiter des Geschäftssegments Agglomeration Technology, verantwortlich für Sales • Projekte für Sinteranlagen und Reststoffaufbereitung, bereist alle Kontinente außer Australien • Lebensmotto: Es ist wichtig, für seine Träume ein paar Kämpfe durchzustehen. Nicht als Opfer, sondern als Abenteurer. (Paolo Coelho)

„Ich habe mich als Lehrling gesehen und hatte in jeder Phase des Projektes einen ‚Meister', der mir die entsprechenden Kenntnisse vermittelte. Solch einen Großanlagenbau lernt man nicht an der Universität."

Chancen, die ihm damals gegeben wurden: „Ich habe mich als Lehrling gesehen und hatte in jeder Phase des Projektes einen ‚Meister', der mir die entsprechenden Kenntnisse vermittelte. Solch einen Großanlagenbau lernt
man nicht an der Universität." Und der Einsatz des Perfektionisten Aichinger
zahlte sich aus. 1996 erhielt sein Team für das Konzept der neuen Anlage den
1. Innovationspreis der VA Tech, dem damaligen Mutterkonzern der VAI.

Nachdem die Anlage erfolgreich projektiert war, begann für den Diplom-
Ingenieur das Abenteuer Ausland erst richtig: 1998 wurde ihm angeboten,
den Baustellenleiter des Projekts als Assistent vor Ort zu unterstützen. Den
Vertrag über ein Jahr in der Tasche, wanderte er mit seiner inzwischen nicht
mehr ganz so kleinen Familie – mittlerweile hatten die Aichingers drei Kinder,
der jüngste Spross war gerade mal vier Monate alt – nach Südafrika aus. Aus
einem Jahr wurden schließlich drei; der junge Familienvater verlängerte seinen
Aufenthalt mehrmals freiwillig. So durchlief er auf der Baustelle alle Stadien
der Montage sowie der Inbetriebsetzung und betreute schließlich die
Hochlaufphase des regulären Betriebs. Als er wieder nach Österreich
zurückkehrte, hatte er seine Arbeit erneut mit Exzellenz abgeschlossen: Die
Schlammgranulationsanlage war „bilderbuchmäßig" angelaufen. Christoph
Aichinger ist kein Mensch, der Dinge unvollendet lässt.

Aber sind das auch die Voraussetzungen, die man braucht, um mit dem
Job als Assistent des Vorstands bedacht zu werden? Auf die Frage, was man
mitbringen müsse, antwortet Aichinger nicht mit einer langen Aufzählung
von Fertigkeiten, Soft Skills, Charaktereigenschaften oder speziellen Uni-
Abschlüssen. „Sich selbst als Paket", erwidert er kurz und knapp. Was er damit
meint: Das Aufgabenspektrum ist einfach zu groß, als dass man die Aufgabe
auf einzelne Fähigkeiten reduzieren könnte. Sich darauf vorzubereiten, sei
beinahe unmöglich, sagt Aichinger. Stattdessen müsse man immer wieder
aufs Neue lernen und sich einarbeiten, einfach mit vollem Einsatz und Geist
präsent sein.

Vielfältigkeit ist das Zauberwort. Aichingers Vorliebe dafür spiegelt sich
auch in seinem Hobby, dem Turnen, wider. „Das Turnen ist eine sehr vielseitige
Tätigkeit. Da braucht man Kraft, Ausdauer, Beweglichkeit, Balance. Das passt

zu mir." Bis zu vier Mal die Woche trainierte er zu Wettkampfzeiten und absolvierte selbstverständlich auch diese Aufgabe erfolgreich: Aichinger war oberösterreichischer Meister.

Und genau die Vielfältigkeit war es also, die Aichinger an der Position als Vorstandsassistent reizte. Die Stelle war wie aus dem Nichts über ihn hereingebrochen. Nach seiner Rückkehr aus Südafrika hat er noch eineinhalb Jahre als Vorprojektierer in Linz gearbeitet. Dann kam die Bestellung in das Vorstandsbüro hinter die Respekt einflößende, stählerne Sicherheitstür. „Nach dem Gespräch mit Herrn Gruber bin ich aus dieser Stahltür herausgegangen und habe gespürt, gewusst: Das ist mein Job. Und dieses Bauchgefühl brauche ich immer wieder", erinnert sich Aichinger. Es war wieder die Herausforderung des völlig Neuartigen und Unbekannten, die er bestreiten wollte – am besten mit Bravour – vor der er aber ebenso großen Respekt hatte. „Als ich den Job angetreten habe, wusste ich selbst nicht, was auf mich zukommt." Und im Kleinen hat sich das auch bis zuletzt nicht geändert: „Das Schöne war ja, wenn man morgens ins Büro kam, wusste man zu achtzig Prozent nicht, welche Aufgaben auf einen warten, was der Tag so bringen wird."

Ein besonderer Aspekt an Aichingers Position war, dass er gleich für zwei Vorstandsmitglieder tätig war: Karl Gruber und Karl Schwaha. Diese beiden unterschiedlichen Charaktere unter einen Hut zu bringen und die Prioritäten richtig zu setzen, gestaltete sich manchmal schwierig. „Da kommt Dr. Schwaha und braucht eine Präsentation für einen Vortrag, und gleichzeitig fragt Herr Gruber: Wo sind die Vorprojektdaten? Für mich war stets die Herausforderung, was mache ich zuerst? Ich weiß nicht wie, aber ich habe es immer geschafft." Aichinger hatte sich den Claim der Lauda-Air auf die Fahne geschrieben: Service is our Success. Was immer nötig war, um seinen „Chefs" zum Erfolg zu verhelfen, wollte er auch erledigen. Und das positive Feedback der beiden Großen gab ihm Recht.

Ursprünglich war die Stelle auf zwei bis drei Jahre befristet. Eigentlich der ideale Ausstiegszeitpunkt, wie Aichinger rückblickend feststellt: „Die ersten beiden Jahre lernst du jeden Tag etwas Neues. Dann stellt sich langsam eine gewisse Routine ein und dann ist es eigentlich auch schon wieder an der Zeit, sich eine neue Aufgabe zu suchen." Doch bei dem Perfektionisten, der stets alles zu Ende bringen möchte, kam es anders, kam etwas dazwischen: der Aktienverkauf der VA Tech im Juli 2005 an Siemens. Es gab ein eigenes Integrationsteam, in das auch Aichinger als Vorstandsassistent einberufen wurde. Somit hatte der Oberösterreicher seine nächste Herausforderung, die er meistern wollte. Wieder galt es, Unbekanntes zu entdecken und zu bewältigen, die Routine war dahin. Und aus den anvisierten zwei bis drei Jahren als Vorstandsassistent wurden fünf: von Sommer 2002 bis Herbst 2007.

Vor sechs Monaten verließ Aichinger den kameraüberwachten Flur im sechsten Stock des Siemens VAI-Hauptgebäudes auf dem Werksgelände Linz. Jenen Flur mit dieser mächtigen Stahltür. Die Siemens-Integration war im Großen und Ganzen abgeschlossen, und als mit Ende des vergangenen Geschäftsjahres auch noch einer seiner beiden Chefs das Unternehmen verließ, war für Aichinger klar, dass es für ihn in dieser Position nichts mehr zu erreichen gab. Er hatte es zu Ende gebracht, wie alles zuvor. Und das vorbildhaft, wie immer. „Heute arbeite ich im BG 11, das ist dahinten am Horizont, wo Himmel und Erde aufeinander treffen", scherzt der Oberösterreicher gerne, wenn er Arbeitskollegen seinen neuen Standort beschreibt. Der befindet sich ganze zwanzig Minuten Fußweg von jenem sechsten Stock

Erster Abstich des flüssigen Roheisens von der Corex-Anlage bei Saldanha Steel in Südafrika.

„Innerhalb einer Baustelle werden die kleinen Weisheiten, die den Schlüssel zum Erfolg liefern, häufig, von Druidenmund zu Druidenohr' weitergereicht."

entfernt – aber nach wie vor auf demselben Gelände. Der gelernte Diplom-Ingenieur kehrte zurück ins operative Geschäft, ist heute Geschäftssegment-leiter für Agglomeration, wo er im Wesentlichen mit der Sintertechnologie beschäftigt ist: Eisenhaltige Rohmaterialien werden unter hohen Temperaturen agglomeriert (gesintert) und so für den Einsatz im Hochofen vorbereitet. Zusätzlich fällt erneut die Reststoffgranulation in sein Aufgabengebiet. Bisher hat er ca. 30 Leute unter sich, aber eine der Hauptaufgaben für dieses Jahr ist die Rekrutierung von Fachkräften. „Es wird schwierig, so viele fähige Leute zu finden, wie wir benötigen." Denn das Geschäftssegment ist eindeutig auf dem aufsteigenden Ast: Der ursprüngliche Umsatz von fünf bis dreißig Millionen Euro jährlich ist mittlerweile auf etwa 110 Millionen geklettert. Tendenz steigend.

Die nachhaltig positive Idee, aus der Sintertechnologie und der Aufbereitung von Reststoffen ein eigenes Geschäftssegment zu machen, stammt von Aichinger selbst. Mittels eines kurz gefassten, aber klaren Konzepts konnte er den Vorstand überzeugen, dass in diesem Bereich sowohl Markt- als auch Wachstumspotenzial vorhanden sind. Nun will er auch diesen Abschnitt seiner Berufslaufbahn besiegeln. Fünf Jahre beabsichtigt er in der Position zu bleiben, um die Neuausrichtung und den Geschäftssegmentaufbau voranzutreiben und danach die technologischen Entwicklungen zu begleiten.

Weitere Pläne für die Zukunft hat er nicht. „Ich bin keiner, der sagt, in fünf Jahren möchte ich diese oder jene Position haben, sondern ich versuche, meine Aufgaben bestmöglich durchzuführen und aus der Entwicklung, aus der Dynamik des Lebens heraus gewisse Entscheidungen zu treffen." Sein Motto lautet „Gib dem Leben eine Chance"; die Wege und Möglichkeiten ergeben sich von selbst. So sieht Aichinger die letzten eineinhalb Jahre seiner Tätigkeit als Vorstandsassistent beispielsweise als unumgängliches Muss,

Bild oben: Nach zwei Jahren Planung und drei Jahren Bau ging die Corex-Midrex Direktreduktions-Verbund-Anlage bei Saldanha Steel in Südafrika in Betrieb. Eine solche Anlagenkopplung und Verfahrenstechnik gab und gibt es bislang weltweit kein zweites Mal.

Bild links: Beschicken eines Konverters mit Roheisen. In diesen Konvertern wird das Roheisen zu Stahl gefrischt.

als einzige Möglichkeit, seine jetzige Arbeit auszuführen: In der damaligen VAI gab es dieses Geschäftssegment nicht. Der Assistentenjob war für ihn rückblickend in den letzten Monaten „Reifezeit" für seine heutige Traumbeschäftigung.

Auf die Frage, was ihn auf diesen Lebenswegen denn am meisten geprägt habe, folgt Schweigen. Die Antwort fällt ihm sichtlich schwer. Doch dann kehrt der Familienvater mit seinen Worten noch einmal nach Südafrika zurück. Das „Abenteuer Auswandern" sei wahrlich eine große Herausforderung – Aichinger mag dieses Wort – gewesen. Sowohl beruflich als auch privat. Die junge Familie fernab der Heimat zu managen, habe ihm einiges abverlangt. Die Vorteile, wie das bessere Klima und die traumhafte Landschaft, hätten jedoch die Nachteile, wie die unzulängliche medizinische Versorgung, aufgewogen. Vor allem aber habe er nirgends soviel gelernt wie auf seiner ersten Baustelle im Ausland. Und genau das findet er das Spannende an diesem Job. „Unsere Kunden sind nicht in Österreich. Es gibt einige, die sind in Europa. Aber die meisten sind in anderen Kulturkreisen: in China, in Indien, in Russland, in Brasilien, überall. Und dort muss man hin." Man muss sich jedes Mal auf die Besonderheiten und Gepflogenheiten vor Ort einstellen, muss sich in die fremde Kultur integrieren. Innerhalb einer Baustelle werden die kleinen Weisheiten, die den Schlüssel zum Erfolg liefern, häufig „von Druidenmund zu Druidenohr" weitergereicht. Auch mit den südafrikanischen Eigenheiten musste er erst lernen, zurechtzukommen. So erzählt er von einem Aufstand der Arbeiter auf der Baustelle, die mehr Lohn von der amerikanischen Montagefirma forderten. Der Aufstand war so heftig, dass er mit seiner Familie gedanklich schon die Flucht aus dem Land plante. Er habe in seinem Büro Angst um sein Leben gehabt, während draußen die wütende Meute mit Steinen alles zertrümmerte, was ihr in den Weg kam. Oder vom Familienhund Timmy, einem schwarzen Labrador, der bei der Ausreise zunächst in Südafrika zurückgelassen wurde: Die farbigen Flughafenarbeiter hatten ihn nicht in die Maschine verladen, sie hatten Angst vor ihm. In schwarzen Hunden wohnt angeblich der Teufel.

Von solchen Anekdoten hat Aichinger einige parat. Die braunen Augen des 40-Jährigen leuchten lebendig, wenn er erzählt. Ob er das gläserne Schild neben seiner ehemaligen Bürotür nicht als Andenken mitnehmen möchte? Doch, möchte er. Bald. Und damit hätte Perfektionist Aichinger wohl auch dieses Kapitel endgültig abgeschlossen.

Der Teufel wohnt heute übrigens in Ottensheim, zehn Fahrminuten nordwestlich von Linz – Timmy streunt wohlbehalten im Reihenhaus der Aichingers umher, mit Blick auf Donautal und Alpen.

1 Stellenbosch in der Nähe von Kapstadt ist bekannt für seine guten Weine. Gegründet von Simon van der Stel im Jahr 1679, besiedelt von den Hugenotten, werden hier heute viele gute südafrikanische Weine angebaut.

2 Mitte der 90er Jahre wurde das Stahlwerk „Saldanha Steel" eingeweiht, dessen Lichtermeer den Nachthimmel über Langebaan allabendlich erleuchtet. Im Bild die erleuchtete Corex-Anlage.

3 Die Autoindustrie Südafrikas braucht immer mehr hochwertigen Stahl. Sie produziert mehr als 600.000 Fahrzeuge im Jahr. Hier der Blick auf eine Kaltwalzstraße.

4 Eine der ältesten Kulturpflanzen ist die Banane. Sie gehört zu den Grundnahrungsmitteln in Afrika. Ein einziger Bananenbaum kann bei drei Ernten pro Jahr bis zu zwei Zentner Bananen produzieren.

5 Tradition und Moderne stehen nebeneinander. Im Glas des Hochhauses spiegelt sich das Johannisburg Stock Exchange Building, daneben die Moschee.

6 Blick in eine Sinteranlage. Hier wird eine Mischung aus Feinerzen, Hüttenkreislaufstoffen und anderen Zuschlägen durch Aufschmelzen für den weiteren Einsatz im Hochofen aufbereitet. Weltweit sind derzeit etwa 250 Sinteranlagen in Betrieb, davon allein rund 70 in der Europäischen Union.

Gulaschsuppe aus der Dusche

Sieben, acht Koffer voller Jacken, Konserven, Kinderspielzeug mussten der Familie reichen. Herbert Böhm nahm seine Familie mit nach Russland. In Samara besorgte er sich Spanplatten, Bretter, einen Herd und richtete in der Duschecke eine provisorische Einbauküche ein. 1,5 Quadratmeter, in denen Helga Böhm Marmelade und Gulaschsuppe kochte, Schwarzwälder Kirschtorte backte und Schnitzel briet.

Text: Kathrin Löther

Goldene Kuppeln der Kathedralen, Kunstschätze von unermesslichem Wert, unendlich weites Land, große Flüsse und Seen sowie eine unvorstellbar herzliche Gastfreundschaft zeichnen Russland aus. Dieses nahezu unentdeckte Land voller Gegensätze und Impressionen war während der Zeit des Kalten Krieges nur für wenige zugänglich. Herbert Böhm gehörte zu ihnen.

Eckental, 19. Dezember 2007

Spätestens beim Blick in die Töpfe des „Hotel Panorama" war er vorbei, der große Traum von der weiten Welt. Die Ankunft auf der alten, unebenen Buckelbahn des Teheraner Flughafens hatte Herbert Böhm schon Böses ahnen lassen. Nun sah er Hotelgeschirr voller Ruß und angetrockneter Soßenreste, völlig durchgelegene Betten und Schränke, die mittlerweile mehr Dellen als Lack hatten. Alles war so ganz anders, als es sich der junge Elektriker vorgestellt hatte, als er sich 1969 auf eine Siemens-Anzeige bewarb: „Suchen Montage-Mitarbeiter für weltweite Tätigkeiten", war da gestanden. Dieses Deutschland hatte ihm gerade sowieso zu wenig zu bieten, dachte der 21-Jährige. Er musste, er wollte die Welt sehen, und wenn er es in Verbindung mit seinem Beruf konnte, umso besser. Und nun das. Kulturschock statt Abenteuer.

Wenn Herbert Böhm heute an die Anfänge seines Lebens bei Siemens denkt, seine Naivität und seine Vorstellungen vom Ausland, muss er schmunzeln. Vielleicht ist es einzig den harten Maßnahmen eines erfahrenen Kollegen zu verdanken, dass der Aufenthalt in Iran nur der Anfang, nicht zugleich das Ende seiner Karriere war. „Du kriegst jetzt erstmal nix außer Whiskey und Wasser", hatte dieser gesagt, als er merkte, dass sich der junge Böhm vor den Zuständen ekelte und sofort wieder nach Hause wollte. Drei Tage später aß Herbert Böhm schließlich doch aus den dreckigen Töpfen, hungrig wie er war. „Und nach dem ersten Schock ging dann eh alles." Es musste auch gehen, schließlich hatte Böhm einen Auftrag in Iran: Ein Hochfrequenzgenerator für eine Rohrschweißanlage sollte aufgebaut werden.

Herbert Böhm ist jemand, der gerne mit dem Kopf durch die Wand geht, vor allem ging. Heute, mit 59 Jahren, ist er etwas ruhiger als damals. Er spricht gewählt, fast ganz ohne den Akzent, den man bei seinem fränkischen Heimatort erwarten würde. Wie er so dasitzt, in weinrotem Pullover, die feinen Haare leicht seitlich zurückgekämmt, jung geblieben, könnte man denken, einen Mann vor sich zu haben, der Zeit seines Lebens am Schreibtisch gesessen hat. Doch der Eindruck täuscht. Allein in den ersten acht Jahren in der ehemaligen Montage-Abteilung – der heutigen Division Industry Solutions – war Böhm in 25 Ländern unterwegs. In Libyen und in Iran, in Polen oder in Brasilien, wo er statt geplanter zwei Wochen vier Monate blieb. „Die Brasilianer hatten einfach für alles mehr Zeit als wir." Was Herbert Böhm in diesem Fall nicht gestört hat: Strahlender Sonnenschein statt eiskaltem Winter wie in Deutschland.

Als Herbert Böhm wieder zurückkehrte, unterschrieb er mit seiner Frau einen Kaufvertrag. Für ein Haus in Deutschland, obwohl er keineswegs geplant hatte, in naher Zukunft dort tatsächlich dauerhaft zu wohnen. Wusste seine Frau damals, was mit diesem Mann auf sie zukommen würde? Ein Leben in den unterschiedlichsten Ländern der Welt, immer nur so lang, dass das soziale Netz zwingend klein bleibt, egal wo man gerade ist?

1974, als die beiden heirateten und ihre erste Tochter Nicole bekamen, war Herbert Böhm schon jahrelang unterwegs gewesen. Dass Helga Böhm ihren Mann zwei Jahre später begleitete, als er für längere Zeit in Russland arbeiten sollte, stand für sie daher immer fest. „Ich habe jede Möglichkeit genutzt, um bei ihm zu sein", sagt die 51-Jährige heute, auch wenn sie weder die Sprache konnte, noch irgendjemand kannte in Samara, der sechstgrößten Stadt Russlands. Vielleicht hat die Abenteuerlust ihres Mannes sie angesteckt, die er auch nicht verlor, als die Böhms und ihre kleine Tochter 20 Stunden mit der Transsibirischen Eisenbahn fahren mussten, da sie nur bis Moskau fliegen durften.

Sieben, acht Koffer voller Jacken, Konserven, Kinderspielzeug mussten der Familie reichen. Bei jedem Auslandseinsatz kamen sie im Hotel unter, Tür an Tür mit Kollegen von Siemens oder anderen deutschen Firmen. Lagermentalität? Fehlanzeige. „Jeder lebte irgendwie in seiner eigenen kleinen Welt", erzählt Herbert Böhm, ohne Enttäuschung. Böhm hat sich eben seine eigene geschaffen. Er ist ein Improvisierer, privat wie beruflich. Was nicht passt, wird passend gemacht, gegen jegliche Widerstände von oben.

Bei der Ankunft in Samara, damals noch Kujbyschew, war zum Beispiel weder Milch noch Brei für seine zweijährige Tochter vorbereitet. Eine eigene Küche, in der sie die Milch aufwärmen hätten können, gab es nicht. Nachfragen beim deutschen Bauleiter, Bitten im Hotel, niemand kam ihnen entgegen. Herbert Böhms Reaktion: Er riss aus der Dusche das Waschbecken heraus, besorgte sich Platten, Bretter, einen Herd und richtete eine provisorische Einbauküche ein. 1,5 Quadratmeter, in denen Helga Böhm Marmelade kochte und Gulaschsuppe, Schwarzwälder Kirschtorte backte und Hackbraten zubereitete.

Das ginge nicht, einfach das Zimmer umzubauen, hatte der Bauleiter zuvor noch gesagt. Als Herbert Böhm meinte, dann gehe er eben nicht mehr mit auf die Baustelle, eskalierte die Situation fast. „Der war total nervös, so einen Aufstand hatte ihm noch keiner gemacht", sagt Böhm über seinen damaligen Vorgesetzten. Ein wenig Stolz schwingt in seiner Stimme mit, immer noch. Hierarchiedenken war nie seines gewesen, er hat sich nie daran gestört, wie weit oben auf der Karriereleiter jemand stand, dem er die Meinung sagen wollte. Genauso wenig, wie er seine Mitarbeiter später als Vorgesetzter von oben betrachtet habe. „Es gab nie ein ,unter mir' für mich, nur ein Nebeneinander."

Das Leben im kommunistischen Russland war ungewohnt, mit ungewohnten Schwierigkeiten verbunden. Dennoch denken die Böhms gerne zurück. Auch daran, dass der Teppich im Hotelflur solche Wellen geschlagen hat, dass er selten den Boden berührte, so undicht waren die Fenster. Daran, dass sie bei minus 40 Grad im größten Kaufhaus der Stadt keinen Mantel gefunden haben und von russischen Bekannten mit wattierter Kleidung ausgestattet werden mussten. Daran, dass die kleine Tochter irgendwann perfekt russisch konnte und für ihre Eltern übersetzt hat.

Herbert Böhm (59)
Elektriker, Projektleiter für elektrische Ausrüstungen, Abteilungsleiter Ersatzteillogistik, Betriebsrat ● Haupteinsatzländer: 56 ● Petrochemische Anlage in Dscherschinsk, Russland, Walzwerke in Libyen und China, Seenotrettungskreuzer „Meerkatze" ● Lebensmotto: Es gibt nichts, was nicht passt. Wenn etwas nicht passt, wird es passend gemacht.

Irgendwann war es jäh zu Ende, das Abenteuer Russland. Herbert Böhm bekam in Samara eine Lungenentzündung und musste schnellstmöglich nach Hause, zwölf Monate früher als geplant. Seine Frau hatte sich zu diesem Zeitpunkt ohnehin wieder nach Zivilisation gesehnt, nach einem echten Zuhause, nach einfachem Einkaufen, nach deutschen Wörtern. Trotz allem hat sie drei Jahre später nichts in Deutschland halten können, als ihr Mann zum wiederholten Mal nach Russland musste.

Diesmal war sein Ziel Dscherschinsk, heute eine der am heftigsten von Umweltkatastrophen betroffenen Orte der Welt. Herbert Böhm sollte dort die Elektrotechnik für eine Ethylenoxidgas-Anlage installieren, made in USA. Niemand sprach darüber, aber jeder wusste, dass mit ihr neben Desinfektionsmitteln, Dämm- und Klebstoffen auch Raketentreibstoff hergestellt werden konnte. Helga Böhm kam mit ihren mittlerweile zwei kleinen Kindern so früh wie möglich nach. „Die Erfahrung hat mir gezeigt, dass ich schnell handeln muss", sagt sie; jung und eifersüchtig sei sie gewesen. Die „Erfahrung" war, dass vier Siemens-Mitarbeiter in Samara russische Frauen kennen gelernt und geheiratet hatten, manche hatten gar mehrere Freundinnen. Herbert Böhm nicht. Die (Gast-)Freundlichkeit der Russen hat er auch so gespürt.

„Anreisen, anfangen, arbeiten und abreisen – so funktionierte es nicht. Wir mussten erst einmal Vertrauen schaffen."

Bild oben: Direkt am Roten Platz gelegen bietet das Historische Museum mit seinen über 250.000 Exponaten einen umfassenden Überblick über die bewegte Geschichte Russlands seit dem 10. Jahrhundert.

Bild links: Die in Russland am weitesten verbreitete Religionen ist das Christentum – vor allem der russisch-orthodoxe Glaube. Hier die russisch-orthodoxe Kirche im Kreml von Moskau.

Bild links außen: Mit Brot und Salz empfängt man in Russland einen gern gesehenen Gast. Man reicht es ihm mit tiefer Verbeugung. Der Gast bricht ein kleines Stück ab, taucht es in Salz ein und isst es.

Freitags im Werk gab es nach Arbeitsende Wodka und Ölsardinen. Die Familie bekam Einladungen zu Geschäftspartnern, bei denen man eigentlich nur essen konnte, weil niemand die Sprache des anderen wirklich beherrschte. Und weil die Böhms das russische Fernsehen nicht verstanden und nur selten deutsche Zeitungen lasen, hatten sie viel Zeit für sich, für die Familie.

Manchmal bekam Herbert Böhm drei Wochen kein Telefonat zustande, das jedes Mal zunächst angemeldet und handvermittelt werden musste. Er fand die Kommunikationshürden positiv, sogar am Arbeitsplatz. „Dann kann man eben nicht wegen jeder fehlenden Schraube beim Vorstand nachfragen, sondern muss vor Ort Entscheidungen treffen."

Selbstständigkeit, Handeln statt Reden ist Herbert Böhm wichtig. Allerdings, das muss er hinzufügen, war früher auch die geballte deutsche Fachkompetenz auf einer Baustelle im Ausland versammelt gewesen. Heute sitzt im Baucontainer nur noch ein Bauleiter, der auch nicht mehr alles alleine wissen kann, und arbeitet mit Monteuren aus dem jeweiligen Land zusammen.

Diese Zusammenarbeit war in Herbert Böhms Arbeitsleben oft vom politischen Kontext geprägt, arbeitete er doch zu Zeiten des Kalten Kriegs in Russland, der DDR, China oder Rumänien. Anreisen, Anfangen, Arbeiten und Abreisen – so funktionierte es nicht. „Wir mussten erstmal Vertrauen schaffen", sagt Böhm. Er musste den russischen Arbeitern zeigen, dass Siemens Terminzusagen einhält, Absprachen, Lieferungen, Qualitätsstandards erfüllt.

Zu Beginn versuchte Herbert Böhm manchmal noch, die westliche Sicht der Zustände aufzuzeigen, politisch und wirtschaftlich. „Aber da waren ja viele glücklich in ihrer Rolle, die besagte, dass die Deutschen als Propagandisten den Russen eh nur was vorspielen. Zuhause könnten sie auch nicht das Leben führen, von dem sie erzählen." Doch irgendwann übersetzten einige russische Dolmetscher nur noch deutsch-russisch, nicht mehr andersherum. „Unsere Leute lügen ja eh nur", sagten sie dann und waren kurze Zeit später von der Baustelle abgezogen. Herbert Böhm ist sich alles andere als sicher, ob es das war, was er erreichen wollte.

Ungeduldig, ja zappelig wurde Böhm zwischen seinen weltweiten Arbeitseinsätzen, wenn er für ein paar Wochen in Deutschland lebte und arbeitete. „Jetzt könnte ja wieder mal ein Anruf kommen, damit ich ins Ausland kann", dachte er dann. Aus einem Zweijahresaufenthalt in China wurde der letzte dieser Art, diesmal freiwillig, diesmal endgültig. Eigentlich war es die große, begehrte Herausforderung für ihn gewesen, dort Mitte der 80er Jahre als Bauleiter die gesamte Elektrotechnik für ein Kaltwalzwerk zu betreuen. „China war ne große Nummer", sagt Herbert Böhm im Nachhinein. 3.800 Kilometer Kabel wurden verlegt. Wenn er die Baustelle zu Fuß ablaufen wollte, war er einen guten Tag lang unterwegs. China war eine große Nummer, ja, sowohl von der Dimension her als auch von den technischen Ansprüchen. Viele der Aufgaben und Anlagen hatte der Elektriker zuvor weder gekannt noch durchgeführt.

Wichtig war ihm immer, wirtschaftlich im Sinne des Unternehmens zu arbeiten und als Bauleiter ebenso zu entscheiden. Er habe Siemens wie seine eigene Firma gesehen. „So eine Beamten-Mentalität war mir fremd", sagt Böhm. Eine Mentalität, wie sie damals viele andere bei Siemens gehabt hätten. Seine Ansichten sind nicht immer gut angekommen. „Ich war sehr polarisierend", gibt der 59-Jährige zu, die einen nannten ihn „den Bekloppten", andere bewunderten ihn. Seine Stimme wird auch jetzt noch lauter, impulsiv, wenn er über Menschen spricht, denen das Wichtigste an der Arbeit der pünktliche Feierabend war. Herbert Böhms Eltern waren selbstständig. Auch wenn er nicht in ihre Fußstapfen getreten ist, heute keine Hühner schlachtet und Eier verkauft, hat er doch eines aus seiner Kindheit mitgenommen: Das einzig Wichtige ist, dass der Kunde zufrieden ist.

„Ob ich wegen meiner Einstellung bei 95 Prozent der Leute beliebt war oder nicht, war mir egal", meint Böhm. Er wollte den Kunden Respekt entgegenbringen – und dazu gehörte für ihn auch, ihnen mit geputzten Schuhen entgegenzutreten. „Wenn jemand abgelaufene Schuhe hat oder zerknitterte Bügelfalten, kann man daran doch seinen Charakter ablesen." Eine Art Schuhorakel; Böhms Mitarbeiter sollten so denken und handeln wie er. Zum Abschied schenkten sie ihm eine Schuhputzmaschine.

Herbert Böhms globales Arbeitsleben hat das Leben seiner ganzen Familie stark geprägt und beeinflusst. Auch in China hatte er seine Frau und die mittlerweile drei Kinder dabei. Die zweite Tochter Davina wurde dort eingeschult, der Sohn Dominik in Libyen. Die fremde Sprache mussten sie nicht lernen, sie konnten in Zwergschulen deutscher Firmen gehen, oft direkt im Hotel. „Für die Kinder ist das Zuhause ja da, wo die Eltern sind", sagt Helga Böhm. Sie selber musste sich ihres immer erst schaffen. Auf die Frage, wo sie am liebsten leben möchten, antworten Helga und Herbert Böhm heute einstimmig: Deutschland.

Damals, als sie noch hier und dort wohnten, war einer ihrer Heimatbezüge oft das Essen. Herbert Böhm ist ein Genießertyp. Wo auch immer er war, hat er seine Gerichte ausländischen Freunden gezeigt, für sie gekocht. Die Familie nahm deutsche Gewürze mit nach Russland, heimisches Mehl nach Shanghai, ließ fränkische Schafsdärme importieren, aus denen sie selber Bratwürste fabrizierten. Dass die mitgebrachten Därme aus Deutschland chinesische Schriftzeichen trugen, stellten sie erst ganz zum Schluss fest.

„Jetzt müssen wir aber wieder mal heim", sagte Böhms jüngste Tochter, als die Familie Ende der 80er von China aus einen Kurzurlaub in Singapur machte. Wo denn daheim sei, fragte Herbert Böhm. „Na in Shanghai." Er war geschockt von dieser Äußerung der Fünfjährigen. Sie hatte keinerlei Bezug zu Deutschland, zu den Großeltern, auch wenn sie in der Bundesrepublik geboren war. Seine Entscheidung stand spätestens zu diesem Zeitpunkt fest. Nach über 20 Jahren weltweitem Arbeiten wollte er nur noch in Erlangen arbeiten. Aber war dort wirklich seine Heimat? Was ist das, Heimat?

„Wenn jemand abgelaufene Schuhe oder zerknitterte Bügelfalten hat, kann man daran doch seinen Charakter ablesen."

Neun Jahre lang leitete Herbert Böhm den Warenverkehr im Logistikzentrum in Erlangen.

An den Wänden seines heutigen Wohnhauses hängen Fotos von Kindern und Enkeln, keine aus China oder Brasilien, Saudi-Arabien und Bulgarien. „Wir sind sehr familienbezogen", sagen die Böhms. Da, wo die anderen sind, ist auch ihre Heimat. Herbert Böhm hat kaum Bilder von seinen Auslandsaufenthalten. Die meisten sind noch nicht einmal einsortiert, heute, um die 20, 30 Jahre später. In der Wohnung erinnert so gut wie nichts an die globale Vergangenheit. Ein paar persische Teppiche waren vor einiger Zeit noch dagelegen. Nun ist einer auf dem Dachboden, einer im Keller. Etwas Moderneres wollte Helga Böhm in ihrem Wohnzimmer.

Als die Familie 1990 endgültig nach Deutschland zurückkehrte, hatte sie zwar einige Freundschaften auf der ganzen Welt, so gut wie keine aber in der Heimat. Kinder und Eltern mussten sich ein neues soziales Netz aufbauen, Herbert Böhm sich an neue Aufgaben gewöhnen. Sein Job: neun Jahre lang den Warenverkehr im Logistikzentrum leiten. Plötzlich saß der Mann von der Baustelle, der Monteur, der Bauleiter, der Mann der Taten, am Schreibtisch in Erlangen. Wobei Herbert Böhm, wie seine Frau hinzufügt, sicher nie länger als eine halbe Stunde am Stück auf seinem Stuhl geblieben ist. In seiner

„Andere haben in der Zwischenzeit studiert. Für mich war die Baustelle mein Studium."

Siemens rüstete die Shagang Wide Plate Mill Co. Ltd. mit einem Fünf-Meter-Grobblechwalzwerk aus. Das Walzgerüst verfügt über eine Walzkraft von bis zu 10.000 Tonnen. Pro Jahr werden hier rund 1,8 Millionen Tonnen Grobblech produziert, vornehmlich für den Schiffbau, die Röhrenherstellung und die Bauindustrie in China.

Abteilung wurden Ersatzteile für Antriebe, Gas- und Dampfturbinen und neue und alte Rechner weltweit verschickt. Herbert Böhm hat eine solche Leitungsposition nie erlernt, nicht studiert und keinen Managementkurs besucht. „Die Baustelle war eben mein Studium", sagt er.

Weil er jahrelang selbst auf Montage gewesen war, konnte er seinen Mitarbeitern auch erklären, was es bedeutet, „wenn hier in Erlangen Bergkirchweih gefeiert und drei, vier Tage nicht gearbeitet wird." Er hatte es im Ausland erlebt, wie hilflos man als Ingenieur oder Monteur ist, wenn man auf Ersatzteile aus der Heimat angewiesen ist – den Kunden immer im Nacken. Der wirkliche Beginn der Siemens-Globalisierung fällt direkt in Böhms Zeit als Logistikleiter. Wo vorher nur im deutschen Rahmen gedacht wurde, war nun wichtig, international zu handeln. Die Baustellen im Ausland zu versorgen, egal ob in Erlangen um 17 Uhr Dienstschluss ist oder ein Feiertag. Herbert Böhm hat Wochenendeinsätze, Schicht- und Nachtdienst (mit) eingeführt. Er war auch selbst immer zu erreichen, egal zu welcher Uhrzeit. „Und wenn ich meinen Leuten nur eine Brotzeit vorbeigebracht habe."

Herbert Böhm ist kein Mann der Kuschel-Diplomatie. Man könnte ihn streng nennen, man könnte sagen, dass er seine jungen Mitarbeiter mit aller Kraft in die „richtige Spur" bringen wollte, was Werte und Leistung angeht. Er selbst nennt es „Führen durch Vorbild, Führen durch Beispiel". Wenn irgendwo Sondereinsätze waren, war er dabei. Als es in China, am 30. Geburtstag seiner Frau, Probleme im Kaltwalzwerk gab, musste sie die ganze Nacht über auf ihn warten, ohne zu feiern, Herbert Böhm hielt mit seinen Kollegen eine Krisensitzung. Er ließ seine Mitarbeiter nie im Stich, auch wenn sie Fehler machten. Ein väterlicher Typ, das auch.

Das Telefon klingelt immer noch manchmal. Herbert Böhms Fachkompetenz ist gefragt. Seit Mai 2007 ist er in der passiven Phase der Altersteilzeit, eigentlich. „Vom Kopf her habe ich mich aber noch nicht wirklich abgenabelt", sagt er. Zuletzt war Böhm sogar in den Führungskreis von Siemens aufgestiegen. Ganz selten, dass ein gelernter Elektriker heute noch so weit nach oben kommt.

Was viele Menschen erst als Rentner nachholen, hat Böhm schon getan: die Welt sehen. „Die meisten machen das ja im falschen Alter", sagt er. Man müsse reisen, wenn man jung und fit sei, und nicht am Krückstock den Turm von Pisa hochgehen. Er kann das so sagen. Urlaub, wie ihn Pauschaltouristen machen, ist ihm ein Graus. „Wir haben Land und Leute einfach so kennen gelernt, wie sie sind." Und den Einheimischen Wertschätzung entgegengebracht.

Heute ist höchstens noch ein Kurzurlaub drin. Mal Garmisch, mal Paris. Ansonsten steht Herbert Böhm viel lieber zuhause am Herd. In einer Küche, zehnmal so groß wie die umgebaute Dusche damals in Samara, mit geputzten Schuhen, einer ordentlichen Bügelfalte. Und dem Wissen, dass irgendjemand auf der Welt vielleicht auch gerade nach seinem Rezept kocht.

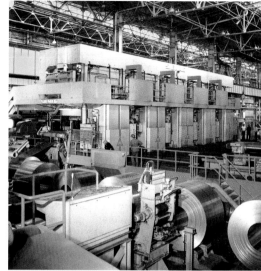

Bild oben: Blick auf ein fünfgerüstiges Kaltwalzwerk.

Bild unten: Herbert Böhm an seinem Schreibtisch als Leiter des weltweiten Logistikzentrums in Erlangen.

Vom Praktikanten zum Geschäftszweigleiter: Chronologie einer Karriere

Während seines ersten Ferienjobs reifte bei Andreas Flick der Plan, Metallurgie zu studieren. Bei seiner Diplomarbeit entdeckte er die Faszination von Entwicklungsarbeit und Projektleitung. Durch erfolgreiche Baustelleneinsätze qualifizierte er sich für weitere Führungspositionen. Heute hängt hinter seinem Schreibtisch ein Foto von Mitarbeitern, deren Chef er jetzt ist.

Text: Jan Berger

Der Chevrolet Bel Air ist Symbol des amerikanischen Traums. Die Baureihe, die von Chevrolet zwischen 1953 und 1975 gebaut wurde, war für viele Amerikaner der Traumwagen schlechthin. Entwickelt in Zeiten des wirtschaftlichen Aufschwungs, war er so verschwenderisch wie kaum ein anderes Auto seiner Zeit. Inzwischen schätzt man auch hier ressourcensparende Technologien, wie die Stranggussanlagen von Andreas Flick.

1964 – 1977. Als Schüler im Stahlwerk die Richtung finden.
Die Steiermark scheint ein gutes Pflaster für angehende Ingenieure zu sein. Sie gilt als High-Tech-Schmiede des Landes, die Arbeitslosigkeit ist gering, die Innovationsquote hoch. In der Hauptstadt Graz wurde Andreas Flick 1958 geboren, ging in der Stadt Leoben zur Schule und machte das Abitur. „Technik hat mich schon immer begeistert", sagt er heute in seinem großen Büro in Linz. „Das liegt sicher auch ein wenig an den männlichen Genen, dass man dazu getrieben wird. Und natürlich auch an meinem Elternhaus." Sein Vater war Bauingenieur und versuchte immer wieder, den Sohn für seine Arbeit zu begeistern. So blieb es nicht aus, dass Andreas Flick noch als Schüler ein Praktikum auf dem Bau machte. Doch so richtig sprang der Funke nicht über. Das nächste Praktikum führte ihn in die Brauerei Göss. Obwohl er dort auch das eine oder andere Bier als Entschädigung nach Dienstschluss probieren konnte: Überzeugt war er von dieser Arbeit ebenfalls nicht.

Seinen richtigen Weg fand Andreas Flick erst nach dem Abitur. Bis zum Beginn des Studiums hatte er noch drei Monate Zeit und wollte Geld verdienen. Also suchte sich der 18-Jährige einen Ferienjob, der auf den ersten Blick wenig attraktiv erschien. Höllischer Lärm, enorme Hitze, überall Staub und Schmutz: Zwölf Wochen arbeitete der Abiturient im Stahlwerk Donawitz. Das alte Elektrostahlwerk ist schon längst abgerissen. Damals wurde hier noch Schrott geschmolzen und zu Stahl verarbeitet. „Es war die reinste Hölle, dort zu arbeiten", sagt Flick heute. Die gute Bezahlung mag ihn motiviert haben, doch dann reizte ihn die körperliche Herausforderung. „Ich wollte den Stahlkochern zeigen, dass ich genauso gut arbeiten kann wie sie, auch wenn ich abends vor Erschöpfung gleich eingeschlafen bin." Es war die Arbeitsatmosphäre, mit der man noch heute die

Stahlproduktion verbindet: schmutzige Stahlwerker, gefährliche Arbeitsbedingungen, fließender Schweiß – aber auch Kameradschaft und Anerkennung. Man kann sich den 18-Jährigen vorstellen, wie er in einem ursprünglich weißen, bald im besten Fall noch dunkelgrauen Overall an den Maschinen steht, einen Presslufthammer in der Hand, mit verdreckter Haut, zitternden Muskeln, aber leuchtenden Augen. „Einmal besuchte mich mein Vater bei der Arbeit. Er hat mich nicht erkannt, so schmutzig war mein Gesicht."

Im Stahlwerk erlebte Andreas Flick zum ersten Mal den flüssigen Stahl. „Das hat mich total fasziniert. Dieser Job hat mich geimpft." Die unverwechselbare hell-orange Farbe, Temperaturen bis 1700 Grad, das zähe Fließen des flüssigen Metalls ließen ihn nicht mehr los. In seinem Büro hängen heute Fotos eines solchen Stahlstranges, und wenn er von seiner Praktikantenzeit damals im Stahlwerk erzählt, bekommen seine Augen das Leuchten, das Kinder beim Anblick eines großen Lagerfeuers haben. Es war der Moment, in dem Andreas Flick sein Ziel gefunden hatte. „Große Massen, große Hitze, der Zusammenhalt unter den Kollegen, das war schon prägend", beschreibt er die Faszination von damals. Und es war keine leichte Aufgabe, die man dem jungen Mann gab. Er sollte die Formen reinigen, in die der flüssige Stahl gegossen wurde. Mit dem Presslufthammer, teils über Kopf und mit Holzschuhen an den Füßen, weil der Boden noch immer 200 Grad heiß war. „Da kommt man ins Schwitzen", sagt er heute. Damals war es auch die Herausforderung, sich in einem völlig unbekannten, neuen Umfeld zu erproben. „Ich wollte wissen, ob ich auch etwas ganz anderes kann." Er wurde von den Kollegen offen aufgenommen, ertrug ihre Scherze. Aber die harte Arbeit, das schweißte ihn und die anderen Stahlkocher rasch zusammen. Im Stahlwerk arbeiteten sehr bodenständige Menschen, die ein für ihn bis dahin unbekanntes soziales Umfeld mit völlig anderen Gesprächsthemen repräsentierten, das sich deutlich von der heilen Welt seiner Familie unterschied. „Mein höchstes Gefühl war, wenn mir die Arbeiter auf die Schulter klopften und sagten: Das hast du gut gemacht." So haben sich besondere Rituale fest eingeprägt, an die er sich noch immer gerne erinnert: „Unter der Dusche, nach getaner Arbeit, haben mir die anderen Arbeiter mit der Reibbürste den Rücken abgeschrubbt. Dies war selbstverständlich unter Kollegen. Man gehörte einfach dazu." Auch wenn heute in modernen Stahlwerken die Arbeit leichter, sauberer und angenehmer geworden ist: Diese Erfahrung hat Andreas Flick nicht wieder losgelassen. „Irgendwann gibt es eben im Leben eines Menschen diesen Punkt, an dem man sagt: Das ist die Richtung, die ich einschlagen werde." Und von dieser Richtung ist er nie wieder abgekommen.

1977 – 1987. Der Ledersprung, die DDR und der Beginn der Automation

Dass Andreas Flick nicht weiter auf dem Bau arbeiten wollte, hatte sein Vater schnell akzeptiert. Sein weiterer Einstieg in das geplante Berufsleben wurde dadurch vereinfacht, dass in Leoben die Montanuniversität angesiedelt ist. Spezialisiert auf Bergbau, Maschinenbau und Hüttenwesen besitzt sie ein unvergleichliches Profil, ähnlich nur noch den Universitäten in Freiberg und Aachen. Dort war der Stahlbegeisterte richtig aufgehoben – unter insgesamt 1500 Studenten, die alle ähnliche Interessen hatten. Auch seine Familie unterstützte ihn.

Andreas Flick (49)
Diplom-Ingenieur für Eisenhüttenwesen, Geschäftszweigleiter Stranggusstechnologie • Haupteinsatzländer: Asien, Brasilien, USA und Russland • Lebensmotto: Think positive.

„Ich wollte den Stahlkochern zeigen, dass ich genauso gut arbeiten kann wie sie, auch wenn ich abends vor Erschöpfung gleich eingeschlafen bin."

In seinem Studiengang startete er mit 15 Kommilitonen. „Die Universität ist klein, aber fein und sehr traditionell geprägt", erklärt Andreas Flick. Das zeigte sich schon im Aufnahme-Ritual, dem so genannten Ledersprung, bei dem jeder Erstsemestler über ein „Arschleder" springen musste, das von zwei Bergleuten gehalten wurde. Ursprünglich trugen diesen Lederschurz die Bergleute im Mittelalter, um geschützt über die harten Holzrutschen in die Tiefe gleiten zu können. Und jeder neue Bergmann – und Studenten einer Bergakademie gelten als Bergleute – musste sich dem gleichen Ritual unterwerfen: von einem Bierfass herab über das Schutzleder springen, einen Wahlspruch aufsagen und ein Glas Bier leeren. „Wir haben das Ritual deshalb auch Lebersprung genannt, weil es schon zu einer deutlichen Vergrößerung der Leber kam", erinnert sich Andreas Flick. Und danach erlebte er wieder die gleiche Verbundenheit unter den Studenten, wie er sie schon im Stahlwerk unter den Kollegen kennen gelernt hatte. Der Plan, in der Stahlindustrie zu arbeiten, wurde immer klarer: Mit Ferienjobs und Praktika blieb er nah an der Praxis, versuchte, so oft wie möglich in Stahlwerken zu sein. Heute kündet ein alter Schwarzweiß-Druck im Büro von Andreas Flick von dieser Zeit. Es zeigt zwei Bergleute mit Arschleder.

Seine Diplomarbeit schrieb der angehende Ingenieur 1983 über die Kühlung von Walzen, die das Stahlblech in Form bringen. Es ging um die Frage, ob eine segmentierte Kühlung die Wärme gleichmäßiger abführt und die auftretende Verformung der Bleche positiv verändern kann. Das war schon eine anspruchsvollere Aufgabe, als die, die er sechs Jahre zuvor im Praktikum zu bearbeiten hatte. Das Berechnen, Experimentieren und Testen von verschiedenen Modellen hatte immer noch einen starken Praxisbezug. „Ich bin eher der Praktiker", bestätigt Andreas Flick, „aber

Bild oben: Am Shrine of Democracy (Heiligenschrein der Demokratie). Das Mount Rushmore National Memorial besteht aus den vier bedeutendsten und symbolträchtigsten US-Präsidenten. Von links nach rechts zeigt es George Washington, Thomas Jefferson, Theodore Roosevelt und Abraham Lincoln.

Bild unten: Wenn es eine Landschaft auf der Welt gibt, die als „klassisch" für den Western-Film gilt, dann ist es wohl Monument Valley. Im Norden der im Navajo Indian Reservation gelegenen Steppen- und Wüstenlandschaft erheben sich grandiose monolithische Sandsteingebilde.

immer mit dem Ansatz: Die Praxis muss gut sein, aber das Modell dahinter muss besser sein." Er entdeckte die Faszination von Entwicklungsarbeit und Projektleitung.

Mit dieser Arbeit, die er bei der Linzer voestalpine Stahl schrieb, öffnete sich für den Diplom-Ingenieur die Tür zum Berufseinstieg. Er fing bei der damaligen Voest-Alpine Industrieanlagenbau (VAI) an, wo ihn gleich der erste Auftrag in ein neues, interessantes Umfeld führte. „Mein Chef fragte mich nach vier Wochen, ob ich etwas gegen Kommunisten hätte", erzählt Andreas Flick. Auf sein spontanes „Nein" hin, wurde er zu EKO Stahl nach Eisenhüttenstadt, in die ehemalige DDR geschickt. Dort baute die VAI gerade ein neues Stahlwerk auf, das in den ersten Monaten des Hochlaufens von den Inbetriebsetzern rund um die Uhr überwacht werden musste. Mehr als 300 Ingenieure aus Linz waren im Einsatz. Sie lebten mit Monteuren und Zulieferern in einem eigenen, abgeschotteten Camp nahe des Werksgeländes. Eigentlich sollte Andreas Flick dort nur sechs Wochen bleiben – daraus wurden aber dann sechs Monate. Die starken Reglementierungen eines anderen politischen Systems störten ihn nicht, der Reiz war größer als die Trennung von Freunden und Familie. „Das war total fantastisch: Man kommt in ein neues Stahlwerk, das erst zwei Monate in Betrieb ist. Man sieht die modernste Technik, die in der Industrie damals eingesetzt wurde, und lernte gleichzeitig jede Menge dazu." Und auch hier hat sich wieder der Zusammenhalt unter den Kollegen eingeprägt. „Es waren ja alle sehr starke, verwurzelte Stahlwerker", erinnert sich der Ingenieur heute. Abends gab es immer kleinere Feiern in den Hütten im Camp der Österreicher. Mit einigen Freunden aus dieser Zeit hat er noch heute Kontakt.

Weitere Auslandsaufenthalte schlossen sich an: Schweden, Amerika, Südafrika. Die ersten vier Jahre nach dem Studium war er vor allem auf Baustellen unterwegs. Das Jahr 1986 und die Arbeit in den USA waren für ihn besonders spannend. In einem Stahlwerk in Baltimore / Maryland hatte er den ersten Kontakt mit einem PC und mit Menschen, die voll auf Automatisierung setzten. Das alles kannte Andreas Flick, aus der Maschinen- und Verfahrenstechnik kommend, nicht. In Eisenhüttenstadt gab es nur ganz einfache Ansätze, die mit den Fortschritten in den USA nicht zu vergleichen waren. „Die Amerikaner sind ein Volk, das gerne im Leitstand sitzen will und die schwere körperliche Arbeit den Automaten überlässt." Dieser Prozess der ständig fortschreitenden Automatisierung im Stahlwerk hat mittlerweile überall Einzug gehalten und die harte körperliche Arbeit im Stahlwerk verändert. „Das war gut für die Qualität des Produkts und gut für den einzelnen Stahlarbeiter. Die physische Belastung des Einzelnen nahm ab und seine Arbeitssicherheit zu", sagt Andreas Flick heute.

1987 – 2007. Die Karriereleiter besteigen

„Baustelleneinsätze sind immer hilfreich für Menschen, die eine Führungsposition wollen", sagt Andreas Flick. „Der Wissenszuwachs ist einfach viel, viel größer als in einer Konzernzentrale." Trotzdem ist es keine Selbstverständlichkeit, dass jeder, der sich auf Baustellen bewährt, später auch einen Leitungsjob bekommt. Man muss sich bewusst für diesen Weg entscheiden und den Wunsch haben, später einmal Menschen führen zu wollen. „Dieses Ziel hatte ich schon nach dem Studium, aber man weiß ja nie, wie man sich entwickelt", erzählt der Ingenieur. Folgerichtig kehrte er nach gut zehn Jahren den Auslandseinsätzen den Rücken und wendete

Ein Arbeiter entnimmt eine ca. 1400 °C heiße Roheisenprobe.

sich verschiedenen Entwicklungsaufgaben zu. Zunächst arbeitete er in einem Team, das die Gusstechnik im Stahlwerk so verbessern wollte, dass man besonders dünne Bleche herstellen kann. Mittlerweile besitzt Andreas Flick zusammen mit einigen seiner Kollegen elf Patente in diesem Bereich. Daneben hat er verschiedene Auszeichnungen für die Weiterentwicklung der so genannten Dünn-Brammenanlagen erhalten.

Nach der Inbetriebsetzung in Eisenhüttenstadt stieg er die Karriereleiter steil bergauf: Projektleiter, Produktmanager, Leiter einer Hauptabteilung bis zum Geschäftsverantwortlichen für weltweite Vermarktung der Stranggusstechnik. Er hat diese Technik weiterentwickelt und vermarktet. Er ist für 250 Mitarbeiter verantwortlich und fördert Nachwuchskräfte auf ihrem Weg zu Entwicklern, Projektleitern oder Führungskräften. „Nur wer sich im Team bewährt hat und auch unter ständigem Termindruck wie auf Baustellen oder in Projekten ausgezeichnete Arbeit abliefert, hat bei mir Aufstiegschancen in die Führungsriege", erklärt Andreas Flick.

Mit der Arbeit im Stahlwerk, die ihn als 18-Jährigen so prägte, hat der Job heute nichts mehr zu tun. „In der Zukunft wird es auf jeden Fall einen höheren Einsatz von Robotertechnik geben", prognostiziert er. Weniger gerne mag Andreas Flick seinen Beruf deshalb nicht. Er genießt die etwas geordneteren Verhältnisse. Reisen verlängern sich heute nicht mehr wie früher auf sechs Monate, sondern dauern nur wenige Tage. Er hat ein richtig eingerichtetes Zuhause und kein Provisorium mehr und er sieht seine Frau und die beiden Söhne nicht nur im Urlaub. „Wenn man sein Leben lang nur als Inbetriebsetzer arbeitet, leidet die Familie zu stark", ist der

Bild oben: Feierliche Eröffnungs- und Inbetriebsetzungszeremonie bei Posco Gwangyang, Korea im Jahre 2007. Rechts Präsident Chung.

Bild links: Stranggussanlage CC6 der voestalpine in Linz. Die Bramme am Auslaufrollgang ist immer noch rotglühend.

Ingenieur überzeugt. Wenn er im Ausland ist, versucht er trotzdem, seine Kollegen in den Stahlwerken, die gerade neue Stranggießanlagen in Betrieb setzen, zu treffen.

In seinem Büro in Linz hat Andreas Flick Erinnerungen an die verschiedenen Epochen aus seinem Berufsleben gesammelt. „Zu Hause bewahre ich so etwas nicht auf. Da muss man eine klare Trennung machen", sagt er. Auf einem Fensterbrett sammelt er die Geschenke von Kunden und die Erinnerungen an Werke, in denen er gearbeitet hat. Da liegen die ersten Stahlstücke von einer Bramme aus einem chinesischen Stahlwerk neben russischen Münzen und amerikanischen Bierkrügen. Es sind Präsente aus aller Herren Länder, vorwiegend aber aus Russland, Korea und Amerika. Besonders fällt ein kleiner, vergoldeter Löwe ins Auge, den er von einem Kunden aus Asien geschenkt bekam. Daneben sammelt Andreas Flick Bücher über die Stranggusstechnik. Sie stehen in einer Vitrine an der Wand, neben einem alten englischen Standardwerk, auch ein Buch aus China, das er aber nicht lesen kann. An der Wand hängen Bilder und Grafiken aus Stahlwerken, die immer den so fesselnden, heißen Flüssigstahl-Strang zeigen. Daneben gibt es Urkunden, die er mit seinen Teams für verschiedene Neuentwicklungen erhalten hat. Man glaubt dem 49-Jährigen, wenn er im Gespräch sagt, dass er mit seiner Karriere zufrieden ist. Er hat seine Richtung gefunden und den Weg nie wieder verlassen. Hinter seinem Computer hängen Gruppenbilder mit seinen Mitarbeitern. Er sitzt in der Mitte der zweiten Reihe und fällt nicht besonders auf. Er trägt ein fliederfarbenes Hemd und eine passende Krawatte. Dabei strahlt Andreas Flick über das ganze Gesicht. Es ist ein zufriedenes, fröhliches Lachen.

1 Fünfsträngige Vorblock-Gussanlage der voestalpine Donawitz, Österreich

2 Corex-Anlage beim Abstich bei Saldanha Steel in Südafrika.

3 Sicherheit ist im Stahl- und Walzwerk eine unabdingbare Voraussetzung. Hier tragen alle Arbeiter Helm, Gesichts- und Gehörschutz, Handschuhe und Sicherheitsschuhe.

4 Brammenanlage von Ilych Iron and Steel Works Mariupol in der Ukraine.

5 Brammenanlage zur Erzeugung von rostfreiem Stahl bei Carinox, Belgien.

6 Die Freiheitsstatue ist eines der universellsten Symbole für Freiheit und Demokratie geworden. Entworfen vom Bildhauer Auguste Bertholdt war die Statue ein Geschenk des französischen Volkes zum hundertsten Jahrestag der Gründung der Vereinigten Staaten.

Drei Dinge auf dem Schreibtisch von Josef Knauder

Josef Knauder ist derzeit für Siemens im Auslandseinsatz in Saudi-Arabien. Nur alle paar Monate kommt er nach Hause. Dann geht er in sein Büro, das er sich mit einem Kollegen teilt, und arbeitet. Was sich dann alles auf seinem Schreibtisch sammelt, sagt viel über den Bauleiter aus.

Text: Anika Galisch

Tripolis wurde im 7. Jahrhundert v. Chr. von den Phöniziern gegründet, damals als Stadt Oea an der ehemaligen Schifffahrtsroute gelegen. Die heutige Hauptstadt Libyens ist der Verkehrsknotenpunkt des Landes und das Tor zur Sahara. Die wirtschaftliche Entwicklung des Landes braucht viel Stahl. Die damalige Voest-Alpine Industrieanlagenbau bekam den Auftrag in der Nähe von Misurata, das bis vor kurzem größte Stahl- und Walzwerk Afrikas zu bauen. Josef Knauder betreute die Hallenkonstruktion und die Krananlagen.

Ein einfacher Holztisch steht in der linken Ecke des Büros in Linz. Eigentlich ist es eher eine große Holzplatte, die waagerecht an der Wand befestigt wurde. Darüber hängen eine Weltkarte, eine Übersicht mit verschiedensten Landesflaggen, ein Kalender und ein Foto mit Delphinen. Der Tisch sieht wenig benutzt aus, keine Papierstapel, kein Aktenchaos, keine Ränder von Kaffeetassen. Offenbar arbeitet selten jemand an diesem Tisch. Doch heute hat man Glück. Ein dunkelhaariger Mann mit Schnauzbart und Lesebrille sitzt auf einem Stuhl davor. Er trägt ein beiges Jackett und ein hellblau-braun gestreiftes Hemd. Dieser Herr ist Josef Knauder. Der 56-Jährige arbeitet im Industrieanlagenbau als Supervisor für Siemens VAI und ist derzeit im Auslandseinsatz in Saudi-Arabien. Nur alle paar Monate kommt er nach Hause. Dann geht er in sein Büro und arbeitet. Was sich in dieser Zeit alles auf seinem Schreibtisch sammelt, sagt viel über Josef Knauder aus.

Der Laptop

Das wichtigste Arbeitsutensil von Josef Knauder steht zentral auf dem kleinen Schreibtisch – der Laptop. Ohne ihn geht der Supervisor nicht aus dem Haus. Auch auf Reisen ist er immer dabei. Über die rasante Entwicklung, die es in der Technik gegeben hat, kann er heute nur staunen. „Wenn ich daran denke, wie ich vor 20 Jahren gearbeitet habe, dann ist das wirklich ein Wahnsinn, wie sich die Arbeitsweise verändert hat." Wenn der Weltenbummler den ersten Tag auf eine Baustelle kommt, sucht er zuerst nach einer Telefondose, stöpselt sich ein und checkt im Internet seine E-Mails. „Wenn du heute international mitmischen und im Geschäft bleiben willst, dann musst du mit der Technik Schritt halten. Sonst ist es nur noch eine Frage der Zeit, bis du weg bist", stellt der 56-Jährige nüchtern fest.

Josef Knauder überwacht als Supervisor auf Baustellen die Einhaltung der Verträge. Er verhandelt mit dem Kunden darüber, wie und in welchen Punkten ein Projekt wann fertig gestellt werden soll. Kurz vor Übergabe der Anlage überprüft er noch einmal, ob alle Vertragspunkte erfüllt sind und ob die vereinbarten technischen Daten eingehalten wurden. Während der Bauzeit koordiniert und überprüft er die Lieferungen, hilft beim Auswählen der günstigsten und zuverlässigsten Lieferanten. „Da hat man dann mal mehr oder weniger zu tun. Es gibt Lieferanten, die halten sich sehr exakt an den Vertrag und es gibt Lieferanten, die achten da nicht so sehr drauf. Dann geht es um die Frage, wie kann ich Lieferverzögerungen und Qualitätsprobleme vermeiden, und wie stelle ich den Kunden zufrieden." Denn die Kundenzufriedenheit ist das Wichtigste für die Arbeit des gelernten Maschinenbauers. Doch auch die Ziele des eigenen Unternehmens dürfen darunter nicht leiden. Bei seinen vielen Auslandsreisen hat er eines gelernt: Wo scheinbar nichts mehr geht, gibt es erstaunlicherweise immer noch Möglichkeiten und einen Spielraum. Das hat er auf Baustellen in Libyen erfahren und für sich selbst genutzt, als er 1988 in Österreich ein Grundstück für die Familie kaufte. Josef Knauder hat mit dem österreichischen Verkäufer nach arabischer Mentalität verhandelt und war erfolgreich. „Die Araber haben ein sehr starkes Gespür, das Maximum zu holen", sagt Knauder.

Wenn er von Afrika spricht, leuchten seine Augen. Hier kennt er sich aus, auf diesem Kontinent hat er die meisten seiner Auslandsreisen unternommen. Dies prägte ihn. Von den Menschen hat er viel gelernt und deren Mentalität angenommen. Denn nur, wenn man weiß, wie man sich in dieser Kultur bewegen muss, kann man gewinnen und Fortschritte erreichen. „Ich streite mich heute – bildlich gesprochen – nicht mehr um eine Kaffeetasse, wenn ich weiß, ich verliere an anderer Stelle ein ganzes Kaffeeservice. Wichtig ist der Blick fürs Ganze."

Das Neue macht für den Familienvater den Reiz an der Arbeit aus. „Nichts ist gleich. Auch wenn du denkst, du hast schon drei Stahlwerke hochgezogen, das vierte ist wieder anders. Die Abläufe bleiben zwar die gleichen, aber du hast es immer mit anderen Kunden, anderen geographischen Verhältnissen oder anderen Umweltauflagen und Gesetzen zu tun." Was alles anders ist, hat Josef Knauder in Videos und Fotos auf seinem Rechner gespeichert. Die Kamera ist auf der Baustelle immer dabei, als elektronisches Notizbuch. Ihn faszinieren die Dimensionen, die die Maschinen in Stahlwerken oder Walzwerken annehmen. „Manches kann man sich gar nicht vorstellen, wenn man es nicht selbst kennt."

Das Schönste für Josef Knauder ist, wenn er trotz seiner langjährigen Erfahrung bei einem Projekt noch Neues entdecken und dazulernen kann. Überhaupt ist für ihn das ganze Leben ein ständiger Lernprozess. Und während seiner beruflichen Laufbahn hat er sich so einiges eingeprägt: wie man richtig verhandelt, wie man sich mit seiner Sache identifiziert oder wie man sein Team einbindet und jeden Mitarbeiter an die richtige Stelle stellt. „Wenn ich aus Saudi-Arabien meine Kollegen in Österreich anrufe, damit sie für mich eine Akte suchen, dann bin ich darauf angewiesen, dass sie mir helfen", berichtet der Supervisor. „Mit einem guten Team kann ich so einiges bewegen."

Wenn Josef Knauder mit Einheimischen verhandelt, gibt er sich Mühe ihre Sitten und Gebräuche zu respektieren. „Wenn ich in einem Land Gast bin, dann habe ich mich auch entsprechend zu benehmen. Das erwarte ich umgekehrt ja auch." Und er erzählt gern davon, was er damit meint und manchmal hinnehmen muss: „In der arabischen Welt habe ich zu akzeptieren, dass fünfmal am Tag in Büro- oder Wohnungsnähe der Lautsprecher dröhnt und Allah angebetet wird. Da gibt es für mich nur zwei Möglichkeiten, entweder ich suche mir einen Platz weit weg von jeder Moschee oder stelle meine Arbeit darauf ein."

Josef Knauder hat gelernt, sich zu integrieren. Er hat gelernt, dass sich nur so Vertrauen aufbauen lässt. Und das ist wichtig für seinen Job: „In der arabischen Welt findet man am Anfang immer einiges Misstrauen vor. Trotzdem muss ich alles versuchen, dass sich dies so schnell wie möglich abbaut und mein Kunde mir vertraut. Er soll wissen, dass er bei uns bekommt, was

Josef Knauder (56)
Maschinenbautechniker, derzeit Projektleiter für Nebenanlagen •
Hauptaufgabengebiet: Fördertechnik für Industrieanlagen im Turnkey-Bereich sowie Einzel- und Teilprojekte •
Haupteinsatzländer: Libyen, Korea, Kuwait, Ägypten, Saudi-Arabien •
Lebensmotto: Leben und leben lassen!

„Ich streite mich heute nicht mehr um eine Kaffeetasse, wenn ich an anderer Stelle ein ganzes Kaffee-Service verliere."

wir vertraglich festgelegt haben. Darüber hinaus bemüht man sich auch, mehr als dies zu tun." Das ist schließlich Josef Knauders Job. „Wenn ich alle Punkte eines Vertrages erfülle, sollten es genau 100 Prozent sein. Das zu erreichen, ist aber in der Realität sehr schwer möglich. 95, 96 Prozent sind Standard, aber wenn ich 98, 99 Prozent erreiche, dann bin ich ganz oben dabei." Diese letzten drei Prozent sind für den Supervisor der Schlüssel zum Erfolg. Diese drei Prozent machen den Unterschied zur Konkurrenz aus. „Wenn ein Projekt reibungslos und in guter Zusammenarbeit über die Bühne gegangen ist, kommt der Kunde natürlich wieder", erklärt Knauder stolz und fügt lächelnd hinzu, „über die Hälfte unserer Kunden sind Wiederholungstäter."

Das Notizbuch

Gleich neben dem Laptop liegt ein zerschlissenes, altes Notizbuch. Die ursprünglich grüne Farbe ist nur noch mit viel Fantasie zu erkennen. Diverse Klammern halten es zusammen. Seit vielen Jahren ist es Josef Knauders Telefonbuch. Lose liegen darin Zettel, auf denen zu erledigende Aufgaben vermerkt sind. Ab und zu mistet er das Buch aus. Hier hat Josef Knauder alle Namen und Adressen von Menschen, die er auf seinen Auslandsreisen getroffen hat, gesammelt. Immerhin 60 Länder hat er besucht. Seit über 30 Jahren ist er auf Baustellen rund um die Welt unterwegs.

Als Kind lebte Josef Knauder in der Steiermark zwischen Bauernhöfen, Sägewerken und Bergen. Deshalb wollte er auch Bauer werden. Doch je älter er wurde, umso mehr wünschte er sich einen anderen Beruf. Er wollte heraus aus der Enge des steirischen Tales, am liebsten nach Südafrika auswandern. Warum genau ihn Südafrika faszinierte, weiß er heute nicht mehr, nur eines: „Ein bisschen Rausschnuppern kann kein Fehler sein." Doch die Eltern des Jugendlichen waren dagegen. Also machte er eine Ausbildung zum Maschinenbauer, arbeitete einige Zeit bei MAN in Nürnberg und kam 1982 zum Industrieanlagenbau der Voest-Alpine nach Linz. Zuvor erfüllte sich sein Traum von Südafrika, wenn auch nur dienstlich. Auf dieser Reise im Jahre 1973 begrub er dann auch seinen Jugendtraum: Er sah die krassen Ge-

Bild oben: Im Nordosten von Libyen liegt die 2600 Jahre alte griechische Ruinenstadt Cyrene. Josef Knauder besuchte die Tempel von Apollo und Zeus sowie das alte Amphitheater oft mit seiner Frau.

Bild Mitte: In den Straßen von Tripolis begegnet man immer wieder Zeugen des alten römischen Reiches.

Bild unten: Kontrast zu Libyen: Der Schafsmarkt in Hofuf, 300 Kilometer östlich von Riad in Saudi-Arabien. Josef Knauder besuchte die Oase, die bekannt ist für ihre Millionen von Dattelpalmen, als er in Hadeed Krananlagen und Schiffentlader in Betrieb setzte.

Bild links: Viele Häuser in der Innenstadt von Tripolis wurden weitgehend in ihrer historischen Form erhalten, auch die Altstadt wird noch von einer Mauer umschlossen.

Brammenkrane im Stahlwerk Hadeed Saudi-Arabien werden in zusammengebautem Zustand von einem Hallenschiff (Brammenlager) in das nächste umgesetzt.

gensätze im Leben der Afrikaner und der Weißen, sah das Leben in der Stadt und auf dem Land, verglich alles mit Österreich und ließ den Entschluss auszuwandern, schnell fallen. Lieber blieb er im heimischen Österreich und freute sich über ein beständiges Sozialsystem mit Kranken- und Rentenversicherung. Außerdem wurde ihm bewusst, dass er die Heimat und die Familie häufiger sehen wollte und einen Ort brauchte, an den er immer wieder zurückkehren konnte. Damit waren auch seine Eltern zufrieden. Es war so, wie er es sich gewünscht hatte. Er konnte Geld verdienen und nebenbei die ganze Welt kennen lernen.

Heute hat Josef Knauder viele Geschichten zu erzählen. Er ist fasziniert von der Schönheit der Welt und macht auf seinen Dienstreisen immer wieder private Ausflüge mit seiner Familie. Er kennt Nigeria, Venezuela, Libyen, Brasilien, Kuwait, Korea, China, Saudi-Arabien. In Afrika hat er insgesamt mehr als zehn Jahre gelebt und einiges erlebt. Er war in Libyen, als die Amerikaner Tripolis bombardiert haben, er sah Frauen in Saudi-Arabien auf der Straße betteln und hält Nigeria in Bezug auf Gesundheit und Kriminalität für extrem gefährlich ...

Josef Knauder möchte keine dieser Erfahrungen missen. „Am Ende bleiben ohnehin nur die positiven Eindrücke im Gedächtnis", sagt er. Wenn Josef Knauder erzählt, fängt alles an ihm zu strahlen an, es ist wie eine Fata Morgana. Einmal ist er mit Familie und Einheimischen in die Sahara gefahren. Mit zwei Jeeps ging es durch die Dünen. „In der Wüste siehst du nur Sand und blauen Himmel. Kilometerweit. Und dann fährst du über einen Hügel und da ist auf einmal eine Oase mit blauem Wasser, Palmen und Hütten, verlassen von den früheren Bewohnern." Er hat noch vor Augen, wie es auf ein-

„Für die persönliche Entwicklung und den Horizont waren die vielen Baustellen eine tolle Ausbildung."

mal anfing, heftig zu regnen. Nach zehn Jahren Trockenheit das erste Mal. „Wir hatten nur Sonnenschirme dabei, die mussten wir dann als Regenschirme nutzen", erzählt der 56-Jährige. „In der Wüste gab es überall Risse im Boden durch die Trockenheit. Die waren dann voller Wasser. Von den Hügeln kam das Wasser geschossen. Überall bildeten sich richtige Tümpel voller brauner Brühe." In einen davon ist Familie Knauder hineingesprungen und geschwommen, die Einheimischen blieben staunend am Ufer. Sie konnten nicht schwimmen. Josef Knauder erinnert sich gern an seine Erlebnisse: „Wer das nicht selbst miterleben durfte, glaubt es nicht. Es war einfach gigantisch."

Für den Familienvater ist die Natur Afrikas paradiesisch. Aber er war lange genug dort, um auch die Schattenseiten zu sehen. Er weiß, dass Nigeria allein den ganzen Kontinent mit Agrarprodukten versorgen könnte. „Egal, was du dort in den Boden steckst, es wächst. Es war schockierend zu sehen, wie das Land trotzdem auf den Abgrund zusteuert." Dass die Elite in Nigeria nichts dafür tut und nur von Korruption beherrscht wird, ist ihm ein Dorn im Auge. In den Jahren im Ausland ist Josef Knauder kritischer geworden. „Für die persönliche Entwicklung und den Horizont war das eine tolle Ausbildung", sagt er heute. Wenn er heute zurückblickt auf seine Wanderjahre, so ist sich Knauder sicher, dass er keine seiner Entscheidungen bereuen muss. „Ich schätze den Wissensreichtum, den ich mir in all den Jahren durch meine Reisen angeeignet habe."

Der Koffer

Unter dem Tisch steht ein großer schwarzer Aktenkoffer. Darauf wurde ein grüner rechteckiger Aufkleber angebracht. Er stammt vom Security Check am Flughafen Abu Dhabi. Warum er ihn noch nicht abgemacht hat, weiß der Weltenbummler nicht mehr. Nur eines: Dieser Koffer enthält das Wichtigste, was er für seine Einsätze braucht. Etwas Geld, Kreditkarte, einen Reisepass, den Führerschein, das Ticket und das, was offensichtlich auf seinem Schreibtisch fehlt – Fotos der Familie. Er ist selten im Büro, hat die Bilder deshalb immer dabei. Denn die Familie ist für Josef Knauder das Wichtigste. Seine Frau Penelope hat er im Ausland kennen gelernt. Vor über 30 Jahren traf er sie in Kapstadt. Die Londonerin arbeitete dort als Chefsekretärin einer Handelsgesellschaft. Auch sie wollte etwas von der Welt sehen. Heute leben sie zusammen in Österreich und haben zwei Kinder. Tochter Nadja ist 30 und wohnt mittlerweile in Bahrain. Sie hat Betriebswirtschaftslehre studiert. Sohn Robert ist 25 und Pilot. Beide sind Weltenbummler geworden, wie ihre Eltern.

Als die Kinder noch klein waren, reisten sie mit den Eltern zusammen ins

Siemens VAI ist führend beim Ausbau der saudischen Stahlindustrie. Anfang 2005 bekam das Unternehmen von der Saudi Iron & Steel Co. (Hadeed) den Auftrag zur Modernisierung der Warmbreitbandstraße sowie zum Bau der weltgrößten Direktreduktionsanlage und den Ausbau des Stahlwerkes. Im Bild die Schrottbeschickung im Elektrostahlwerk Hadeed.

Bild links: Haspel im Warmwalzwerk bei Hadeed in Saudi-Arabien

Bild rechts: Bundlager (Coilstorage) und Außenansicht des Stahl- und Walzwerkes Saudi Iron & Steel Co. (Hadeed) in Saudi-Arabien.

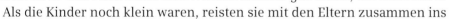

Ausland. Während des fünfjährigen Aufenthalts in Libyen ging die Tochter dort zur Schule und der Sohn in den Kindergarten „Diese Zeit prägte meine Kinder und erzog sie zur Toleranz gegenüber anderen Kulturen", sagt Josef Knauder heute. Für ihn gab es nie Zweifel daran, seine Kinder mit ins Ausland zu nehmen. Seine Frau war von Anfang an mit dabei und hat dafür ihren Job aufgegeben. Das war die Vorraussetzung. Für Josef Knauder gibt es nur Kindererziehung oder Karriere. „Ich als Mann verdiene das Geld und die Frau erzieht die Kinder", sagt er kompromisslos. Doch seine Einstellung ist mehr pragmatischer denn prinzipieller Natur: Als seine Frau schwanger wurde, hatte Josef Knauder schlichtweg mehr verdient als sie. „Der Job ist einfach lukrativ", gibt er unumwunden zu. „Wir wohnen sehr schön, haben uns ein kleines Häuschen gebaut und das geht nur, wenn einer gut verdient." Über die Erziehung der Kinder hat er sich eine ganz eigene Meinung gebildet. „Die Leistung einer Mutter kann man gar nicht überbewerten. Die stelle ich über jede Chefsekretärin." Für Josef Knauder wäre es nie in Frage gekommen, seine Kinder von jemand anderen erziehen zu lassen. Auch wenn seine Frau den Hauptteil übernommen hat, nimmt sich Josef Knauder nicht aus der Verantwortung. Soweit das eben möglich war, hat er immer versucht, Zeit mit seinen Kindern zu verbringen. „Die Kinder sollen lernen ‚Bitte' und ‚Danke' zu sagen, gerade zu laufen und etwas aus sich zu machen. Sie sollen ja keine Kreaturen werden", fasst er seine Philosophie kurz zusammen. Da seine Eltern in der Steiermark und die Schwiegereltern in Großbritannien wohnten, gab es keine Großeltern, die auf die Kinder aufpassen konnten, wenn es ins Ausland ging. Also nahm er Frau und Kinder mit auf die Baustelle. Das stärkte den Zusammenhalt der Familie. Auf das, was sie geschafft haben, ist er stolz: „Wir verstehen uns gut mit den Kindern, fahren heute noch gemeinsam in den Skiurlaub. Aus beiden Kindern ist etwas geworden. Sie haben eine solide Ausbildung, sprechen drei Sprachen und kommen in der Welt herum. „Ich sage es einfach so: Meine Frau und ich haben es trotz unseres Nomadendaseins und der häufigen räumlichen Trennungen erreicht, dass unsere Kinder ihren Weg gehen."

Jetzt ist er wieder häufiger unterwegs. Er nimmt es in Kauf, seine Kinder, Geschwister und Eltern seltener zu sehen. Nur alle paar Monate kommt er nach Hause. Dann treffen sich Knauders einmal in London bei der Familie seiner Frau, einmal in Bahrain bei der Tochter oder einfach zu Hause in Österreich. Er hat akzeptiert, dass das Privatleben bei seinem Beruf oft hinten ansteht. Auch Knauders Kinder haben das von ihrem Vater gelernt. So verbrachte der Sohn Silvester nicht mit Familie und Freunden in Linz, sondern flog wohlbetuchte Menschen von Bukarest nach Rom und von dort wieder zurück nach Wien. Erst zwei Stunden vor Jahreswechsel kam er nach Hause, nur kurz zum Anstoßen mit Sekt und Bleigießen. Am nächsten Tag war er schon wieder weg. Für die Familie blieben nur ein paar Stunden Zeit. Das ist nichts Besonderes bei Knauders. Die Familie hat auch beim Vater längst akzeptiert, dass er selten zu Hause ist. Zum Debütantinnenball der Tochter musste eben der Nachbar mitgehen. Josef Knauder weiß, was er an seiner Familie hat: „Die meisten Familien würden das nicht mitmachen. Bei uns halten alle zusammen." Und darauf ist der 56-Jährige mächtig stolz.

1 Eine Pumpstation an der Oase Hofuf in Saudi-Arabien. Sie ist bekannt für ihre Millionen von Dattelpalmen und die größte Palmenoase der Welt.

2 Josef Knauder mit Tochter auf der Baustelle des weltgrößten Edelstahlwerkes Arcelor Carinox in Belgien.

3 + 6 Montage eines kombinierten Schiffsbe- und entladers mit einer Kapazität von 2000 Tonnen Kohle pro Stunde. Siemens VAI installierte diese Shiploader bei LISCO Misurata in Libyen.

4 Tradition und Moderne: Der Suk in Tripolis wird mit Strom versorgt.

5 Erbaut von den Phöniziern, zuerst von den Griechen und später von den Römern bewohnt, war Leptis Magna eine der imposantesten Städte der Antike. Hier wohnten zeitweise über 100.000 Einwohner. Heute gilt sie als größte, erhaltene Stadt aus der Antike.

7 Tripolis schmückt sich. Die ehemalige italienische Basilika mit dem 20 Meter hohen italienischen Uhrturm aus dem Jahr 1898 erstrahlt in frischem Weiß.

Wissen Sie schon, was Sie am Wochenende machen?

Mit dieser Frage überfiel sein Chef eines Dienstagnachmittags den erst 21-jährigen Johannes Schmidt. Anschließend hieß es für den Firmenneuling Koffer packen und ab nach Saudi-Arabien. Gerade mal viereinhalb Monate war Johannes Schmidt damals beim Unternehmen Siemens VAI in Linz. Seine erste „Auslands-Mission" war für ein bis zwei Monate angesetzt. Doch dann kam alles ganz anders.

Text: Claudia Reiser

Im Jahre 2004 wurde die Grand Prix Formel 1-Rennstrecke im Süden der Hauptstadt Manama des Königreiches Bahrain eröffnet. Sichtbares Wahrzeichen ist der sich nach unten verjüngende „Sakhir-Tower", der acht Geschosse hoch aus der Wüstenszenerie herausragt. Die oberste Etage beziehen der Scheich und seine Gäste während des Rennens. Johannes Schmidt kam an seinem freien Wochenende hierher.

Linz, Österreich, 9. Januar 2008

Johannes Schmidt kann sich glücklich schätzen, Österreicher zu sein. Das dortige Bildungswesen eröffnete ihm Möglichkeiten, die er in Deutschland nicht gehabt hätte. Fünf Jahre lang besuchte er die Höhere Technische Lehranstalt im oberösterreichischen Vöcklabruck, Abteilung Maschineningenieurwesen, Schwerpunkt Technische Gebäudeausrüstung und Energieplanung. Praxisnah werkelte er sich durch den Stundenplan, absolvierte 2004 seine Matura. Sein Abschluss entspricht in etwa dem deutschen Fachabitur, aber ein genaues Pendant fehlt, denn diese Form einer höheren technischen Schule gibt es nur in Österreich.

Mit der Hochschulzugangsberechtigung in der Tasche unternahm der aus dem Salzkammergut stammende Oberösterreicher dann den Versuch, an der Münchner TU Maschinenbau zu studieren. Aber Schmidt ist Praktiker durch und durch, die Theorie liegt ihm nicht. „Mir war Planen und Ähnliches immer lieber als das ganze Herleiten und Hochmathematische", resümiert er. Schmidt und Uni, das passte nicht.

Er schlug einen anderen Weg ein, bei dem ihm ein zweites Unikum der österreichischen Berufsausbildung zu Gute kam: die Praxis. Statt weiterhin Theorie zu pauken, ging Johannes Schmidt direkt in die Wirtschaft. Er begann im Januar 2006 sein Arbeitsleben bei Siemens VAI und war im nächsten Jahr automatisch Ingenieur. „In Österreich muss man nur um den Titel ansuchen und eine dreijährige Berufspraxis nachweisen, mehr nicht", freut sich der heute 23-Jährige mit verbliebenem Lausbubencharme. Damit hat er sein Ziel auch ohne die für ihn zu abstrakte Universitätstheorie erreicht – und mit dem Job in der Haustechnik bei Siemens VAI erfüllte sich für den jungen technischen Angestellten ohnehin ein Traum.

Eine Leasingfirma bot ihm die Stelle damals bei Siemens an. „Schon während des Vorstellungsgespräches, wusste ich genau: Das ist das Richtige, da will ich unbedingt hin. Der Job beinhaltete einfach exakt, was wir in der Schule gelernt haben. Als wäre man unseren Lehrplan durchgegangen". Das Gespräch dauerte nicht lange, „es war Liebe auf den ersten Blick." Schmidt konnte überzeugen, hatte den zukünftigen Chef schnell auf seiner Seite. Wie er das geschafft hat, weiß er selbst nicht so genau. „Aber es hat geklappt. Und ich habe bisher nichts bereut, auch nicht, das Studium abgebrochen zu haben."

Vielleicht liegt sein Erfolg an seiner ungewöhnlichen, aber aufrichtigen Vorliebe für die technische Gebäudeausrüstung. Eigentlich ist dies ein Nebengewerbe, das keiner machen will: viel zu unspektakulär. Aber genau diesen verborgenen Reiz schätzt Schmidt an seiner neuen Arbeit. „Die Gebäudeausrüstung wird zu Beginn bei Projektplanungen immer vergessen, wir werden nie berücksichtigt. Aber letztendlich kommt dann doch niemand um uns herum: Jeder braucht uns!" amüsiert er sich schelmisch.

Solche Notlagen brachten Schmidt dann auch rasch ins Ausland, was ihm auch sehr willkommen war. Der für die Haustechnik verantwortliche Projektleiter auf einer Stahlwerksbaustelle in Saudi-Arabien benötigte seine Unterstützung. Für Schmidt war es kein Problem, als ihm die Sache an jenem Dienstagnachmittag herangetragen wurde. Er freute sich über den zusätzlichen Verdienst für die geplanten ein bis zwei Monate, und am Freitag darauf saß der blutjunge Techniker im Flieger, auf dem Weg zu seiner Premierenbaustelle im Ausland.

Nach diesem überstürzten Aufbruch aus der Heimat gingen die Überraschungen weiter. Gleich bei der Einreise musste der Arbeitsanfänger Durchhaltevermögen beweisen: Auf seinem Visum fehlte ein Stempel. „So wurde ich bei der Zollkontrolle am Flughafen aufgehalten und musste ewig warten", erinnert sich der Oberösterreicher an seine chaotischen ersten Stunden in dem ihm unbekannten Land. „Als ich endlich den Flughafen verlassen durfte, war der Chauffeur, der mich ins Camp bringen sollte, nicht mehr da. Und aus Versehen hatten sie mir in Linz einen falschen Campnamen aufgeschrieben. So stand ich dann da, in der Eingangshalle eines Flughafens in Saudi-Arabien." Die Handynummer eines Arbeitskollegen schaffte Abhilfe und Johannes Schmidt wurde schließlich doch noch abgeholt.

Auf der Baustelle sollte sich Johannes Schmidt um die Sanitär-, Lüftungs- und Klimaeinrichtungen der neuen Anlage kümmern. Zusätzlich bekam er nun die Bauaufsicht über diese Gewerke übertragen. Das heißt, der Berufsanfänger hatte mit einem Schlag 70 Leute unter sich und musste dafür die Verantwortung tragen. „Im Vorfeld hätte ich mir das nicht vorstellen können." Unterstützung erhielt er vor Ort von einem Kollegen, so

Johannes Schmidt (23)
HTL-Abschluss für Technische Gebäudeausrüstung und Energieplanung, technischer Angestellter • Hauptaufgabengebiet: Heizung / Klima / Lüftung / Sanitär-Planung und Projektabwicklung • Haupteinsatzland: Saudi-Arabien • Lebensmotto: Positiv denken.

Bild rechts: In einem Ruhebereich wird zum Ausklang des Renntages noch die traditionelle arabische Wasserpfeife (Shisha) geraucht.

Bild links: Der Grand Prix ist ein besonderes Spektakel, da er das einzige Formel 1-Rennen im arabischen Raum ist. Besonders bei jungen Arabern sind Autos, und alles was damit zusammenhängt, sehr populär.

Auch in Bahrain zeigt sich der Wandel und steigende Wohlstand, der mit der Ölförderung einhergeht. Es wird viel investiert und gebaut.

„Die Freizeit verbrachte Johannes Schmidt im kargen Wüstenstaat beim Shopping in klimatisierten Einkaufszentren oder sah sich den Formel 1-Grand Prix im benachbarten Bahrain an – ausgerüstet mit einer zwei mal drei Meter großen, selbst gebastelten Österreich-Flagge."

dass sie sich die Verantwortung teilen konnten. Und aus dem ursprünglich geplanten Zwei-Monats-Trip wurde schließlich ein 14-Monate-Aufenthalt. „Es war eben notwendig, dass ich länger blieb", mehr fällt dem fleißigen Anpacker dazu nicht ein. Wo es etwas zu tun gibt, ist er zur Stelle.

Seine Unterkunft in dieser Zeit blieb ein Provisorium, da sich die Aufenthaltsgenehmigung stets nur schrittweise verlängerte. „Andere stellten sich da schon einen Fernseher in die Wohnung und richteten sich häuslich ein. Ich hatte nicht einmal Fotos mit." Heimweh kannte der Oberösterreicher trotzdem nicht: „Ich konnte ja alle drei Monate für zehn Tage nach Hause fliegen. Dann hält man das aus." Es scheint, als habe Johannes Schmidt ein Urvertrauen, dass sich die Dinge schon immer zu ihrer Richtigkeit fügen werden.

Auch mit den neuen Lebensumständen in Saudi-Arabien arrangierte er sich: Dass man verschwitzt aus der Arbeit kommt und nicht gleich duschen kann, sondern erst warten muss, bis das Wasser spät abends auf etwa 35° abkühlte, nahm der Jungtechniker gelassen hin. Das Essen dagegen war ausgezeichnet: Es schmeckte ihm gut und er legte dreizehn Kilo zu. „Die sind aber heute schon wieder runter", betont er. Die Freizeit verbrachte man im kargen Wüstenstaat beim Shopping in klimatisierten Einkaufszentren oder sah sich den Formel 1 Grand Prix im benachbarten Bahrain an – mit einer zwei mal drei Meter großen, selbst gebastelten Österreich-Flagge.

Was dem geborenen Vollblutpraktiker jedoch zu schaffen machte, war die etwas andere Arbeitsmoral vor Ort. „Es kribbelt die ganze Zeit in den Händen, wenn man zusehen muss, wie langsam die Leute arbeiten und wie wenig man vorankommt. Das ist einfach unvorstellbar. Im Vergleich zu hiesigen Standards ein Unterschied wie Tag und Nacht." Auf der Stahlwerksbaustelle waren hauptsächlich Inder, Pakistani und Philippinos beschäftigt, 70 Prozent davon einfache, unausgebildete Hilfskräfte. „Sie konnten nur einfache Arbeiten ausführen und brauchten dafür entsprechend lange Zeit." Also legte er mitunter schon mal selbst Hand an und zeigte seinen Arbeitern, wie es besser und schneller geht: „Wir haben versucht, ihnen zu zeigen, wie das in Europa gemacht wird!"

Die Mentalität auf der Baustelle in Saudi-Arabien bleibt für Schmidt jedoch bis heute ein Rätsel. „Ich habe versucht, mich darauf einzustellen, aber vieles versteht man nie", sagt der 23-Jährige resigniert. Er erzählt

vom Einsatz selbst gebastelter Werkzeuge, während die von der Firma zur Verfügung gestellten Originale im Spind lagen und nicht verloren gehen sollten. „Statt einen richtigen Meißel zu verwenden, haben sie einen Schlauch genommen und einen Nagel durchgesteckt. Kein Wunder, dass sich die Zeiten dann verlängern", sagt er kopfschüttelnd. „Man brauchte schon viel Zeit, um die Arbeiter vom richtigen Umgang mit den Arbeitsmitteln zu überzeugen." Weiter berichtet er von Unterbrechungen der Arbeitszeit durch die fünf Bet-Zeiten täglich, während denen im gesamten Land für je eine halbe Stunde nicht gearbeitet wird. Oder vom Fastenmonat Ramadan, bei dem es so sei, als hätte man eine riesige Pause-Taste gedrückt: Das gesamte Leben ist plötzlich anders. „Von Arbeitsfortschritten kann man in dieser Zeit nur träumen", erinnert sich Schmidt. Doch auch andere Ereignisse warfen das Projekt um etliche Wochen zurück, wie ein Großbrand auf der Baustelle oder ein umgestürzter Kran.

Die Lebenserfahrung, die man während der Arbeit im Ausland gewinnt, sei jedenfalls viel wert, sagt Johannes Schmidt heute. „Man lernt die Dinge

Bild links: Siemens VAI hat langjährige Geschäftsbeziehungen zu Hadeed in Al-Jubail, Saudi-Arabien. Inzwischen errichtet das Unternehmen hier die weltgrößte Direktreduktionsanlage mit 1,75 Millionen Tonnen Jahreskapazität, modernisiert eine Feuerverzinkungsanlage und erweitert das Elektrostahlwerk.

Bild Mitte: Kleiner Kranunfall beim Aufstellen einer Halle. Personen kamen dabei nicht zu Schaden.

Bild rechts: Johannes Schmidt mit einem Betriebselektriker von Hadeed vor einer Mittelspannungsschaltanlage.

mit anderen Augen zu sehen." Bis zu einem Alter von 30 Jahren möchte er weitere Aufträge für Baustellen im Ausland annehmen. Danach soll allerdings mit den langen Aufenthalten Schluss sein: „Ich habe Angst, sonst den Absprung nicht mehr zu schaffen. Auf der Baustelle waren Ingenieure, die waren schon an die 70. Und ich glaube, irgendwann kann man nicht mehr loslassen, irgendwann hat einen das Arbeiten im Ausland zu fest gepackt. So weit soll es bei mir nie kommen." Johannes Schmidt ist niemand, der auf Dauer ein Nomadendasein führen möchte. Dafür ist er zu heimatverbunden und zu bodenständig in seiner Lebensführung: Er engagiert sich nach wie vor in seiner Heimatgemeinde in verschiedenen Vereinen, einen Großteil seiner Freunde kennt er schon aus Schulzeiten. Diese Freundschaften zu pflegen ist ihm ebenso wichtig wie die Beziehung zu seiner Familie. Aus Saudi-Arabien ist Schmidt vergangenen Juli pünktlich zum 50. Geburtstag seines Vaters zurückgekehrt.

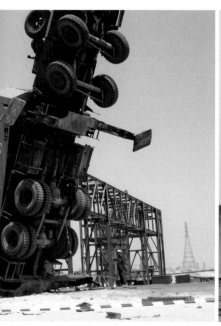 

Gestern war Dienstag. Und sein Chef hat ihm wieder die Frage gestellt: „Wissen Sie schon, was Sie am Wochenende machen?" Inzwischen kennt er ja die Konsequenzen: Würde er wieder ins Ausland gehen? Wieder Saudi-Arabien? Wieder nur einen Monat? Er würde.

Gestern war Dienstag, der zweite Arbeitstag nach den Weihnachtsferien für Johannes Schmidt. Und sein Chef hat ihm wieder die Frage gestellt: „Wissen Sie schon, was Sie am Wochenende machen?" Inzwischen kennt er ja die Konsequenzen: Würde er wieder ins Ausland gehen? Wieder Saudi-Arabien? Wieder nur einen Monat? Er würde. Doch da ist noch seine Freundin ... Heute muss er es ihr beichten. Wie das mit der Fernbeziehung klappen wird, weiß er nicht so genau. Aber es ist ja nur für einen Monat ...

Schmidt ist ein Optimist. Sorglos, fast arglos geht er seine Aufgaben an. „Ich versuche, stets die gute Seite an den Dingen zu sehen." Und zumeist gelingt ihm das auch. Sein Chef sagt ihm eine gute Zukunft voraus: Er ist überzeugt, dass Schmidt seinen Weg gehen wird. Auch wenn der Weg sich jedes Wochenende ändern kann.

Gestalten mit Beton

Der Verbrauch an Zement und Beton gilt als sichtbares Zeichen der wirtschaftlichen Entwicklung eines Landes. Zugleich können mit Zement und Beton die unterschiedlichsten Vorstellungen der Architekten verwirklicht werden, vom Tiefbau bis zum Hochbau, vom Opernhaus bis zur Werkhalle. Heute schätzt man den jährlichen Bedarf an Zement auf mehr als 2,8 Milliarden Tonnen. Davon verbraucht allein China knapp die Hälfte, gefolgt von Indien und den USA.

Wann Baumeister zum ersten Mal Bindemittel zum Bauen verwendeten, lässt sich nicht mehr ganz nachvollziehen. In den Hochkulturen Mesopotamiens nahmen die Bauleute gebrannten Kalk, die Ägypter setzten ihn als Bindemittel beim Bau der Pyramiden ein. Doch der eigentliche Siegeszug des Zements begann in England mit der industriellen Herstellung von Portlandzement.

Heute beliefern mehr als 1600 Zementfabriken weltweit alle regionalen Baustellen. Um aus Kalk und anderen Rohstoffen fertigen Zement und Beton herzustellen, ist nicht nur eine mehrstufige chemische Aufbereitung notwendig, sondern auch eine Vielzahl physikalischer Prozessschritte. Das zur Zementherstellung eingesetzte Rohmaterial wird zuerst in Vertikalmühlen bis zu einer sehr feinen Körnung zerkleinert, bevor es in Rohrmühlen durch Schlag und Reibung zu extrem feinem Pulver zermahlen wird. Diese Rohrmühlen sind 20 Meter lang und werden mit bis zu 30 Megawatt starken Antrieben bewegt. Danach durchläuft das aufbereitete Material den Sichter, der zu grobes Material wieder in die Mühle zurückführt. Anschließend wird das pulverisierte Gestein im 100 Meter langen Drehofen gebrannt. Das Schüttgut wird über bis zu 200 Meter hohe Becherwerke oder Förderbänder transportiert, die mehrere Kilometer lang und bis zu 10 Meter pro Sekunde schnell sein können.

Die Zerkleinerung der mineralischen Rohstoffe ist ein sehr energieintensiver Prozess. Neben den hohen Kräften muss eine leistungsfähige Antriebstechnik widrigsten Einsatzbedingungen standhalten. Siemens bietet umfangreiche Unterstützung – von der Konzeptphase einer neuen Anlage über die Montage und Inbetriebsetzung bis hin zur Wartung und Modernisierung, von der Energie- und Antriebstechnik über die Automatisierung und Instrumentierung bis zur Kommunikation, IT und Betriebsplanungssoftware.

Bild oben: Cimenterie Nationale betreibt in der Hafenstadt Chekka, rund 80 Kilometer nördlich der libanesischen Hauptstadt Beirut, ein Zementwerk mit einer Produktionskapazität von 5000 Tonnen pro Tag. Siemens modernisiert jetzt die Ofenlinie Nr. 4.

Gegenüberliegende Seite:

Bild oben: Jeder fünfte Baukran der Welt steht in Dubai. Damit es nicht am wertvollsten Baustoff – Zement und Beton – mangelt, werden in der Region zahlreiche Zementfabriken modernisiert oder neu errichtet.

Bild links unten: Siemens rüstet das Südbayerische Portland Zementwerk in Rohrdorf mit neuer Leittechnik aus und modernisiert die Zementmühlen.

Bild rechts unten: Siemens installierte bei der Arabian Cement Company Ltd., Jeddah, die elektrotechnische Gesamtausrüstung für die neue Zementlinie 6 im Werk Rabigh. Die neue Produktionslinie 6 ist für die Produktion von rund 7000 Tonnen Klinker pro Tag ausgelegt.

Treibstoff für die Welt

In den kommenden Jahren wird der weltweite Erdöl-verbrauch weiter steigen. Um die Versorgung sicher-zustellen, wird der Anteil der Förderung aus dem Offshore-Bereich und die Bitumengewinnung aus Ölsanden und Ölschiefer zunehmen.

Nachdem die Fördermengen aus den Ölquellen Nordamerikas und der Nordsee ihren Höhepunkt überschritten haben, liegen heute die Heraus-forderungen in der Exploration und Erschließung neuer Öl- und Gas-Vor-kommen in schwer zugänglichen Lagerstätten. Das sind etwa Gebiete mit Dauerfrost oder in großen Tiefen unter dem Meeresboden vor den Küsten Afrikas, Chinas und Südamerikas. Auch in der Nutzung der großen Teer-sandvorkommen in Kanada sehen die Ölgesellschaften eine Möglichkeit, den weiter steigenden Bedarf sicherzustellen. Zudem soll mit dem Neubau von rund 100.000 Kilometern Pipeline in den kommenden zehn Jahren – davon drei Viertel allein für den Transport von Erdgas – der weltweiten Verschiebung der Nachfrage von Nordamerika und Europa nach Asien Rechnung getragen werden.

Die Nutzung dieser neuen Energiequellen stellt besonders hohe Anforde-rungen an integrierte technologische Lösungen für die Automatisierung und den Betrieb von Förderanlagen. Gleichzeitig ist ein hohes Maß an Stan-dardisierung in der Anlagenausrüstung erforderlich, um Sicherheit der An-lagen, Umweltschutz und Wirtschaftlichkeit der Förderung zu garantieren.

Im Offshore-Bereich ist Siemens heute Komplettanbieter von integrierter Leittechnik und Sicherheitssystemen, bei der Energieerzeugung sowie -ver-teilung, bei Telekommunikationslösungen und Kompressionsanlagen für FPSO-Anlagen (Floating, Production, Storage and Off-loading). Ganzheitli-che Lösungen auf der Basis bewährter Komponenten gewährleisten höhere Produktivität bei geringeren Betriebskosten auf schwimmenden oder fest installierten Einheiten.

Im Rahmen des gesamten Wertschöpfungsprozesses – von der Förderung im Feld über den Transport per Tanker oder Pipeline bis hin zur Verar-beitung in der Raffinerie – konzentriert sich Siemens auf Elektrotechnik und Energieerzeugung und -verteilung, auf Antriebs-, Automatisierungs-und IT-Lösungen sowie auf Sicherheitssysteme. Für die Tiefsee-Produktion werden neue Technologien entwickelt.

Gegenüberliegende Seite:

Bild oben: Automatisierungs- und Stromversorgungssysteme von Siemens machen die Förderung und den Transport von wertvollen Primär-energien effizienter und sicherer, sowohl bei Offshore-Anlagen als auch auf dem Festland.

Bild links unten: Eine unterbrechungs-freie Stromversorgung und effiziente Antriebssysteme sorgen für einen si-cheren und durchlaufenden Betrieb einer petrochemischen Anlage.

Bild rechts unten: Leit- und Automati-sierungssysteme von Leitungsnetzen und Pipelines bieten höchstmogliche Sicherheit bei Pipeline-Applikationen wie Batch-Tracking und Leckerken-nung. Zentrale Warten überwachen intelligente Feldgeräte, schnelle Datenbusse und die Prozessführung.

Zukunft mit Energie

Bei über zwei Milliarden Menschen – immerhin einem Drittel der Weltbevölkerung – kommt der Strom noch nicht aus der Steckdose. Der Stromverbrauch, prognostiziert der Weltenergierat, wird künftig pro Jahr doppelt so schnell wachsen wie die Weltbevölkerung.

Mit dem Bau neuer Kraftwerke, die Wind, Kohle, Wasser oder Kernkraft zur Stromgewinnung nutzen, wird in vielen Regionen der Anschluss an die Zukunft hergestellt. Aber auch bei bestehenden Anlagen wird versucht, durch Nachrüstung und Modernisierung die Primärenergie – vor allem Kohle – noch besser zu nutzen, um durch die Steigerung des Wirkungsgrades noch mehr Strom zu erzeugen. Denn angesichts des weltweiten Bedarfs bleibt Strom ein knappes Gut, das bestmöglich genutzt werden muss. Daher bieten Maßnahmen zur Energieeinsparung und vor allem zur effizienten Nutzung nicht nur im privaten Haushalt, sondern vor allem in Industrie und Gewerbe weitere Möglichkeiten, elektrische Energie optimal zu nutzen.

Dabei können Anlagen in Industrie und Infrastruktur durch eine ganzheitliche Betrachtung der Produktionsprozesse und durch die Verknüpfung von Verfahrenswissen mit Elektrotechnik technisch und wirtschaftlich optimiert werden. Siemens verfügt über Verfahrenstechniken für industrielle Prozesse, um weltweit knappe Ressourcen zu schonen, Kosten zu sparen und die Produktion sicherzustellen. Dies bietet Potenzial für neue Lösungen, beispielsweise bei der Reduktion oder Vermeidung von Klimagasen, bei der Vermeidung von Rest- und Abfallstoffen, die bislang deponiert wurden, oder bei der effizienteren Nutzung von Wärme in der industriellen Produktion.

Bei Planung, Bau, Errichtung und Betrieb von Energieerzeugungs- und -verteilungsanlagen mit erfahrenen Projektmanagern und Inbetriebsetzern gehört heute Siemens mit zu den weltweit führenden Technologieanbietern für Kohle- und Wasserkraftanlagen sowie zur Nutzung der Windenergie. Das Angebot reicht vom Kraftwerksbau auf der grünen Wiese, über die regelmäßige Kraftswerksrevision, setzt sich fort über den Bau und die Inbetriebsetzung von leistungsfähigen Hochspannungs-Gleichspannungs-Übertragungsanlagen und geht bis zur ganzheitlichen Betreuung der Baustellen vor Ort für neue Kraftwerke.

Bilder gegenüberliegende Seite:

Die Energieversorger auf der ganzen Welt stehen alle vor der gleichen Herausforderung: die Stromversorgung der wachsenden Weltbevölkerung sicherzustellen und gleichzeitig das Klima möglichst wenig zu belasten. Im Kampf gegen den Klimawandel sind modernste Technologien und ständige Modernisierung gefragt. Hinter zwei Prozent mehr Wirkungsgrad stecken gewaltige Mengen Kohlendioxid, die der Umwelt erspart bleiben. Gasturbinen der neuesten Generation, Offshore-Windparks und verlustarme Hochspannungs-Gleichstrom-Übertragung unterstützen die Betreiber.

Bild unten:
Um eine Turbine zu bauen, bedarf es jahrzehntelanger Erfahrungen im klassischen Schwermaschinenbau. Insgesamt mehr als 7000 Einzelteile müssen in Uhrmacher-Präzision zusammengefügt werden.

Jeder Tropfen zählt

Sauberes Wasser ist ein lebenswichtiger Rohstoff. Schätzungen zufolge wird der Wasserverbrauch in den nächsten zwanzig Jahren um rund 40 Prozent zunehmen. Doch die natürlichen Ressourcen sind begrenzt: Nach Berechnungen der Vereinten Nationen werden bis zum Jahr 2025 zwei Drittel der Menschheit unter Wasserknappheit oder Wassermangel leiden. Ausweg bieten die Aufbereitung von Abwasser und die effizientere Nutzung von Brauchwasser in der Produktion. Denn der Rohstoff Wasser kann mit Filtertechnologien aufbereitet und immer wieder in seine Ausgangsform zurückgebracht werden.

Noch immer gefährden Wasserengpässe durch begrenzte und häufig auch saisonal schwankende Wasservorräte die Entwicklung von Städten oder industrieller Produktion. Viele Unternehmen der Prozessindustrie brauchen viel Wasser, folglich sind wirtschaftliche Entwicklungen eindeutig gekoppelt mit der ausreichenden Bereitstellung an Qualitätswasser für die kritischen Prozesse. Die Schere zwischen verfügbarem sauberem Wasser für Mensch und Industrie und benötigtem Wasser geht immer weiter auseinander. Eine Angebotsausweitung ist schwierig, Meerwasserentsalzung und Wasserimport über größere Distanzen außerordentlich energieintensiv und die Ausbeutung fossiler Grundwasservorkommen wenig nachhaltig. Ein steigender Bedarf kann langfristig nur durch Kreislaufwirtschaft und systematischer Aufarbeitung ausgeglichen werden. Wasser und Abwasser werden damit immer stärker zu einem Kostenfaktor für das tägliche Leben und die industrielle Produktion. Er bestimmt zukünftig über die Wettbewerbsfähigkeit von Standorten, Industrien und Landwirtschaft.

Mit leistungsfähigen Wasseraufbereitungsanlagen lassen sich eine Vielzahl unterschiedlichster Stoffe selbst aus schmutzigem Wasser herausfiltern. Heute schon werden kommunale Abwasserbehandlungsanlagen in verschiedenen Teilen der Welt immer häufiger als Rohwasserquelle für Landwirtschaft und Industrie genutzt. Siemens Water Technologies baut und installiert Systeme und Anlagen zur Aufbereitung von Trinkwasser, zur Behandlung und Desinfektion von Abwasser und zur Wiederverwertung im Kreislauf – für Städte und Gemeinden, für Kraftwerke, Raffinerien, chemische und biopharmazeutische Betriebe, Getränkefabriken, Metallverarbeitungsanlagen oder Automobilwerke. Mit 6000 Mitarbeitern in mehr als 20 Ländern ist Siemens Water Technologies ein weltweit führender Anbieter von Wasser- und Abwasseraufbereitungstechnologien für Kommunen und Industrie. Mehr als 200.000 Installationen erfüllen dabei problemlos strengste behördliche Auflagen und engste industrielle Standards in den verschiedensten Ländern.

Gegenüberliegende Seite:

Bild oben: Die kommunalen Abwasserbehandlungsanlagen werden in verschiedenen Teilen der Welt immer häufiger auch als Rohwasserquelle genutzt. Die Wiederaufbereitung der Abwässer durch solche Quellen nimmt laut Angaben der Water Reuse Association allein in den USA um jährlich 15 Prozent zu.

Bild links unten: Mit leistungsfähigen Wasseraufbereitungsanlagen lassen sich eine Vielzahl unterschiedlichster Stoffe selbst aus dem schmutzigsten Wasser herausfiltern.

Bild rechts unten: Ruhleben ist das größte und wichtigste Klärwerk Berlins, das pro Tag 240.000 Kubikmeter Abwasser bearbeitet. Siemens Water Technologies modernisierte die Prozessleit- und Automatisierungssysteme, wobei die bewährten Routinen und Algorithmen beibehalten wurden.

Entweder man hört in den ersten fünf Jahren auf oder nie

Afrika ist der Kontinent mit dem niedrigsten Pro-Kopf-Energieverbrauch weltweit. Nur 10 Prozent der afrikanischen Bevölkerung haben überhaupt Zugang zu Elektrizität. Die große Mehrheit der Landbevölkerung kann sich den Luxus der Elektrizität nicht leisten und ist so weiter von traditionellen Energiequellen wie Biomasse abhängig. Doch dort, wo sich Handwerk und Industrie angesiedelt haben, versorgen dezentrale Turbogeneratoren, wie sie Robert Seitz betreut, die Betriebe.

In ferne Länder reisen, fremde Menschen und Kulturen kennen lernen, selten lange an einem Ort bleiben: das ist der Reiz am Beruf von Robert Seitz. Der gebürtige Wiener, Jahrgang 1947, ist Lead Engineer bei Siemens in Erlangen. Er setzt neue Industriekraftwerke in Betrieb, sucht Fehler und Störungen im Betriebsablauf, fährt Kraftwerke nach Revisionen wieder an, ist für Überprüfungen und Messungen verantwortlich. „Absolut spontan" muss er sein, seinen Koffer packt er innerhalb einer Viertelstunde.

Text: Johanna Kempter

„Ich habe mir schon während der Schulzeit vorgestellt, dass ich im Ausland arbeiten werde. Dass ich weggehe und nicht in Österreich einen Bürojob mache", sagt Seitz. Nach Abschluss seines Elektrotechnik-Studiums blieb er zunächst in Wien und arbeitete zwei Jahre lang bei der österreichischen Post. Aber die Ferne lockte ihn mehr. Als der Militärdienst bevorstand, fand der damals 22-Jährige einen Weg, um dem Dienst an der Waffe und seinem Heimatland zu entkommen: Entwicklungshilfe. Diese Alternative brachte ihn als technischen Lehrer nach Obervolta, dem heutigen Burkina Faso.

Doch wie kommt ein österreichischer Oberingenieur, der gerade in Obervolta als Entwicklungshelfer arbeitet, zu Siemens nach Erlangen? Eine Annonce in einer deutschen Zeitung, ‚Siemens baut in aller Welt', mit einer Adresse in Erlangen brachte ihn nach Deutschland. „Ich habe mir gedacht, wenn Siemens in aller Welt baut, dann brauchen die auch Leute, die die Anlagen anschauen und abnehmen", erklärt Seitz. Von Obervolta aus schrieb er eine Bewerbung, konnte mit Auslandserfahrung und zwei Fremdsprachen punkten – seinem Schulenglisch und dem gerade erst in Obervolta erlernten Französisch. Im Dezember 1971 nahm er die Stelle in Erlangen an und ist dem Unternehmen bis heute treu geblieben. Nach einem anderen Job hat er sich nie umgesehen.

Robert Seitz hat viele Kollegen und Vorgesetzte kommen und gehen sehen, hat Veränderungen und Modernisierung miterlebt und dabei neue Aufgaben und größere Kompetenzen erhalten. Aber vor allem ist er viel herumgekommen. Von Australien bis Zimbabwe – auf der ganzen Welt hat er schon Baustellen besucht. „In den besten Zeiten hab ich meinen Turbosatz allein in Betrieb gesetzt", erzählt er. Neben den Kenntnissen, die er sich im Studium angeeignet hat, kann er auf die Erfahrungen einer Ausbildung im ehemaligen Turbinenwerk in Wesel zurückgreifen.

Nur mit der Arbeit am Computer, die im Laufe der Zeit immer mehr zu seinen Aufgaben dazugekommen ist, tut er sich ein bisschen schwer. Er sei kein „Talent", wie er freimütig zugibt. Auf manche Baustellen begleitet ihn ein Team aus Deutschland, ab und zu hat er einen jungen Ingenieurskollegen dabei, der die Arbeit mit dem Computer während des Studiums gelernt hat. Die Arbeitsteilung – „der bedient den Computer und ich mache den Versuchsaufbau" – sieht Seitz jedoch auch kritisch: „Der Kollege lernt keinen Versuchsaufbau und ich lerne keinen Computer bedienen! Das Problem ist eben, dass man das regelmäßig machen muss, man vergisst die Sachen sonst bald wieder."

Manchmal ist er auch alleine auf der Baustelle und arbeitet nur mit Einheimischen zusammen, nicht immer ist ein Übersetzer dabei. Neben Englisch und Französisch spricht er mittlerweile drei weitere Sprachen. Holländisch hat er in Suriname gelernt, Türkisch „ein bisschen von den Türken" – jedenfalls so gut, dass er bei seinen zahlreichen Türkei-Aufenthalten „nicht verhungern" muss. Sein Spanisch verdankt er einem Einsatz im Libanon. „Da hatte ich so ein Köfferchen mit einem Kassettenrecorder und Lehrbüchern und die Anlage hat ewig lange gedauert. Und dann habe ich mit den Kassetten jeden Abend eine halbe oder eine dreiviertel Stunde geübt, bis alle durch waren", erzählt er lachend. Wenn er wieder über Monate auf derselben Anlage arbeiten würde – seine längsten Einsätze dauerten neun Monate – würde er auf diese Art vielleicht noch eine skandinavische Sprache oder sogar „etwas Exotisches" wie Isländisch lernen.

Seitz' Tätigkeit hat sich im Laufe der Zeit verändert. Er stieg immer weiter auf bis zum Lead Engineer. „Früher habe ich mehr Anlagen in Betrieb gesetzt, heute mache ich mehr Service und fahre vorwiegend zu komplizierten Projekten." Im Gegensatz zu den Betreibern einer neuen Anlage, zu der Seitz nach dem Anfahren „die nächsten fünf Jahre sicherlich nicht" muss, kann er jetzt zu seinen Service-Kunden einen freundschaftlichen, vertrauensvollen Kontakt aufbauen. Seiner Erfahrung nach sind technischer Sachverstand und Diplomatie dabei unerlässlich. Manchmal muss er seine Kunden auch beschwichtigen, mehr oder weniger vorsichtig die richtigen Worte finden.

Dass Seitz oft namentlich angefordert wird, beweist, dass er einen guten Draht zu seinen „Stammkunden" hat. So reist er mindestens zwei- bis dreimal pro Jahr zu Rotem nach Israel. Er kann sich noch an Zeiten erinnern, zu denen Palästinenser auf der Baustelle gearbeitet haben. „Sie sind da jeden Tag von Gaza oder von der West Bank gekommen und wieder zurückgefahren worden." Vor 15 Jahren war dies der Alltag – heute sei das undenkbar. Zu oft sei es zu Anschlägen mit eingeschmuggelten Waffen gekommen, erklärt Seitz.

In Rotem ist er nicht nur bei den Menschen auf der Baustelle bekannt, sondern auch in seinem Stammhotel. Er gehöre mittlerweile zum „Inventar", bekennt er lächelnd. „Letztens habe ich vergessen zu buchen. Dann habe ich in der Nacht davor angerufen und gesagt, ich komme morgen. ‚Ja, für Sie haben wir immer ein Zimmer!'"

Wenn der 61-Jährige ins Erzählen kommt, kann ihn nichts mehr bremsen. Er gibt Dialoge wieder, verstellt dabei seine Stimme, gestikuliert heftig mit den Händen. Ständig zieht er die Augenbrauen hoch, legt seine Stirn in Falten oder schmunzelt – die Fältchen in seinem Gesicht verändern sich jeden Augenblick. Ein Mensch mit so viel Energie kann wohl nicht anders, als ständig unterwegs zu sein. Die Abwechslung, die liebt er an seinem Job. Eine Tätigkeit im Innendienst, wo er immer von denselben Kollegen umgeben wäre? Da würde er sich nicht wohlfühlen. Das „Geschäft auf Zuruf" ist sein Leben: „Man muss halt flexibel sein, aber es macht auch Spaß. Es ist so, wie wenn ein Pferd vom Stand aus angaloppiert." Eben noch daheim in Erlangen – und schon im Flugzeug in ein fernes Land.

Robert Seitz (61)
Dipl.-Ing. Elektrotechnik und Turbinen, derzeit Lead Engineer, verantwortlich für die Inbetriebsetzung von Industriekraftwerken • Einsatzländer: bereist alle Kontinente, in den letzten Jahren Schwerpunkt Naher Osten • Lebensmotto: Wenn es einem gelingt einen Beruf zu finden, in dem ein Großteil der privaten Interessen aufgehen, ist das für beide Seiten von Vorteil.

Bild oben: Mit einem offenen Unimog bei strahlend blauem Himmel der Sonne entgegenzufahren – nach Khartoum fährt man ja praktisch nur auf Südkurs – ist fast so schön wie mit einem Motorrad.

Bild unten: Nach einer „langweiligen" Woche auf dem Nasserstausee erreicht Robert Seitz mit dem Unimog Wadi Halfa. Im Vordergrund der Landungssteg.

Seitz hat keine Familie, auf die er Rücksicht nehmen müsste. Bevor er seine Tätigkeit bei Siemens begonnen hat, war er verheiratet. Die Ehe ging in die Brüche, eine weitere hat er nie geschlossen: „Die Grünen haben Angst vor der Kernkraft und ich habe Angst vor den Folgekosten einer weiteren Scheidung." Seitz nimmt es gelassen, dass er keine Frau hat, keine Kinder, keine Geschwister. Die Eltern sind bereits verstorben. „Man kriegt halt keine Liebe und keine Streicheleinheiten. Aber ich bin es jetzt gewohnt, dass ich allein bin. Dann ruf' ich Freunde an. Notfalls habe ich ja auch ein paar auf der anderen Seite des Atlantiks, die kann man auch um zwei Uhr am Morgen anrufen."

Seine Freizeit ist knapp bemessen. Seitz ist keiner, der sich nach einem langen Arbeitstag vor den Fernseher setzt und die Beine hochlegt. Bei ihm zu Hause steht nicht einmal ein Fernsehgerät. Ehrgeizig, zielstrebig und perfektionistisch ist er, erledigt liegen gebliebene Arbeit auch am Wochenende. Seine Berichte über die Änderungen, Besonderheiten, Messungen und Einstellwerte der Anlagen schreibt er lieber zu Hause als im Büro, da er „daheim die doppelte Anzahl von Seiten pro Tag" schafft. Und außerdem kann er dort nebenbei noch die Waschmaschine laufen lassen. Oft sitzt Seitz bis tief in die Nacht vor dem Computer, seine E-Mails schreibt er gerne noch um halb drei Uhr morgens. „Ich mache eine Sache immer fertig. Das wird durchgezogen, und dann wird am nächsten Tag länger geschlafen." Spätestens am Mittag schwingt Seitz sich dann auf sein Fahrrad und fährt zur Siemens-Kantine. „Abends esse ich Brot mit Wurst oder Käse oder Fisch oder sonst was drauf! Das ist auch gut: Wenn ich in Erlangen bin, specke ich so immer ab. Und auf den Anlagen, wenn ich abends Essen gehe, dann nehme ich meistens zu."

Robert Seitz hat eine Leidenschaft: sein Motorrad. Mit ihm fährt er überall hin. Seinen Motorradführerschein hat er zusammen mit dem PKW-Schein gemacht. Über 25 Jahre ist es her, dass er sein Auto verkauft hat. „Ich habe mir gedacht, für was brauchst du noch ein Auto? Man kann selbst bei Ikea Kleinmöbel mit dem Motorrad abholen!" Auch für seine Sonntagsausflüge genügt das Motorrad. Wann immer es Arbeit und Wetter zulassen, schlüpft Seitz in seinen schwarzroten Goretex-Anzug und flüchtet aus Erlangen.

Bild links: In der Wüste muss das Bau- und Brennholz über große Entfernungen transportiert werden. Das Kamel ist dabei eine zuverlässige Hilfe.

Bild rechts: Die Pyramiden am Jebel Barkal bei Karima zählen zu den ältesten sudanesischen Pyramiden. Sie stammen aus dem 8. Jahrhundert v. Chr. und wurden von den Königen von Kusch erbaut. Sie sind bedeutend kleiner als ihre ägyptischen Vorbilder.

Bild unten: In einem Dorf auf der Fahrt nach Atbara freuen sich die Menschen, wenn einmal ein Fremder vorbeikommt.

Kunst und Kultur in Franken üben eine ähnliche Anziehungskraft auf ihn aus wie das Reisen. „Die Museen, Schlösser und Burgen im Umland kenne ich mittlerweile alle, aber immer wieder entdecke ich eine neue Ausstellung, die mich interessiert", erzählt er. Er liebt Jazzmusik, impressionistische Kunst. Und die französischsprachige Fotozeitschrift Chasseur d'Images, die „besser als alle deutschen" ist. Seitz ist leidenschaftlicher Hobbyfotograf. Mit seiner Bridgekamera – „ich bin jetzt nicht der Spiegelreflex-Anhänger" – fotografiert er alles, was ihm vor die Linse kommt: Tiere, Pflanzen, Landschaften oder architektonisch interessante Gebäude. Neben seiner Fotozeitschrift schmökert er gerne in Island-Sagas. Denn Island ist sein Lieblingsland.

Man könnte meinen, dass ein Mensch, der beruflich ständig durch die ganze Welt reist, seinen Urlaub zu Hause verbringt. Nicht so Robert Seitz. Allein in Island war er bereits fünf Mal. Obwohl er sich eher nicht als Stadtmensch bezeichnen würde, hat ihn Islands Hauptstadt besonders beeindruckt. „Reykjavík gehört zu den Städten, wo man sich echt eine verregnete Woche nur in Museen herumdrücken könnte, so viele haben sie mittlerweile", sagt er begeistert. Auch die karge, unbewohnte Landschaft der Insel hat es ihm angetan. Selbst wenn er und sein Motorrad der unbeugsamen Natur mit ihren Lavafeldern, Geröllwüsten und Flussläufen manchmal nicht gewachsen waren. „Das wäre ein Traum, mit dem Unimog nach Island zu fahren. Der kommt überall durch."

Mit Unimogs hat Robert Seitz schon seine Erfahrungen gemacht. Einige Kollegen hatten sich von der Bundeswehr ein solches Gefährt für eine Sahara-Tour gekauft. Der Unimog stand in München – die Kollegen waren im Sudan. „Sie haben mir dann erzählt, dass sie jemanden suchen, der den Unimog in den Sudan bringt. Das habe ich sofort gemacht". Seitz beantragte Urlaub und Visa für Ägypten und den Sudan, fuhr nach München zur Übergabe des Unimogs. „Die Schwester des Kollegen hat mir vorgeführt, wie man so ein Ding fährt, und dann bin ich am Morgen losgefahren und musste am Abend in Venedig sein, um auf das Schiff zu kommen!" Mit dem Schiff ging es weiter nach Ägypten, dort zum Nassersee, der damals – es war der Herbst 1977, zur Zeit der Entführung des Flugzeugs „Landshut" – nur mit dem Schiff

Das „Geschäft auf Zuruf" ist sein Leben: „Man muss halt flexibel sein, aber es macht auch Spaß. Es ist so, wie wenn ein Pferd vom Stand aus angaloppiert. Eben noch daheim in Erlangen – und schon im Flugzeug in ein fernes Land."

Zwei in Polen gebraucht gekaufte Siemens-Turbogeneratoren wurden in der Zuckerfabrik Kayseri – in der Provinzhauptstadt von Zentralanatolien, Türkei – neu aufgebaut und laufen seither wie geschmiert. Etwas Farbe verschönert solch alte Maschinen ungemein.

überquert werden durfte. Nach einer „langweiligen" Woche auf dem Stausee erreichte Seitz die sudanesische Stadt Wadi Halfa und fuhr von dort aus weiter in die Hauptstadt Khartoum zu den Kollegen.

In arabische Länder reist Seitz eigentlich nur beruflich. Privat gefallen ihm diese Staaten, in denen die meisten seiner Baustellen liegen, nicht besonders. Seine Urlaubsreisen führen ihn vor allem in kalte Länder. Seine Welt ist „das Band von Finnland bis Alaska oder auf der anderen Seite dann noch Neuseeland und Australien." Auch Kanada gehört zu den Ländern, die es ihm angetan haben. Dort hat er eines seiner wohl größten Abenteuer erlebt: eine zweiwöchige Tour mit dem Motorschlitten, ganz alleine von Montréal hinauf in den Norden. Seitz' Tour endete in der Kleinstadt Grand Mère. Ein kanadischer Freund holte ihn ab, mit dem Motorschlitten auf dem Anhänger ging es zurück nach Montréal. „Der hat gedacht, dass ich nach drei Tagen anrufe und sage: ‚Bitte, bitte hol' mich ab!'" Von wegen – er musste seine Tour zwar um zwei Tage verkürzen, aber nur, weil ihm der Schnee unter den Kufen weggeschmolzen war.

Seine Arbeitszeit wollte Robert Seitz auch einmal verkürzen, beantragte Altersteilzeit. Aber das Unternehmen wollte ihn nicht gehen lassen. Und so hat Seitz seine Pläne eben wieder geändert. Bis er 65 ist, will er nun arbeiten. Aber irgendwann wird Seitz seine berufliche Tätigkeit beenden. Hält ihn dann noch etwas in Deutschland? „Ich werde wahrscheinlich in Erlangen schon noch eine Basis haben. Irgendwo muss man sein Zeug ja auch lagern",

Leitstand der Siemens-Turbogeneratoren in der Zuckerfabrik Kayseri, Türkei.

Bild links: Blick auf die Dampfleitungen zu und von den Turbinen im Maschinenhauskeller der Zuckerfabrik Kayseri, Türkei.

Bild rechts: Und wieder eine Zuckerfabrik, diesmal Gruppenbild mit Inbetriebsetzer. Robert Seitz zusammen mit Bedien- und Instandhaltungsmannschaft der türkischen Zuckerfabrik Eregli.

sagt er. Eine andere dauerhafte Bleibe möchte er sich nicht suchen. Das Hotelleben hat es ihm angetan. Flexibel und spontan sein, hier und dort einen Koffer deponieren, viel von der Welt sehen. In Patagonien oder auf den Falkland-Inseln war Seitz noch nie – und er will unbedingt hin. Und ein weiterer Island-Urlaub, dann einmal wieder eine richtige Skandinavienreise. Der Bekannte in Kanada, mit dem Seitz oft noch spät in der Nacht telefoniert, freut sich auch über Besuch, und in Montréal gibt es jedes Jahr ein ausgezeichnetes Jazz-Festival.

Wahrscheinlich ist es mit dem Reisen genauso wie mit seinem Job. „Es heißt bei uns: Entweder man hört in den ersten fünf Jahren auf oder man hört nie mehr auf." Schon jetzt kann Seitz im Urlaub seinen Job nicht vergessen: „Auf den Färöer-Inseln war am Wegesrand ein kleines Wasserkraftwerk, da habe ich beim Fenster reingeguckt und dann mit dem Fernglas die Instrumente abgelesen."

Ich bin stärker, als ich dachte

Viele Situationen haben Claudia Soraya Arango-Endres immer wieder vor eine Wahl gestellt: entweder alleine zu weinen oder aber etwas anderes tun. Sie hat sich für letzteres entschieden.

Text: Pamela Przybylski

Valencia ist mit 1,4 Millionen Einwohnern die drittgrößte Stadt von Venezuela. Aufgrund ihrer Sauberkeit, den gut funktionierenden öffentlichen Einrichtungen und der relativ geringen Kriminalität gilt Valencia als Vorzeigestadt, deren Bevölkerung auch künftig stark ansteigen wird. Im November nahm hier die zweite U-Bahn des Landes auf einer Länge von sieben Kilometern ihren Betrieb auf. Siemens lieferte hierfür die Bahnstromversorgung und die sechsachsigen Gelenkwagen. Claudia Arango betreute mit ihrem Team die Errichtung der Unterwerke.

Dezember 1991. Puerto Escondido, Kolumbien.
Es dämmert. Sechs Uhr abends. Für Claudia Arango ist es die unangenehmste Zeit des Tages: Es ist weder dunkel noch hell. Man sieht kaum noch etwas – zumindest zu wenig, um gemütlich ein Buch zu lesen. Puerto Escondido ist ein kleines, bescheidenes Dorf an der karibischen Nordküste Kolumbiens. Seitdem sie sechs Jahre alt ist, verbringt Claudia ihre Sommerferien hier bei ihrem Vater. Die Eltern leben schon lange getrennt. Fließend Wasser und Strom gibt es in dem kleinen Ort nur zwei Stunden am Tag – von sieben bis neun Uhr abends, wenn es draußen bereits stockfinster ist. Der Dämmerung zuvor ist sie ausgeliefert, ohne Strom, ohne Licht für das Buch. Deswegen mag Claudia die Dämmerung nicht.

Claudias Vater hat gerade einen Teil seines großen Grundstücks an einen befreundeten Elektrotechniker verkauft. Claudia ist 15, sie geht in die zehnte Klasse. Im nächsten Jahr macht sie ihr Abitur. Sie fragt sich, warum es in ihrer Heimatstadt Medellin, wo sie mit ihrer Mutter lebt, 24 Stunden am Tag Strom gibt? Und hier auf dem Land ist man auf ein Aggregat angewiesen, das nur zwei Stunden am Tag arbeitet. Da kommt ihr der neue Nachbar gerade recht. „Er hat mir viel über Stromversorgung erzählt. Da dachte ich mir: ‚Ach, das wäre doch toll, so ein Job‘". In der Schule gehören Mathematik, Physik und Chemie zu ihren besten Fächern. Der Berufswunsch Ingenieurin ist geboren.

„Ich finde es unglaublich, dass sich etwas, was man nicht sehen kann, als Modell darstellen lässt", erklärt sie ihre Neugier für die Technik. „Ich kann sagen: ‚Ich will soundso viel Strom!' Und ich kriege ihn!" Aber Strom ist nicht gleich Strom. Seit dem Studium schlägt Claudias Herz für Hochspannung. „Es ist irgendwie widersprüchlich, weil man vor dieser Kraft der Hochspannung Respekt hat. Gleichzeitig kann man diese riesige Energie aber auch beherrschen, und das macht Spaß."

Ihre Leidenschaft hat Claudia Arango zum Beruf gemacht. Seit zwei Jahren arbeitet sie als Inbetriebsetzungsingenieurin bei Siemens Industry Solutions in Erlangen. Aufgabe dieser Abteilung ist es zu prüfen, ob die Hoch- oder Mittelspannungsschaltanlagen richtig und zuverlässig arbeiten – meist direkt vor Ort auf den Baustellen. „Meine Kollegen sind fast nonstop auf der ganzen Welt unterwegs", erzählt Claudia. Sie haben in Erlangen nicht einmal ein eigenes Büro. Ganz im Gegensatz zu Claudia:

Sie hat ihren eigenen Schreibtisch – zumindest vorübergehend. Seit zwei Jahren koordiniert sie Lieferungen und Leistungen und sorgt dafür, dass die richtige Anlage zur richtigen Zeit am richtigen Ort ist. Viel Organisation bedeutet viel Büroarbeit. „Für die Inbetriebsetzung war ich dann in Venezuela", erzählt sie. Es sollte nicht das letzte Mal sein. „Solche Großprojekte wie der Metro-Bau in Valencia werden häufig aus Kostengründen in kleinere Projekte geteilt und jedes Mal neu ausgeschrieben", erklärt sie.

Als ein Kollege überraschend die Abteilung verlässt, übernimmt Claudia von einem Tag auf den anderen zusätzlich die Bauleitung für die gesamte Stromversorgung der Metro im venezolanischen Valencia. Das bedeutet: Mehr Aufgaben und mehr Verantwortung.

Die Möglichkeit nicht nur im Büro zu sitzen, sondern auch im Ausland zu arbeiten, ist das, was Claudia so an ihrem Job mag. „In jedem Land sind die Arbeitsbedingungen anders. Das macht den Beruf unheimlich spannend", sagt sie.

Januar 1993. Universität Medellin, Kolumbien.
Claudia hetzt die breiten Stufen zur Universität hoch, vorbei an den sandsteinfarbenen Säulen der „Facultad de Minas" (dt.: Fakultät für Bergbau). Sie ist zu spät dran – knapp fünf Minuten. Sie muss zur Einführungsveranstaltung. Vorsichtig öffnet sie die Tür zum Kursraum. Sie schaut hinein, grinst. Innerlich ist ihr aber nicht zum Lachen zumute. Ist sie hier wirklich richtig? 45 Augenpaare starren das zierliche Mädchen an. Claudia ist 17, wirkt aber eher wie eine 13-Jährige. Sie drängt sich durch die Reihen zum einzigen noch freien Platz in der ersten Reihe. Sie spürt die Blicke, die sie verfolgen. Es sind die Blicke ihrer 45 männlichen Kommilitonen. Die Jungs gaffen, lachen sich ins Fäustchen. Mädchen gibt es außer ihr in dem Raum keine. Nach elf Jahren Unterricht an katholischen Mädchenschulen befindet sie sich nun in reiner Männergesellschaft – die nächsten sechs Jahre lang.

„Niemand hatte mir vorher gesagt, dass 98 Prozent der Elektrotechnik-Studenten in Kolumbien Männer sind!", sagt Claudia Arango noch heute völlig entgeistert. Als Frau in ihrem Beruf eine Sonderrolle zu spielen – daran hat sie sich mittlerweile gewöhnt. „Das bin ich!", sagt die 32-Jährige und zeigt lachend auf ein Plakat, das an der Bürowand hängt. Darauf steht sie mit Schutzhelm neben einem Kollegen, einen Bauplan in der Hand, eine Zementfabrik im Hintergrund. Das Plakat soll Ingenieurnachwuchs anwerben. Die knapp 1,60 Meter große Kolumbianerin mit der schlanken Figur, haselnussbraunen Augen, strahlendem Lachen und langen, dunkelbraunen Haaren scheint dafür das perfekte Aushängeschild zu sein.

Nur einmal bekam sie bisher zu spüren, welche Nachteile es haben kann, als einzige Frau auf einer Baustelle zu sein. Nach zwei Monaten bei Siemens geht sie im Oktober 2005 als Informand für drei Wochen nach Interlaken in die Schweiz. Informand zu sein bedeutet, einem erfahrenen Kollegen über die Schulter zu schauen. Doch hier trifft Claudia auf große Skepsis. Eine Frau auf der Baustelle? Er hält Distanz, am Mittagstisch muss sich Claudia dumme Witze anhören. Aber sie verzichtet darauf, die Vorurteile mit aller Macht zu beseitigen. „Man muss nicht kämpfen, um sich zu beweisen", sagt sie. „Ich wollte nicht zwanghaft zeigen, dass ich etwas kann. Durch die Arbeit, die ich geleistet habe, hat er es selbst gesehen." Nach ein paar Tagen ist das Eis zwischen ihr und ihrem Kollegen gebrochen. „Wir verstehen uns bis heute richtig gut", erzählt sie.

Ein kollegiales Verhältnis ist Claudia auch dann wichtig, wenn sie selbst

Claudia Arango-Endres (32) Master of Science in Electrical Engineering, Universität Hannover • derzeit Teilprojektleiterin Bahnelektrifizierung bei verschiedenen Metro-Projekten in Lateinamerika • Haupteinsatzland: Venezuela für Metro Valencia und Metro Maracaibo • Lebensmotto: Schenk' dem Leben ein Lächeln und es lächelt zurück.

Mädchen gibt es außer ihr in dem Raum keine. Nach elf Jahren Unterricht an katholischen Mädchenschulen befindet sie sich nun in reiner Männergesellschaft – die nächsten sechs Jahre lang.

auf der Baustelle das Sagen hat. „Man kann nicht einfach den Chef raushängen lassen", sagt sie überzeugt. Mit kleinen Witzen versucht sie, die Stimmung aufzulockern. „Du musst die anderen Leute als Kollegen sehen, dann akzeptieren sie dich auch als Chefin."

Ihre Karriere soll aber nicht ihr einziger Lebensinhalt bleiben. „Ich möchte Kinder haben", sagt sie. „Für mich ist aber auch klar, dass ich weiter arbeiten möchte." Sie will versuchen, irgendwann Familie und Beruf zu vereinbaren. „Das wäre noch eine neue Herausforderung." Das ist es, was Claudia Arango sucht: Herausforderungen. „Ich habe das Gefühl, dass ich noch sehr viel lernen muss."

Juli 2001. Eine Telefonzelle irgendwo in Magdeburg.

Claudia ist seit einigen Monaten in Deutschland. Sie macht einen Deutschkurs an der Uni Magdeburg. Gerade hat sie Semesterferien. Sie wirft einen Groschen in den Schlitz neben dem Telefonhörer. Ein Handy oder einen Festnetzanschluss hat sie nicht. Sie wählt die Nummer eines Software-Unternehmens in Gomaringen im Landkreis Tübingen. Sie hat sich in den Kopf gesetzt, dort ein Praktikum zu machen. Ihre Hände zittern. Der Geschäftsführer nimmt den Anruf entgegen. Mit nervöser Stimme und in gebrochenem Deutsch versucht sie zu erklären, dass sie gerne einen Praktikumsplatz hätte. „Schicken Sie mir Ihren Lebenslauf", schallt es ihr schließlich entgegen. Zwei Wochen später sitzt sie beim Vorstellungsgespräch, und es klappt.

„Ich kann nicht glauben, dass ich das gemacht habe", erinnert sie sich heute und lacht. „Das war so peinlich. Aber ich wollte in den Semesterferien nicht zu Hause herumsitzen." Und ein bisschen Berufspraxis schadet nie. Claudia ist schließlich nicht einfach nur zum Deutschlernen nach Magdeburg gekommen. Sie hat ein anderes Ziel: ein Masterstudium. Die Zusage für den Studiengang Mechatronik an der Uni hat sie schon von Kolumbien aus ergattert. Aber bevor sie studieren kann, muss sie ihr Deutsch aufbessern. Die Studienplatzzusage kam im Paket mit einem Sprachkurs.

Die Firma, in der sie ihr Glück als Praktikantin versuchen will, ist keine Zufallswahl: Die Software für Netzsimulationen des deutschen Unternehmens

Bild oben: Claudia Arango ist in Medellín aufgewachsen. Ein vertrautes Bild war dabei die Metro de Medellín, die einzige S-Bahn Kolumbiens.

Bild unten: Während der Sommermonate kann es in Venezuela – und besonders in Maracaibo – unerträglich heiß werden. Ein schattiger Platz für die Schach-Partie ist heiß begehrt.

kennt Claudia bereits aus Kolumbien. Drei Jahre lang hatte sie in ihrer Heimatstadt Medellin als Design- und Inbetriebsetzungsingenieurin gearbeitet. Dann wollte sie aber einfach nur noch weg. „In Kolumbien war für mich die Welt ein bisschen klein. Ich hatte eine andere Vision vom Leben." Hinzu kamen die in ihrer Heimat allgegenwärtigen Klischees und Stereotype: als Frau heiraten und Kinder haben zu müssen, der Drang, immer der neuesten Mode zu folgen, der große Wert von Äußerlichkeiten. „Ich hatte andere Interessen und wollte die Welt da draußen entdecken".

Zunächst weiß sie nicht, wo genau sie zum Masterstudium hingehen soll. Sie schwankt zwischen Deutschland und Brasilien. „Aber in Brasilien ist die Kultur so ähnlich." Deutschland und Elektrotechnik – das passt zusammen. „Es ist das Mekka für Elektrotechnik", lacht sie. Außerdem hatte es auch ihre ein und zwei Jahre älteren Schwestern Laura und Johanna bereits zum Studieren nach Deutschland verschlagen. Laura studiert Maschinenbau in Magdeburg. Also ab in die Landeshauptstadt Sachsen-Anhalts. Statt Mechatronik würde Claudia aber lieber Energietechnik studieren. Einen passenden Studiengang findet sie in Hannover. Im März 2002 schließt Claudia ihren Deutschkurs in Magdeburg ab und wechselt nach Niedersachsen.

April 2002. Universität Hannover, Deutschland. Erste Vorlesung.

Etwa 70 Studenten im Hörsaal. Claudia sitzt in der ersten Reihe „neben den Chinesen und ein paar Afrikanern". Die Reihen dahinter sind leer. Erst weiter hinten sitzen die deutschen Studenten – weit genug weg vom Professor, um „essen, SMS schreiben oder quatschen" zu können. Es ist Claudias erste Veranstaltung im Masterstudiengang „Elektrotechnik und Informationstechnik". Thema: elektromagnetische Felder. „Das kann man nicht beim ersten Mal verstehen", schnauft sie noch heute. „Das ist superschwer, sogar an der Uni in Kolumbien hatte ich Schwierigkeiten, den Inhalt zu begreifen." Konzentriert starrt Claudia auf den Professor, neigt ihren Kopf angestrengt nach vorne, um vielleicht doch zu verstehen, was er erklärt. Aber die Lage ist aussichtslos. In den Gleichungen, die der Projektor an die Wand wirft, wimmelt es von Variablen, Summenzeichen und zig weiteren Kennzahlen. „Der Professor war sehr gut, aber am Anfang habe ich ihn einfach nicht verstanden", erinnert sich Claudia. „Ich wollte nur weglaufen."

Auch das Vokabular macht der Kolumbianerin zu schaffen. „Auf Spanisch heißt es ‚voltaje', auf Englisch ‚voltage'. Aber warum verdammt noch mal heißt es im Deutschen ‚Spannung'?!" Ganz allein versucht sie sich durch den Wust an Fachvokabular zu kämpfen. Kontakt zu Deutschen hat sie nicht. Von Kolumbien war sie es gewohnt, in Gruppen zu lernen, die Deutschen erscheinen ihr als Einzelgänger. Niemand kommt auf sie zu, spricht sie an. „Deutsche sind nicht unfreundlich", sagt sie heute. „Aber am Anfang habe ich das gedacht, weil sie so verschlossen und schüchtern sind." Mittlerweile weiß sie die deutsche Mentalität zu schätzen: „Es ist schwer, an einen Deutschen heranzukommen, aber wenn er dich erstmal in dein Herz geschlossen hat, dann ist er immer für dich da."

Claudia Arango hat nie bereut, ihrem Heimatland den Rücken gekehrt zu haben. Sie hat vieles gelernt über ihren Beruf – aber vor allem über sich selbst. Nach einigen Jahren fernab der Heimat weiß sie: „Ich bin stärker, als ich gedacht habe. Als ich noch in Medellin war, hatte ich so etwas wie Angst vor dem Leben. Angst davor, den Job zu verlieren. Angst vor einer ungewissen Zukunft." Auch Angst, in einem Männerberuf nicht bestehen zu können? „Nein, das nicht." An ihrer Berufswahl hat sie trotz allem nie gezweifelt.

„Auf Spanisch heißt es ‚voltaje', auf Englisch ‚voltage'. Aber warum verdammt noch mal heißt es im Deutschen ‚Spannung'?!"

Bild oben: Die Metro von Valencia wurde im Novermber 2007 im Betrieb genommen. Hauptaufgabe von Claudia Arango war die Teilprojektleitung für die Energieversorgung der U-Bahn.

Bild rechts: Mittelspannungsschaltanlage, wie sie häufig zur Stromversorgung von Bahnprojekten installiert wird.

Mai 2005. Institut für Energieversorgung an der Universität Hannover, Deutschland.

Nur noch knapp ein Monat fehlt Claudia Arango bis zum Abschluss. Im neunten Stock des Institutsgebäudes hat sie ein Büro. Dort schreibt sie ihre Masterarbeit. Sobald sie fertig ist, will sie „endlich praktisch anwenden", was sie gelernt hat. Ursprünglich wollte sie nach dem Studium unbedingt wieder zurück nach Kolumbien. Diesen Plan hat sie verworfen. „Wenn du erstmal zwei Jahre lang nicht zu Hause warst, dann hast du auch kein Heimweh mehr", lautet ihre Theorie. Nun hat sie sogar schon einen Job in der Tasche: vier Bewerbungen, nur eine Absage, Bewerbungsgespräche und schließlich die Zusage bei einer Energiefirma. Eine Bewerbung bei Siemens schien ihr unsinnig. „Also Siemens? Nein! Wie kann ich einen Job bei Siemens kriegen? Das schaffe ich nicht", sagte sie damals.

Die Siemens-Anzeige am schwarzen Brett der Uni sieht sie nicht. Erst ihr Freund Martin, den sie im Mai 2007 geheiratet hat, macht sie darauf aufmerksam. „Guck mal, das bist du!". „Wir suchen: System-Inbetriebsetzungsingenieur/in – Hochspannungsschaltanlagen, Netzschutzsysteme" ist auf dem grau hinterlegten Zettel gedruckt. Von „internationalen Teams", „weltweiten Einsätzen" und „weiteren Sprachkenntnissen" ist die Rede. „Für mich klang das wie ein Traum", erinnert sich Claudia Arango. Die Vorstellung, zeitweise vielleicht sogar für oder in Kolumbien arbeiten zu können, überwältigt sie. „Ich liebe mein Land und möchte daher etwas zurückgeben. Ich habe ja auch meine Ausbildung in Kolumbien gemacht." Sie schickt eine Bewerbung los. Drei Tage später erhält sie einen Anruf und die Einladung zum Vorstellungsgespräch. Sie bekommt den Job.

Nach Schulungen in Erlangen und ihrem ersten Auslandstrip in die Schweiz programmiert sie in Deutschland Schutzgeräte für Anlagen im Irak, Saudi-Arabien und Russland. „Schutzgeräte sind wie intelligente Sicherungen, nur viel größer", erklärt sie. Tritt ein Fehler – beispielsweise ein Kurzschluss – auf, erkennt ihn das Schutzgerät. Damit der Rest des Versorgungsnetzes

Bild oben: Wartungsarbeiten an der Fahrleitung der Metro Maracaibo.

Bild Mitte: Claudio Arango in mitten ihrer Arbeitskollegen aus Erlangen. Solche Bilder sind selten und werden nur zur IS-Fachtagung aufgenommen, wenn alle Ingenieure von ihren weltweiten Baustellen zurückkommen.

Bild unten: Aufgenommen im Gleisbett der Metro von Maracaibo. Leider stand auf der Baustelle für Claudia Arango nur eine XXL-Sicherheitsweste zur Verfügung.

verschont bleibt, trennt das Schutzgerät das fehlerhafte Teilnetz davon ab. Da jedes Netz anders ist, müssen auch die Schutzgeräte auf jedes Netz neu abgestimmt werden. Ingenieure programmieren die Geräte daher. „Projektierung" heißt das. Kurze Zeit später hat Claudia erstmals ihr eigenes Projekt im Ausland, so wie sie sich es erhofft hatte.

Wieder in Kolumbien zu leben und zu arbeiten, kann sie nicht mehr vorstellen. Aufblühende Pflanzen im Frühling, ein geregelter Busfahrplan, nachts ohne Angst allein nach Hause gehen zu können – diese Eindrücke von Deutschland begeistern die Kolumbianerin noch heute. So etwas gibt es in ihrem Heimatland nicht. Und auch die Arbeitsbedingungen sind anders: „Ich weiß zu schätzen, was andere vielleicht nicht schätzen können. In Kolumbien hat uns der Chef ständig kontrolliert, hier wird einem mehr Vertrauen entgegengebracht." Dadurch sei sie viel zufriedener als andere – nicht nur im Beruf. „Ich beschwere mich nicht, weil zum Beispiel das Essen nicht schmeckt." Grund dazu hätte sie nach ihrem Geschmack allemal. „Ich mag deutsches Essen nicht", sagt sie mit einem Augenzwinkern. Sie senkt ihren Kopf. „Ich mag kein Schäufele", flüstert sie. „Aber wenn du das laut sagst, kannst du einen Franken verletzen." Sie lacht.

November 2007. Ein Stadtviertel in Valencia, Venezuela.

Mit Kochlöffeln trommeln sie auf Töpfe und Pfannen. Ein durchdringender Lärm begleitet die Gruppe von etwa 20 Leuten. Einige halten Steine in ihren Händen – wurfbereit. Sie steuern auf das Umspannwerk zu. Seit elf Stunden sind die Venezolaner, die in der Nähe der Anlage wohnen, ohne Strom. Geräte müssen umgebaut, neue Kabel gelegt werden. Dafür haben Claudia und ihr Team den Strom abschalten lassen. Geplant waren sechs Stunden, aber jetzt hat es doch länger gedauert. Und so lassen die Menschen ihrem Frust freien Lauf. Polizeischutz oder Unterstützung durch Soldaten ist aber nicht notwendig. Claudia und ihr Team haben Glück. Die Anwohner bleiben friedlich. Ein mulmiges Gefühl hat sie trotzdem. Die Anwohner geben an diesem Tag erst Ruhe, als sie wieder Strom haben.

„Bei diesem Projekt war alles sehr, sehr besonders", amüsiert sich Claudia heute – auch wenn der Aufstand der Anwohner zu den weniger schönen Erinnerungen gehört. Von Anfang an hat der Metro-Bau in Valencia Claudias Nerven gekostet und Improvisationstalent gefordert. Als der Präsident für eine Testfahrt in die Metro steigt, feiert er das schon als offizielle Inbetriebnahme der Bahn. Rein technisch ist aber ein durchgehender Betrieb noch nicht möglich. Dennoch fährt die Metro von nun an jeden Tag vier Stunden früh morgens und vier Stunden nachmittags. Das Team fügt sich dem Wunsch des Präsidenten. „Das kam sehr überraschend und wir mussten improvisieren. Denn man kann nur arbeiten, wenn kein Strom fließt. Also wenn die Bahn steht", sagt Claudia.

Für Claudia Arango geht die Arbeit unter den veränderten Bedingungen weiter. „Eingeplant waren solche Ereignisse nicht. Aber man rechnet damit", sagt sie und lacht. „Ich versuche jeden Moment zu genießen, egal wie schwierig er ist." Dann lacht sie wieder. Eigentlich lacht Claudia Arango immer. Oder sie lächelt. „Ich glaube, das habe ich mit der Zeit gelernt", erklärt sie. Viele Situationen in Deutschland, in denen sie mit Sprachproblemen oder Einsamkeit kämpfen musste, haben sie immer wieder vor eine Wahl gestellt: „Ich konnte alleine weinen oder aber etwas anderes tun." Sie hat sich für letzteres entschieden.

1 + 4 Die Stadt Maracaibo plant den Bau eines Stadtbahnnetzes mit vier Strecken von insgesamt 60 Gleiskilometern. 2007 wurde der erste Abschnitt der Linie 1 mit einer Länge von 6,9 Kilometern und sechs Haltestellen in Betrieb genommen. Die Anfangskapazität liegt bei 6000 Fahrgästen pro Stunde und Richtung oder ca. 250.000 Fahrgästen pro Tag. Im Endausbau wird die Linie 1 etwa 14 Kilometer lang sein.

2 Im Führerstand einer Metro. Das Display gibt dem Fahrer einen Überblick über die aktuellen Zugdaten.

3 Inbetriebsetzung der Hochspannungsschaltanlage für die Metro in Valencia, Venezuela. Claudia Arango zusammen mit Kunden und Kollegen.

5 Auf dem Fruchtmarkt von Bogotá mit seinen typisch kolumbianischen Früchten.

6 Blick von den Monserrate Bergen auf Bogotá. Im Vordergrund links das Kloster, im Hintergrund links die Guadalupe Berge.

7 Puerto Escondido, wo Claudia Arango jedes Jahr ihre Sommerferien verbrachte und die schlechte Stromversorgung der Auslöser war, Elektrotechnik zu studieren.

8 Universität Hannover. Am Institut für Energieversorgung absolvierte Claudia Arango ein Aufbaustudium in Energietechnik.

124

Drei Seelen wohnen, ach! in meiner Brust

Wenn Jürgen Rossmann von einem Auslandseinsatz nach Hause kommt, begrüßt er zuerst seine Frau, dann geht er in sein Arbeitszimmer und versetzt die rote Nadel in der Weltkarte wieder in die Mitte Bayerns. „,Heimat' ist für mich die Welt, aber ,Daheim' ist, wenn die rote Nadel wieder in Gunzenhausen steckt.

Text: Karin Janker

Bizarre Gebirgslandschaften und Steinwüsten. Vorbei an von Krieg zerstörten Dörfern und versteckten Oasen. Immer wieder erinnerten rote Steinhaufen am Straßenrand daran, dass man hier nicht anhalten und rumlaufen durfte, da die Gegend noch vermint war.
Mit Stolz zeigte das Kraftwerkspersonal Jürgen Rossmann, wie sie die Anlage über die Jahre am Laufen gehalten hatten, und die Aussicht auf umfangreiche Neuerungen führte nur dazu, dass immer mehr Leute am Kurs teilnehmen wollten, so dass aus den anfangs 11 Teilnehmern sehr schnell 25 wurden.

Ständig auf Abruf ...

In der Mitte der Weltkarte steckt eine rote Nadel. Um sie herum rund 150 weitere Nadeln mit grünen, blauen, weißen und gelben Köpfen. Sie markieren die Orte, an denen Jürgen Rossmann schon gearbeitet hat. Europa, Nordamerika, Südamerika, Afrika, Asien und Australien sind mit Stecknadelköpfen übersät. Die rote Nadel zeigt an, in welchem Teil der Welt sich Rossmann gerade befindet. Jetzt steckt sie in der Mitte Bayerns, etwa auf halber Strecke zwischen München und Nürnberg, in Gunzenhausen. Hier wohnt Jürgen Rossmann. Der 56-Jährige steht vor der großen Weltkarte, die an der Wand seines Arbeitszimmers hängt. Der Raum ist wie der Rest des kleinen Hauses mit Reiseandenken geschmückt. Alles Souvenirs, die Rossmann von seinen Dienstreisen als Ingenieur für Siemens Industry Solutions mit nach Hause gebracht hat.

Seit dreißig Jahren ist Rossmann auf allen Kontinenten unterwegs, früher als Inbetriebsetzer in der Montage-Abteilung, heute vor allem als Fachmann für Maschinendiagnose. Diese Arbeit kostet Kraft, Rossmann muss immer auf Abruf bereitstehen. Klingelt sein Handy, kann es sein, dass er wenige Stunden später im Flugzeug nach Singapur, in die USA oder den Oman sitzt. Jedes Mal bevor er das Haus verlässt, geht Rossmann kurz nach oben in sein Arbeitszimmer, nimmt die rote Stecknadel aus der Mitte der Karte und setzt sie in das Land, in dem sein Flugzeug in einigen Stunden landen wird.

Der Entdecker

Jürgen Rossmann wäre auch gerne Koch geworden, aber seine Reiselust war dann doch stärker als die Lust am Kochen. „Außerdem kann man ein guter Hobbykoch sein, aber kein Hobby-Ingenieur", erklärt er. Und so entschied sich der gebürtige Berliner zunächst für eine Ausbildung zum Maschinenbauer in einer Werft in Bremerhaven. Anschließend machte er das Fachabitur und ging für ein Studium zum Elekromaschinenbau-Ingenieur nach Bremen. Schon in seiner Jugend verspürte Rossmann großes Fernweh und er genoss die drei Monate, die er während seiner Ausbildung auf See verbringen musste. „Es hat mich schon damals gereizt, einfach mal wegzukommen", erzählt Rossmann. Besonders faszinierten ihn bereits in jungen Jahren die Abenteuergeschichten von Karl May – vor allem „Der Schut" und andere, die im arabischen Raum spielen. Die Bücher hat Rossmann auch heute noch in seinem Regal im Wohnzimmer stehen. Im Gegensatz zu früher, als er nur über die Abenteuer des Kara Ben Nemsi lesen konnte, ist er heute selbst auf den Spuren seiner Jugendhelden unterwegs und hat fremde Länder und Kulturen kennen gelernt.

Sein erster Auslandseinsatz als Ingenieur bei Siemens führte Jürgen Rossmann in die Vereinigten Arabischen Emirate. Auf einer Baustelle in Al-Ain sollte der damals 26-Jährige Dieselgeneratoren in Betrieb setzen. Der Name der Stadt sagte ihm allerdings überhaupt nichts. „Also hab ich erst einmal meinen alten Schulatlas herausgeholt und nachgeschlagen. Und da stand dann bei Al-Ain als Landesbezeichnung ‚Piratenküste'. Als ich das meiner Mutter erzählt habe, hat sie die Hände über dem Kopf zusammengeschlagen", erinnert sich Rossmann schmunzelnd.

Mittlerweile hat er zwischen Australien und Chile, zwischen Japan und Kanada viel gesehen und erlebt. Er freut sich besonders, wenn er dabei Kontakt zur einheimischen Bevölkerung knüpfen kann. Oft gibt es Einladungen zum Abendessen vom Kunden, in dessen Fabrik er die Maschinen prüft. Wenn er dann als Gast am Tisch sitzt, hat Rossmann eine grundsätzliche Devise: „Das Einzige, was ich nicht esse, sind Lebensmittel, die sich selbstständig von meinem Teller entfernen." Dabei erinnert er sich besonders lebhaft an Raupen, die man ihm in Indonesien vorsetzte. Auf einer Baustelle in Zaire hat er gelernt, wie man ein Schwein schlachtet und Wurst daraus macht. Solche Kenntnisse und eine gewisse Neugier können die Arbeit als Ingenieur im Auslandsdienst um einiges einfacher und angenehmer machen.

Beeinflusst durch die Erfahrungen, die er in den armen Ländern der Welt gemacht hat, entwickelte Rossmann eine tolerante politische Einstellung. Bis Ende der 90er-Jahre engagierte er sich in einer Ortsgruppe des Arbeitskreises „Pro Asyl", der sich für den Schutz von Flüchtlingen und Migranten einsetzt. Mittlerweile hat er für dieses Engagement jedoch keine Zeit mehr. Er ist zuviel unterwegs, als dass er in einem Verein sinnvoll mitarbeiten könnte. Nachdem er fast die ganze Welt bereist hat, möchte sich Rossmann selbst nicht mehr auf so einen engen Begriff wie Staatsbürgerschaft festlegen: „Ich fühle mich eigentlich mehr als Weltbürger." Durch seine Arbeit im Ausland und das ständige Reisen erscheinen ihm Staatsgrenzen zunehmend unwichtiger.

Mit seinem Fernweh und seiner Leidenschaft, im Ausland zu arbeiten, hat er auch seinen ältesten Sohn angesteckt. Mit seiner ersten Frau hat Rossmann zwei Kinder, seine jetzige Frau brachte vier Kinder mit in die Ehe. „Insgesamt hab' ich sechs Kinder und drei Enkelkinder", erzählt Rossmann fröhlich. Den ältesten Sohn er hat früher so oft wie möglich auf Baustellen ins Ausland mitgenommen. Die Situation sei damals relativ schwierig gewesen und sein Sohn habe ihn bestimmt oft vermisst, sagt Rossmann. Dennoch ist sein Sohn jetzt in die Fußstapfen des Vaters getreten. Er arbeitet ebenfalls bei Siemens im Außendienst, wenn auch in einem anderen Bereich.

Ein Leben, bei dem man ständig auf Achse ist und neue Länder entdeckt, scheint also nicht nur in Karl Mays Romanen seine Reize zu entfalten. Jürgen Rossmann beschreibt sein Leben mit einem Stück des Liedermachers Hannes Wader: „Heute hier, morgen dort, bin kaum da, muss ich fort." Aber er wird bei diesem Text nicht melancholisch. Für ihn ist es immer wichtig gewesen, Neues zu entdecken. Und so bleibt Rossmann auch im Urlaub nicht zu Hause. „Meine Frau und ich reisen dann am liebsten in Deutschland, meistens an die See." In seiner Heimat Gunzenhausen, das im fränkischen

Jürgen Rossmann (56)
Dipl.-Ing für Elektomaschinenbau, Instandhaltungsfachingenieur ● Hauptaufgabenbereich: Service von rotierenden Großmaschinen (Motor, Generator) weltweit ● Bisher in über 150 Ländern der Welt tätig gewesen ● Lebensmotto: Wir leben alle unter dem gleichen Himmel, aber wir haben nicht alle den gleichen Horizont. (Konrad Adenauer)

Bild oben: Der Weg zu den Anlagen führt nicht immer über eine breite Teerstraße, machmal erfordert der Zugang auch Schwindelfreiheit (und das nicht nur wie hier in Malaysia).

Bild unten: Auf jeder Reise sollte man sich auch etwas Zeit nehmen, um ein bisschen Tourist zu spielen, und die Sehenswürdigkeiten betrachten wie hier in Peking.

Seenland liegt, gefällt es dem ehemaligen Schiffsbauer deshalb recht gut. Außerdem komme er ja auch oft genug wieder weg – schließlich verbringt er ungefähr zwei Drittel des Jahres im Ausland.

Der Maschinendoktor

Wenn Jürgen Rossmanns Handy klingelt und ein Kunde von Siemens anruft, ist meistens Eile geboten. Dann steht irgendwo in einer Fabrik eine Anlage still oder ein Kraftwerk liegt lahm. Rossmann soll kommen und herausfinden, warum die Maschine defekt ist. Sein Spezialgebiet ist die Maschinendiagnose. Was klingt wie bei einem Arztbesuch, gehört zur Arbeit des Ingenieurs. Mit Kisten voller Messinstrumenten, die durchschnittlich 150 Kilogramm, manchmal aber auch mehrere Tonnen wiegen, macht sich Rossmann so schnell wie möglich auf den Weg zum Flughafen. Mit dem Flugzeug geht es dann zur Endoskopie in den Oman oder zur Schwingungsanalyse nach China. Tatsächlich ergeben sich bei der Schwingungsanalyse eines Antriebes Kurven wie beim EKG eines Menschen. „Meine Frau arbeitet im Krankenhaus und wir könnten eigentlich die beiden Kurven, die von der Maschine und die eines Menschen, fast übereinander legen", behauptet Rossmann. Aus den Kurven kann er ablesen, ob die Anlage einen Fehler hat und wenn ja, welchen. Den elektrischen Teil des Antriebes prüft er, indem er unterschiedlich hohe Spannungen anlegt. Daraus kann er dann Vorhersagen über die Alterung einer Maschine entwickeln.

Die Patienten, zu denen er im Notfall gerufen wird, sind Zementanlagen, Papierfabriken, Brauereien, Walzwerke oder Kraftwerke. Wegen der enormen Ausmaße vieler Maschinen steht Rossmann als Maschinenprüfer allerdings immer wieder vor größeren Schwierigkeiten. Wie zum Beispiel bei der Prüfung einer Turbine im Drei-Schluchten-Stausee in China, die einen Durchmesser von 22 Metern hat und deren drehender Teil so viel wiegt wie

Bild oben: Nach einem langen Tag im Wasserkraftwerk Assuan wird man belohnt durch den herrlichen Ausblick vom Hotel aus über den Nil.

Bild unten: Alle zwei Wochen machte sich Jürgen Rossmann mit seiner Familie auf die Reise. Vom Dschungelcamp im Herzen Malaysias ging es zur Küste nach Penang. Dort wurde nicht nur für die nächsten Wochen eingekauft, sondern auch Sehenswürdigkeiten besucht wie Kek Log Si.

vier Jumbojets. Dieser Turbosatz musste vor Ort nach der Methode eines Kernspintomographen untersucht werden. „Das heißt, man muss ein dickes Kabel mehrmals um den Generator wickeln und dann das Ganze mit sehr viel Strom magnetisieren", erklärt Rossmann. Das Kabel hatte einen Durchmesser von etwa zehn Zentimetern und sollte 42 Mal um den Generator gewickelt werden. „Um solch ein dickes, starres Kabel zu ziehen, haben neben dem Generator, auf dem Generator und hinter dem Generator insgesamt 400 Chinesen gestanden, weil das unheimlich schwer war. Ein Meter Kabel wog ungefähr 100 Kilo und die ganze Rolle stand auf einem Tieflader", erinnert er sich.

Meistens ist seine Arbeit aber weniger kraftaufwändig, sondern vielmehr detektivisch. Um Fehler in einer Anlage zu finden, muss Rossmann konzentriert arbeiten und braucht vor allem Durchhaltevermögen. „Früher habe ich abends im Bett oft gegrübelt, wo der Fehler liegen könnte. Inzwischen habe ich gelernt, auch einfach mal abzuschalten und abends im Hotel ein Buch zu lesen", sagt Rossmann. Allerdings ist jeder Einsatz für ihn immer noch eine Herausforderung, schließlich ist kein Fehler gleich und oft muss man lange nach der Störungsquelle suchen. Aus Erfahrung weiß er allerdings, dass etwa achtzig Prozent aller Fehler auf menschliches Versagen zurückzuführen sind.

Aber ein Maschinendoktor macht auch selbst Fehler – und verdunkelt dadurch manchmal ein ganzes Land. Bei Jürgen Rossmann waren es schon vier Länder, denen er „aus Versehen" den Strom abgeschaltet hat: Abu Dhabi, Malaysia, Chile und Zaire. In Zaire sollte der Lastabwurf eines Generatorblockes geprüft werden. Lastabwurf ist eine Leistungsprüfung, bei der schlagartig das gesamte Netz abgeschaltet wird und die Turbine plötzlich frei dreht. Dann greifen automatische Sicherungstechniken, um das gesamte Kraftwerk in einen kontrollierten Zustand zurückzubringen. Allerdings bedeutet ein solcher Lastabwurf eine große Belastung für das gesamte Netz, und so gab es danach in Zaire einen Black-out im ganzen Land. „Das war damals besonders schlimm, weil in dem Moment gerade ein Neffe des Präsidenten Mobutu auf dem Operationstisch lag. Der Notstromdiesel sprang nicht an und es gab dadurch Komplikationen bei der Operation. Deswegen hatten wir zwei Tage später einen neuen Kraftwerksleiter und das Krankenhaus einen neuen Chef", erzählt Rossmann, für den der Vorfall keine größeren Konsequenzen hatte.

Auch der Kraft der Natur ist Rossmann bei seiner Arbeit bisweilen ausgeliefert. Einmal arbeitete er in Chile unter der Erde im Kavernenkraftwerk Colbun, als ein starkes Erdbeben die Anlage erschütterte. „Da wird es einem dann schon ein wenig mulmig", erzählt er. Einen Wert von 6,9 erreichte das Beben auf der Richterskala, monatelang gab es immer wieder Nachbeben. Trotzdem ließ sich Rossmann nicht von der Arbeit abhalten – auch wenn durch die Erdbeben der Stollen hätte einbrechen können. „Wenn man unter der Erde ist, sind Erdbeben zwar nicht sehr angenehm, aber am unangenehmsten ist es, wenn man gerade im Bett liegt", scherzt er heute.

Die Kraft, seine Arbeit trotz der Gefahren und der großen Verantwortung auch nach drei Jahrzehnten immer noch gerne zu machen, schöpft Rossmann aus seinem Beruf selbst. Nach wie vor faszinieren ihn besonders die enorme Größe der Maschinen und die beinahe kriminalistische Suche nach einer Störungsquelle. „Und am schönsten ist dann natürlich die Befriedigung, wenn man den Fehler gefunden hat und das Problem lösen konnte."

1 + 2 Überall trifft der Reisende auf Zeugen des 25 Jahre andauernden Krieges. Die Menschen wollen Frieden und geben diesem Wunsch Ausdruck, in dem sie vor der Moschee weiße Tauben fliegen lassen.

3 Theoretischer Unterricht im Kraftwerk Sarobi in Afghanistan.

4 Bei den Besuchen in den verschiedenen Kraftwerken in Afghanistan reicht es nicht, sich nur beim Kraftwerksleiter vorzustellen. Als Gebot der Gastfreundschaft war es wichtig auch mit dem Stammesältesten eine Tasse Tee zu trinken.

5 Wenn man sich quer durchs Land bewegt, ist es notwendig einen zuverlässigen Übersetzer (li.) zu haben. In Afghanistan war es ein junger Ingenieur von der Siemens-Landesgesellschaft. Fahrer Rashid (re.) versuchte auf den Landstraßen Afghanistans immer zu beweisen, dass er besser als Michael Schumacher ist und so schnell, dass er jeder Gewehrkugel davonfährt.

Der Lehrer

Neben Entdeckerlust und technischer Begeisterung gibt es für Jürgen Rossmanns Beruf aber zwei weitere Voraussetzungen: pädagogisches Talent und diplomatisches Feingefühl. In China hilft ihm sein mittlerweile graues Haar, um als Autorität anerkannt zu werden. Aber ohne Diplomatie geht es auch in Asien nicht. Rossmann muss die Landessitten nicht nur kennen, sondern auch auf sie eingehen. Abergläubische Busfahrer in Indien, eine gewisse Reserviertheit in den europäischen Nachbarländern und fünfmal täglich das Gebet Richtung Mekka in muslimischen Ländern – all das sind Dinge, an die sich Rossmann gewöhnen musste. „Man muss die Landessitten und Gebräuche einfach akzeptieren und darauf Rücksicht nehmen und kann nicht einfach sagen ‚Jetzt machen wir's aber anders'", erklärt er und fügt hinzu, dass er auch schon aufbrausende Kollegen kennen gelernt habe, die dann den Job nicht lange gemacht hätten. Denn wichtig sei vor allem Geduld.

Für das Finden eines Fehlers ist auch das Gespräch mit dem Kunden und dem Personal vor Ort entscheidend. Manchmal muss Rossmann dabei sehr behutsam vorgehen. In vielen Ländern darf man nicht zu direkt fragen, um

> „Man muss die Landessitten und Gebräuche akzeptieren und kann nicht einfach sagen ‚Jetzt machen wir's aber anders.'"

die Leute nicht vor den Kopf zu stoßen. „Dass es ganz normal ist, Fehler zu machen, ist nicht in allen Kulturen so akzeptiert. Darum ist es oft sehr schwierig, den Verantwortlichen für die Störung einer Anlage ausfindig zu machen." Aber gerade das ist wichtig, damit der Fehler nicht noch einmal auftritt und das Personal aus den gemachten Fehlern lernen kann. Das Verhindern neuer Störungen gehört schließlich auch zu seiner Arbeit.

Seine pädagogischen Fähigkeiten konnte Jürgen Rossmann auch als Ausbilder im In- und Ausland immer wieder unter Beweis stellen. In Singapur arbeitete er am Aufbau eines Systems der gewerblichen Bildung mit und lehrte sechs Monate als Gastprofessor an einer Hochschule für Ingenieure. „Dieses Semester in Singapur war eine wunderschöne Zeit, am liebsten wäre ich nie wieder von dort weggegangen", erinnert sich Rossmann. Er wohnte damals auf dem Campus der Hochschule und hatte guten Kontakt zu seinen Schülern.

2004 war er außerdem drei Monate lang als Ausbilder für Ingenieure in Afghanistan. Einen bleibenden Eindruck hinterließen bei Rossmann die ehemals sehr prächtige Stadt Kabul und die Offenheit der Menschen in der Provinz Wardak. In diesem Landstrich im Zentrum von Afghanistan bildete er Ingenieure in einem Kraftwerk aus. „Die Menschen im Wardak sind sehr freundlich und aufgeschlossen gegenüber Fremden, sie sind ganz anders als die Taliban", erzählt Rossmann. Viele der afghanischen Ingenieure hätten ihre Ausbildung in Deutschland gemacht und seien gute Schüler gewesen. Rossmann erinnert sich vor allem an ein Erlebnis: „Als ich zu den Leuten gesagt habe, dass sie jetzt neue Computer bekommen, die sie auch bedienen müssen, ist ein älterer Herr mit schneeweißem Haar aufgestanden und hat gesagt: ‚Das ist kein Problem. Ich war schon vor zwei Wochen in Kabul, habe sieben Ziegen verkauft und mir davon einen Computer gekauft. Wir üben schon.' Das war für mich ein Schlüsselerlebnis in meiner Tätigkeit als Ausbilder."

Die Aufgeschlossenheit, die ihm in der Provinz Wardak begegnete, beeindruckte Rossmann und bestätigte ihn in seiner Arbeit, auch wenn die drei Monate in Afghanistan keine einfache Zeit waren. „Immer wenn wir unterwegs waren, musste ich im Auto hinten in der Mitte sitzen, links und rechts neben mir saßen Männer mit Gewehren auf dem Schoß. Das war schon ein bisschen ungewohnt." Der Wunsch, seine Erfahrungen weiterzugeben, war jedoch stärker als die Angst. „Ich versuche Erfahrungen und Wissen aufzunehmen und an Kollegen weiterzugeben, das ist meine Aufgabe als Chefingenieur", erklärt Rossmann, schließlich lebe ein Unternehmen vom Know-how seiner Mitarbeiter.

Nicht nur im Ausland war Rossmann als Lehrer und Ausbilder tätig. Als sein ältester Sohn in die Schule kam, übernahm Rossmann die Leitung des Siemens-Zentrums für gewerbliche Bildung in Erlangen, um so viel wie möglich bei seiner Familie zu sein. Aber auch während dieser sechs Jahre gab es Einsätze in Singapur und Miami. „Etwas richtig Ortsfestes hab' ich eigentlich nie gemacht – und wollte ich auch nie." Es zieht ihn immer wieder weg, hinaus in die Welt. Er sucht ständig nach neuen Herausforderungen und bleibt dadurch immer flexibel, erklärt er.

Diese Flexibilität sieht Rossmann neben Offenheit gegenüber anderen Menschen und technischem Wissen als wichtige Voraussetzung für junge Menschen, die in seinem Beruf arbeiten möchten. „Leider findet man diese Eigenschaften bei Bewerbern relativ selten", gibt Rossmann zu. Er hat selbst schon viele Bewerbungsgespräche mit jungen Ingenieuren geführt, oft mit

Bild oben: Nicht immer sind die Motore sehr groß, aber trotzdem bewegen sie riesige Ungetüme wie beim weltgrößten Hersteller von Containerkranen in Schanghai.

Bild Mitte: In China ist der Beruf des Elektrikers hauptsächlich ein Frauenberuf. Jürgen Rossmanns IBS Mannschaft im Wasserkraftwerk Taijan, China.

Bild unten: Büroplätze sind nicht überall verfügbar. Selbst ist der Ingenieur und gestaltet seinen Arbeitsplatz so bequem wie möglich.

demselben Ergebnis: Viele wollen ihre Freunde oder ihren Partner nicht für so lange Zeit verlassen. „Natürlich leiden soziale Beziehungen unter diesem Beruf und es ist viel Arbeit, Freundschaften aufrechtzuerhalten." Für ihn gab es allerdings nie eine ernstzunehmende Alternative, der Drang zum Reisen und Entdecken und die Freude an technischen Herausforderungen haben bisher noch nicht nachgelassen. Seinen Beruf aufzugeben, könnte sich Rossmann im Moment überhaupt nicht vorstellen. „Solange mir der Job Spaß macht, möchte ich das auch noch weiter machen."

... wieder daheim.

Wenn Jürgen Rossmann von einem Auslandseinsatz nach Hause kommt, begrüßt er zuerst seine Frau, dann geht er in sein Arbeitszimmer und versetzt die rote Nadel wieder in die Mitte Bayerns. „,Heimat' ist für mich die Welt, aber ,Daheim' ist, wenn die rote Nadel wieder in Gunzenhausen steckt", erklärt er. Dort ist für ihn der ruhende Pol, an dem er sich von seiner hektischen Arbeit erholen kann. Nach der Ankunft packt er seinen Koffer aus, damit die Wäsche für den nächsten Einsatz gleich wieder gewaschen werden kann. Im Sommer geht Rossmann danach in den Garten hinter dem Haus, im Winter setzt er sich an den Kachelofen. Er trinkt ein Glas Bier oder Wein und lässt die Arbeit hinter sich. „Wenn ich zu Hause bin, gehört das Wochenende der Familie", sagt er. Dann kommen Kinder und Enkel zu Besuch, es wird gemeinsam gegessen und er erzählt von seinen neuesten Abenteuern. Besonders am Sonntag hat er gern seine ganze Familie um sich. Denn wer weiß, vielleicht sitzt er am Montag schon wieder im Flieger – um am anderen Ende der Welt eine Maschine zu untersuchen.

„Solange mir der Job Spaß macht, möchte ich das auch noch weitermachen."

Die Superlative der Droßmaschine, der Generator im Wasserkraftwerk „Three Gorges" in China. Die Maschine hat einen Innendurchmesser von 22 Metern.

Der Alltagsabenteurer

Abgelehnt, angenommen, hochgearbeitet: Karl-Heinz Hollederers Aufstieg zum Verantwortlichen für Siemens-Projekte auf der ganzen Welt war unwegsam und voller Hindernisse. So wie die Baustellen, die er seit 20 Jahren leitet.

Text: Simon Pausch

So vielfältig wie die Auswahl der Kalligrafie-Pinsel ist, so vielfältig sind die Facetten, denen Karl-Heinz Hollederer auf seinen Baustellen in Südkorea begegnete. In Summe verbrachte er mehr als sechs Jahre auf verschiedenen Baustellen, bei verschiedenen Projekten, die alle eins gemeinsam haben: Sie wurden rechtzeitig fertig gestellt. Nicht nur deshalb hat er eine besondere Beziehung zu dem Land der Morgenstille entwickelt. Einer seiner besten Freunde ist Südkoreaner, jahrelang lebte Hollederer mit einer Südkoreanerin zusammen, die er vor Ort kennen gelernt hatte.

An diesem Sommertag im Jahr 1989 brannte die Sonne besonders unerträglich vom Himmel auf jene Stadt, deren Name Ahwaz lautet. Sie liegt in Westiran, in der Provinz Chuzestan um genau zu sein, und wird vom Fluss Karun in zwei Teile geschnitten. Anstelle einer Stadtmauer ist Ahwaz von Bombenkratern umringt, die aus dem Krieg gegen den Irak stammen. Wer morgens weiße Hemden zum Trocknen in den Garten hängt, holt abends schwarze ins Haus. Der Krieg ist schon wieder zu Gast, diesmal haben Iraker kuwaitische Ölquellen in Brand gesetzt. Den Ort, ihr Leben zu ändern, würden viele anders wählen. Karl-Heinz Hollederer nicht.

Karl-Heinz Hollederer war ein guter Schüler gewesen, dennoch blieb ihm der Weg in seine Wunschfirma zunächst verwehrt. Die erste Bewerbung wurde von Siemens abgeschmettert. Hollederer wich aus zur Deutschen Bahn und lernte Energie- und Elektroanlagenelektroniker. Nach seiner Ausbildung bekam er 1986 ein Angebot von Siemens. Die Situation war die gleiche wie heute: Es herrschte Fachkräftemangel. „Da war es plötzlich egal, dass mich die gleiche Firma ein paar Jahre vorher noch abgelehnt hatte. Sie haben mich damit geködert, dass ich weite Reisen machen könnte." So kam Hollederer zu dem Beruf, den er im Laufe unseres Gesprächs immer wieder als Abenteuer bezeichnen wird.

Zunächst arbeitete er als Inbetriebsetzer. Zwei Jahre lang war er auf Baustellen in Deutschland unterwegs, dann durfte er zu seinem ersten Auslandseinsatz reisen: Ägypten. Es folgten Aufgaben in Finnland und Frankreich, doch richtig glücklich war Hollederer nicht: „Als Inbetriebsetzer bist du einer von vielen. Du hast deinen zugewiesenen Bereich auf der Baustelle und machst deine Aufgabe. Vom Rest bekommst du nichts mit." Dann kam jener heiße Tag in Ahwaz in Iran.

Der Einsatzleiter und Vorgesetzte aller Inbetriebsetzer von Stahl- und Walzwerken, Eckhard Kramer, war gekommen, um die Baustelle zu inspizieren, auf der Hollederer Antriebe in Betrieb setzte. Er meinte zu ihm: „Wenn Sie zu mir in die Abteilung wechseln wollen, schneiden Sie sich erst einmal die Haare ab." Ohne den Einsatzleiter jemals zuvor gesehen zu haben, stimmte Hollederer zu. Nicht hinsichtlich der Haare, die ummähnen seinen Kopf heute noch genauso wie den damals 22-Jährigen, wohl aber, was die Karriere als Baustellenleiter angeht: „Ich stand praktisch an einer Kreuzung und musste mich für einen Weg entscheiden. Da gab es für mich keinen Zweifel, ich wollte nach meiner Rückkehr Baustellenleiter werden." Das heißt, wenn er es bis nach Deutschland geschafft hätte.

Es begann für ihn eine Tortur, die in ihm Zweifel hätte wecken können. Zweifel daran, ob es richtig sei, einen Posten anzutreten, bei dem die Reiseziele in den hintersten Ecken der Erde versteckt sind. Hollederers Ausreise aus Iran wurde schon auf der Baustelle boykottiert. Nicht geschickt und subtil, sondern ganz plump: Er bekam vom Kunden kein Ausreisevisum, schließlich wurde einer der besten Männer auf der Baustelle noch gebraucht. Sechs Wochen lang, Tag für Tag, wurde Hollederers Anliegen abgeschmettert. Als er es bis nach Teheran geschafft hatte, konnte sein Flieger Richtung Deutschland nicht starten, weil eine Bremsscheibe gerissen war. Es folgte ein weiterer Tag des Wartens; in der Teheraner Abflughalle ohne Tisch, Stuhl, Bett. Dann, endlich, nach sechswöchiger Verzögerung, war Hollederer zurück in Deutschland, 20 Kilogramm leichter als zu Beginn seiner Reise. Zweifel an seinem Entschluss hatte er nicht. Der reiseintensivste Job seines Lebens konnte beginnen.

Seine erste Berufung als Baustellenleiter führte ihn nach Südkorea. Es war nicht sein erster Job im Ausland, aber der erste, bei dem er verantwortlich war für Kundenkontakt, Koordination, Material, Mitarbeiter, Zeitplan; kurz: Karl-Heinz Hollederer aus Sulzbach-Rosenberg in der Oberpfalz war verantwortlich dafür, dass Stranggussanlage, Fertigstraße und Bandbehandlungsanlage in Gwangyang pünktlich fertig werden. Dazu gehörte nicht nur die Arbeit vor Ort, denn schon im Voraus müssen banalste Dinge durchdacht werden: Zu welchem Arzt schickt man die Mitarbeiter, wenn sie krank sind? Wie verteidigt man sich gegen Rohstoff raubende Randalierer? Welche Möglichkeiten gibt es, seine Freizeit sinnvoll zu gestalten?

Hollederer bereitete sich vor. Er besuchte Fortbildungsseminare für Baustellenleiter, machte sich mit der asiatischen Kultur vertraut, begann Koreanisch zu lernen, plante mit Siemens-Kollegen die Baustelle. Dann stieg er ins Flugzeug Richtung Gwangyang – und das Gefühl war anders als bei allen Reisen zuvor. „Du denkst noch mehr nach über das Projekt." Statt fünf Tage arbeitete er nun sechs in der Woche. Statt eines kleinen Bereiches war ihm nun die gesamte Baustelle zugeteilt, statt einer von vielen war er nun der Boss von Hunderten von Arbeitern. „Vom Klopapier angefangen, musst du dich um alles kümmern. Das ist manchmal sehr abenteuerlich", sagt er, und es klingt, als wäre der freie siebte Tag in der Woche kein freier Tag im engeren Sinn.

Trotzdem blieb Zeit für Abwechslung: Kurztrips nach Seoul, Motorrad-Touren an der Küste entlang, Abstecher auf die Urlaubsinsel Bali, Angeln gehen mit Kollegen aus aller Welt. „Meistens waren wir Europäer alle zusammen unterwegs, später kamen Koreaner dazu." Und Hollederer professionalisierte sich. Er lernte, mit Asiaten umzugehen und mit deren Misstrauen gegenüber Vorgesetzten aus Deutschland. Er ärgerte sich über Intriganten und bewunderte jene, die über Nacht dutzende neue Arbeiter mobilisierten, um pünktlich fertig zu werden. Er freundete sich mit seinem Dolmetscher an, der ihn täglich begleitete, nur um nach zwei Monaten festzustellen, dass dessen Praktikum vorbei und der Übersetzer verschwunden war.

In Summe verbrachte Hollederer sechs Jahre in Südkorea, auf verschiedenen Baustellen, bei verschiedenen Projekten, die alle eins gemeinsam haben: Sie wurden rechtzeitig fertig gestellt. Nicht nur deshalb hat er eine besondere Beziehung zu dem ostasiatischen Staat entwickelt. Die deutsche Wiedervereinigung beobachtete er 1989 im südkoreanischen Fernsehen und erlebte hautnah die Hoffnung der Leute, das Geschehen auf der koreanischen Halbinsel möge die gleiche Wendung nehmen. Heute sagt er: „Wenn ich höre, dass jetzt die Gyeongui-Eisenbahnstrecke zwischen Nord- und Südkorea wieder befahren werden soll, dann interessiert mich das natürlich

Karl-Heinz Hollederer (41)
Energie- und Elektroanlagenelektroniker, derzeit Teilprojektleiter für Aufbau und Errichtung von Anlagen und Infrastruktur in den Branchen Metals & Mining • Haupteinsatzländer: Südkorea, Mexiko, China, Niederlande, Projekte: Zellstofffabrik Hainan, China, Warmbandstraße in Ijmuden, Niederlande • Lebensmotto: Geht nicht, gibt's nicht.

Er ist nun Familienvater, gemeinsam mit seiner Ehefrau steht er vor einer Entscheidung. Sie wählen den Weg, vor dem die Projektleiter von Siemens häufig warnen.

besonders." Einer seiner besten Freunde ist Südkoreaner, jahrelang lebte Hollederer mit einer Südkoreanerin zusammen, die er vor Ort kennen gelernt hatte. Er nahm sie sogar mit auf Baustellen nach Europa, doch irgendwann kam der Zeitpunkt, an dem es Karl-Heinz Hollederer reichte: „Sie wollte jeden Tag für mich putzen, kochen, waschen. Manche brauchen das, aber wenn es immer Ja und Amen heißt, nutzt sich das bei mir nach einer Zeit ab." Dann lernte er Elke kennen.

1997 heiraten sie, im gleichen Jahr kommt Tochter Melissa zur Welt und plötzlich hat Karl-Heinz Hollederer ein Problem. Die Geburt verpasst er fast, weil er gleichzeitig in Südafrika den Bau eines Elektrostahlofens und der Fertigstraße leitet. Er ist nun Familienvater, sein Verantwortungsbereich reicht jetzt von den entlegensten Orten der Welt bis in die Oberpfalz. Gemeinsam mit seiner Ehefrau steht er vor einer Entscheidung. Sie wählen den Weg, vor dem die Projektleiter von Siemens häufig warnen: Elke und Melissa begleiten Karl-Heinz von nun auf seinen Reisen. Zu gefährlich sei der Aufenthalt für Kinder im chinesischen Hinterland, zu unstet der Lebenswandel für Frau und Tochter in Schanghai, meinen erfahrene Siemens-Projektleiter. Die erste Reise führte die Hollederers deshalb nach Mexiko.

Alles funktionierte prächtig. Hollederer sah seine Familie täglich, Mutter und Kind waren wohlauf, gemeinsam verbrachten sie viel Zeit. Die Ölraffinerie, die Hollederer baute, wurde vor der Zeit fertig, alle waren zufrieden. Als Melissa ein gutes Jahr alt war, musste Hollederer nach China. Weil in Mexiko alles so gut geklappt hatte, folgten ihm seine Frauen auch nach Asien. Diesmal erwarteten sie nicht Sonne und Strand, sondern Handan, eine der schmutzigsten Städte der Welt. Handan liegt ein paar hundert Kilometer südlich von Peking und ist eine riesige Industriestadt des Landes. Siemens rüstete hier eine Warmbreitbandstraße mit der gesamten Elektrotechnik aus. Die Lebenserwartung der Einwohner beträgt wegen der starken Luftverschmutzung kaum mehr als 60 Jahre. An diesem Ort wurde Melissa krank.

Bild oben links: Das Namdaemun Tor ist eines der zwei verbleibenden Stadttore des historischen Seoul, Teile der dazugehörenden Mauer finden sich auch noch in den Hügeln um die Stadt. Ursprünglich geschaffen, um die Stadt vor Tigern zu schützen, ist das Tor inzwischen ein beliebter Anziehungspunkt für Touristen.

Bild oben rechts: Seoul gilt nicht umsonst als das Bildungszentrum Südkoreas. Die Stadt beherbergt 36 Hochschulen, darunter die renommiertesten des Landes, und auch die größten Buchgeschäfte im ganzen Land.

Bild unten: Das Land der Morgenstille kann sich auch so friedlich präsentieren: Kois schwimmen in einem See in der Bergen von Korea.

Chinas Krankenhäuser funktionieren anders als deutsche Krankenhäuser. Das mag Karl-Heinz Hollederer durch den Kopf geschossen sein, als er in Handan einen Arzt für seine kleine Tochter suchte. Und die Erinnerung an Assan Bay. Assan Bay ist eine Stadt in Südkorea, hier hatte Hollederer 1995 den Bau einer kontinuierlich arbeitenden Stranggussanlage und einer Warmbandstraße geleitet und erstmals Erfahrungen mit asiatischen Krankenhäusern gemacht. Eines Morgens war ein deutscher Kollege nicht zur Arbeit erschienen. Als Hollederer ihn schließlich fand, zusammengesackt in seiner Wohnung, lebte der 38-Jährige kaum noch, niedergeworfen von einem Herzinfarkt. Er wurde umgehend in eine Klinik gebracht, wo ihm vorerst geholfen werden konnte. An eine Heimreise war allerdings nicht zu denken, weil er nicht transportfähig war. Als er wenige Tage später in sein Appartement zurückkehrte, erlitt er dort einen zweiten, diesmal tödlichen Herzinfarkt. Unglückliche Umstände sagen die einen, Versagen der Ärzte die anderen.

Melissa konnte in Handan geholfen werden. Mit Bargeld und einem Kauderwelsch aus Chinesisch und Koreanisch organisierte Hollederer Ärzte und Medikamente, die seine Tochter wieder gesund machten. Zu einem Sinneswandel führte der Vorfall nicht: Hollederer nahm Frau und Kind lieber mit, als sie nur alle drei Monate für ein paar Tage zu Gesicht zu bekommen. Bis 2003 ging das so, dann wurde Melissa schulpflichtig. Gleichzeitig bekam Hollederer den größten Auftrag seines Lebens.

Auf der Insel Hainan im Süden Chinas sollte die größte Zellstofffabrik der Welt entstehen: 2400 Antriebe, 110 Transformatoren, 220 Schaltfelder für Hoch- und Mittelspannung, 800 Kilometer Leistungskabel, 6000 Arbeiter. Ein halbes Jahr lang hatte Hollederer mit Kollegen in Schanghai Pläne gezeichnet und Vorbereitungen getroffen, im Juli 2003 flog er nach Hainan. Abgeholt wurde er von einem Motorrad mit Beiwagen. Das war der erste Hinweis darauf, dass auf Hainan einiges anders sein würde, als auf den vorherigen Baustellen.

Als erstes kaufte sich Hollederer ein Mountainbike, mit dem er in seiner Freizeit die Umgebung der Urlaubsinsel erkundete. Das Mountainbike war zugleich auch sein Baustellenfahrzeug auf der Zellstofffabrik. „Ich habe auf der Großbaustelle zwei Tage mit dem Fahrrad gebraucht, um alle Teile des Siemens-Equipments zu inspizieren." Und dies war auch notwendig, denn Nacht für Nacht verschwanden meterweise Kupferkabel aus dem riesigen Lager. Hollederers erste Maßnahme brachte nicht den gewünschten Erfolg: Er stellte den Nachtwächtern Schäferhunde an die Seite. Sein zweiter Vorschlag war effektiver: „Wir haben vor dem Lager eine Art Festung aus unseren Materialcontainern errichtet. Von da an hatten wir weitgehend Ruhe." Und Zeit für Ausflüge nach Sanya, jenes Badeparadies, welches die Bewohner das „Hawaii Asiens" nennen und das in regelmäßigen Abständen Schauplatz der Wahl zur „Miss World" ist. Sanya, die glamouröse Insel auf dem Eiland der Einöde.

Binnen 15 Monaten wurde die 200 Hektar große Anlage aus dem Boden gestampft, ein halbes Jahr später produzierte sie mit fast 3300 Tonnen Zellstoff mehr als ihr vertraglich vereinbartes Tagespensum. An diesem Tag erlebte Hollederer nicht zum ersten Mal eine Feier in fremder Umgebung, doch keine zeigte die Mentalität der Asiaten deutlicher als jene auf Hainan. „Die Veranstaltung dauerte exakt drei Stunden. Jede Minute war durchgeplant. Bezirkspräsident und Konzernchef hielten Reden, aber richtig ausgelassen war dort keiner der Zuhörer." Da hat Karl-Heinz Hollederer schon ganz anders gefeiert.

Binnen 15 Monaten wurde in Hainan eine 200 Hektar große Zellstofffabrik aus dem Boden gestampft. Ein halbes Jahr später produzierte sie mit fast 3300 Tonnen Zellstoff mehr als ihr vertraglich vereinbartes Tagespensum.

Auf der Insel Hainan entsteht die weltgrößte Zellstofffabrik: 2400 Antriebe, 110 Transformatoren, 220 Schaltfelder für Hoch- und Mittelspannung, 800 Kilometer Leistungskabel, 6000 Arbeiter.

Er ist Mitglied im Skiverein seiner Heimatstadt, lange Jahre war er begeisterter Fußballer und bei der Freiwilligen Feuerwehr. Bevor er für Siemens um den Globus reiste, war er ein geselliger Mensch, der gerne mit Freunden um die Häuser zog. Das ist heute anders. Immer, wenn er von seinen ausgedehnten Auslandsaufenthalten zurückkam, stellte er die Frage: Was gibt es Neues? Meist lautete die Antwort: Nichts Besonderes! „Manchmal habe ich schon das Gefühl, etwas verpasst zu haben. Es ist zum Beispiel ewig her, dass ich gegen einen Ball getreten habe", sagt er. Es ist nicht so, dass Karl-Heinz Hollederer ein trauriger Mensch ist, auch keiner, der hadert, aber man merkt ihm an, dass sich seine Einstellung zur Arbeit geändert hat. In den letzten beiden Jahren leitete er eine Baustelle der größten Warmbandstraßen-Modernisierungen in der Geschichte von Siemens im niederländischen Ijmuiden. Alle drei Wochen setzte er sich in sein Auto und fuhr über das Wochenende in die Oberpfalz zu Frau und Tochter. „Ich habe eine Beziehung zu meiner Arbeit, aber ich habe genauso eine Beziehung zu meiner Familie. Man muss sich da arrangieren." Die Grenze zwischen beiden Lebensbereichen hat sich in letzter Zeit in Richtung Oberpfalz verschoben.

Zu selten sei er zu Hause und könne ihr helfen, Entscheidungen zu treffen, meint Elke. Ihr Ehemann hat sich das zu Herzen genommen und ist in den Innendienst gewechselt. Die Baustellen in Ijmuiden leitet jetzt ein jüngerer Kollege. Hollederer arbeitet eng mit ihm zusammen, aber vornehmlich ist er mit der Planung von anderen Projekten betraut und mit Angebotsakquisition. Ein Schreibtischjob. Nur im Notfall muss er ins Ausland. Und wenn, dann nur noch für wenige Tage. „Dann", sagt Karl-Heinz Hollederer, „dann freue ich mich, wieder unterwegs zu sein."

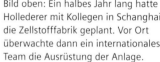

Bild oben: Ein halbes Jahr lang hatte Hollederer mit Kollegen in Schanghai die Zellstofffabrik geplant. Vor Ort überwachte dann ein internationales Team die Ausrüstung der Anlage.

Bild links: Blick auf die weltgrößte Zellstofffabrik, die mit einer Jahreskapazität von 1.000.000 Tonnen den Papierhunger Chinas decken soll.

138

Karate und Liebe

Wenn Walter Gregorc erzählt, glaubt man öfter, er flunkert. Aber es ist alles wahr. Es ist eine Geschichte voll Abenteuer, Ehrgeiz, Karate und – das war ja klar – Liebe. In seinen 35 Jahren bei Siemens war Gregorc irgendwie immer vorne, immer erfolgreich. Er war viele Jahre Projektleiter im Ausland, auch in schwierigen Regionen wie Albanien, und Chef der Siemens-Niederlassung in Riad, Saudi-Arabien. Der Projektdirektor, Oberingenieur und Fachbuchautor leitet aktuell die Fachgruppe zum Claim-Management.

Text: Andreas Raabe

Karate ist kein Sport, keine Selbstverteidigungskunst. Karate ist zur Hälfte eine körperliche, zur anderen Hälfte eine geistige Disziplin. Der Karateka, der die erforderlichen Jahre der Übung und Meditation hinter sich hat, ist ein heiterer und friedlicher Mensch ohne Furcht. Dieser Ausgleich und die Balance aus Körper und Geist helfen Walter Gregorc schon seit über 30 Jahren auch die schwierigsten Situationen zu meistern.

Mit einer blauen Kanne voll dampfendem Kaffee in der Hand kommt er auf einem langen Flur entlang. Gregorc, Jahrgang 1950, ist ein mittelgroßer Mann, stämmig, mit Halbglatze, Schnauzer und festem Händedruck. Hinter den runden Brillengläsern schauen kleine, schlaue Augen hervor. Seine Kanne Kaffee wird er leeren in den nächsten drei Stunden im Interview. Drei Stunden, in denen er ein ganzes Arbeitsleben bei Siemens rekapituliert.

Wo die Mirzl zuschlägt

Fangen wir mal ganz von vorne an: Walter Gregorc kommt aus der Steiermark, genauer aus Mürzzuschlag. Das ist ein kleines Städtchen, idyllisch gelegen in einem Alpental auf halber Strecke zwischen Wien und Graz an der Semmeringbahn, einem Weltkulturerbe. Rundrum schönstes Postkarten-Panorama: grüne Berge, Wälder und ein Fluss, die Mürz, schlängelt sich durchs Tal. Der etwas eigenwillige Name Mürzzuschlag komme von den wassergetriebenen Hammerwerken in der Stadt – „Die Hämmer haben schon vor Jahrhunderten zugeschlagen und wurden von der Mürz angetrieben", sagt Gregorc. Es gibt auch andere Theorien zur Entstehung des Ortsnamens, zum Beispiel die, dass die Mädchen mit dem Namen Maria – österreichisch „Mirzl" – zuweilen recht grantig waren zu den Burschen und auch mal fest zuschlagen konnten. Aber sei's drum. Gregorc lacht jedenfalls laut, als er die Story von den handgreiflichen Mirzln erzählt, winkt dann aber ab: Nein, nein, das sei nur eine Geschichte des Heimatdichters Peter Rosegger. Übrigens, wo wir gerade bei Frauen aus Mürzzuschlag sind: Die Literaturnobelpreisträgerin Elfriede Jelinek wurde hier geboren. „Im selben Raum wie ich", sagt Gregorc stolz. „Nun ja – es gibt auch nur einen Entbindungssaal im Mürzzuschlager Krankenhaus", fügt er lächelnd hinzu. Gregorc' Familie kommt ursprünglich aus der Südsteiermark, einem Gebiet, das heute zu Slowenien gehört. Daher kommt auch das „c" am Ende seines Namens, man spricht es aus wie ein „z".

Dort im schönen Mürzzuschlag kam Gregorc auch zur Technik – kein Wunder, ist die Stadt doch technikgeprägt: Hier wurde der erste rostfreie Stahl erzeugt und der Erfinder der Niederdruckturbine, Viktor Kaplan, geboren. Vater Gregorc, ein Handwerksmeister, überzeugte seinen Sohn, dass „Handwerk goldenen Boden hat." Und dieser machte eine Lehre als Elektriker und begann anschließend Elektrotechnik zu studieren. Er übersprang mehrere Semester und schon mit 23 Jahren hatte er Berufsabschluss und Studium in der Tasche. „Ich wollte nicht zur Armee, also musste ich raus aus Österreich", erzählt er. „Darum habe ich mich angestrengt und viel geschafft." Das stimmt, denn geheiratet hat er in dieser Zeit auch.

Im Flugzeug nach Indien

Wie das damals, Anfang der 70er Jahre, so war, gab es auch bald die große Berufschance. „Da kam so ein Trupp von Siemens aus München zu uns in die Hochschule", erzählt Gregorc. „Die haben uns Studenten zum Abendessen eingeladen und von der Arbeit bei Siemens erzählt. Ich hab gleich gedacht: Ja – das ist es." Gedacht, getan – ein paar Wochen später hatte er den Job bei Siemens in München, später in Karlsruhe. Er muss seine Ausbilder dort schwer beeindruckt haben. Normalerweise haben Berufsanfänger erstmal eine Lehrzeit von einem Jahr. Walter Gregorc aber saß nach vier Wochen schon im Flugzeug nach Indien. Dort sollten Film-Synchronstudios gebaut werden, in einer Traumfabrik namens Bollywood. „Das war meine Einschulung", sagt er. „Am Anfang war's hart: ständige Übelkeit, der Gestank, diese Armut dort, die schrecklich verunstalteten Bettler ..." Gregorc wird nachdenklich, wenn er das erzählt. Das hat ihm zugesetzt, der Sprung aus der österreichischen Postkartenidylle ins schwülheiße und brutalarme Bombay.

Einmal, da waren sie schon im kühleren Delhi, gab es nachts Minusgrade: „In dieser Nacht sind auf den Straßen von Delhi über 2000 Menschen erfroren. Das stand so in der Zeitung, nur als Randnotiz", erzählt er. „Das war erschreckend für mich, dass da ein Menschenleben so wenig zählt." Es gibt eine kurze Pause, Gregorc nippt an seinem Kaffee. Und dann ist er wieder ganz der alte Geschichtenerzähler: „Man gewöhnt sich daran, das ungute Gefühl geht einfach weg. Fade away – wie mit dem Regler im Tonstudio." Die Inder hätten halt ein anderes Verhältnis zum Leben und zum Tod. Er hätte in Bombay die „Towers of Silence" gesehen, erzählt er und schaut nach oben, als ob die Towers in diesem Büro in Erlangen stünden. Die Parsen, eine indopersische Religionsgruppe, legen ihre Toten oben auf die Türme, die verwesen dort und werden von den Vögeln gefressen. In der Mitte tropft es runter und oben drüber kreisen die Geier. „Hu – da bekommt man schon ein mordsmäßiges Grausen", sagt Gregorc und schüttelt sich. „Aber auch ein anderes, ein neues Verhältnis zum Leben."

Symbolisch gesprochen

Eine wichtige Sache über Walter Gregorc wurde hier noch nicht erzählt. Diese Sache heißt Karate. Gregorc ist nämlich ein echter Karateka, wie das heißt. Dieser „Sport", wie er sagt, zieht sich durch sein ganzes Leben. Mit 20 Jahren, also 1970, hat er angefangen. Jetzt hat er den schwarzen Gürtel, zweiter Dan, der dritte Meistertitel ist in Vorbereitung. Oha, da bekommt man schon Respekt vor diesem Herrn Gregorc mit dem schwarzen Rollkragenpullover und der Kaffeetasse in der Hand. Schlürf. Also – wie war das mit dem Karate, warum überhaupt Karate? „Diese Frage wird mir oft gestellt", sagt Gregorc. „Wahrscheinlich, weil damals Ende der Sechziger Jahre, also in meiner Sturm- und Drangzeit Bruce Lee angesagt war und da hab ich gedacht: Wenn du das kannst, dann bist du so richtig der King im Ring." Gregorc muss lachen: „Dass es dabei nicht um Rauferei, sondern um was ganz anderes geht, hab ich erst später gemerkt." Und worum geht's

Walter Gregorc (58)
Diplom-Ingenieur für Elektrotechnik, Leiter der Fachgruppe Consulting & Claim Management sowie Projektmanagementberater ● Haupteinsatzländer: Indien, Türkei, Hongkong, Arabische Halbinsel (Saudi-Arabien, Bahrain, Dubai, Oman) ● Lebensmotto: Siegen bedeutet kämpfen.

Siegen bedeutet kämpfen. Wenn zwei Tiger kämpfen, ist einer davon am Ende tot. Walter Gregorc will kein zweiter Sieger sein.

beim Karate? „Um Philosophie. Nicht nur um Bewegung, die ist Mittel zum Zweck", weiß Gregorc. Aber was ist denn nun die Philosophie beim Karate? Pause. „Hm. Es geht darum, aus der Verteidigung den Angriff aufzubauen." Kata bedeutet im Karate so was wie eine Form. Bestimmte Kampfabläufe werden simuliert und man kämpft gegen imaginäre Gegner. So wird die Reaktion geschult und der Kämpfer denkt in einer kritischen Situation nicht mehr daran, für welche Karatetechniken er sich entscheiden soll, sondern der jahrelang trainierte Karateka reagiert auf die unterschiedlichsten Angriffe – ob mit der Hand, dem Ellbogen, dem Fuß oder einem Sprung – eher instinktiv. Und nun kommt der Clou: „Das ist auch in der Arbeitswelt so", sagt Gregorc. „Ich würde als Projektleiter nie aggressiv rausgehen. Ich würde immer abwarten: Was kommt denn überhaupt? Ich würde mich zuerst darauf vorbereiten, wie ich reagieren kann. Um im Rückgriff auf eigene oder antrainierte Erfahrungen Reaktionen parat zu haben, das Richtige zu tun, noch bevor das Kind in den Brunnen gefallen ist und das Projekt in den Sand gesetzt wird! Angreifen, abwehren, das Richtige eben!" Also so wie beim Schach? „Ja, genau. Man denkt immer ein paar Züge voraus. Aber – es wird keinen zweiten Angriff geben. Weil ich beim ersten Angriff so schnell reagieren muss, dass der andere schon tot ist, bevor er merkt, dass er tot ist", sagt Gregorc ganz ruhig und ernst. Und fügt hinzu: „Symbolisch gesprochen natürlich."

Die Krise in Hongkong

Nach einem halben Jahr in Indien ging es weiter zum nächsten Projekt in die Türkei. Wieder wurden TV-Studios gebaut, fürs türkische Fernsehen diesmal. Drei Jahre blieb er dort. Dann gab es eine Krise und zwar am anderen Ende der Welt: in Hongkong. Dort hatte Siemens einen Großauftrag beim

Bild oben: Das Taj Mahal, ein im 17. Jahrhundert errichtetes Mausoleum für die verstorbene Hauptfrau eines Großmoguls.

Bilder unten: Sein erstes Projekt verschlug Walter Gregorc nach Mumbai zur Einrichtung der dortigen Bollywood-Synchronstudios. In der mit 20 Millionen Einwohnern bevölkerungsreichsten Metropole der Welt herrscht den ganzen Tag lebhaftes Treiben auf den Straßen.

Die nächste Station für Walter Gregorc nach Indien war Hongkong. Hier arbeitete er an zwei Bauabschnitten der U-Bahn. Diese ist dort auf Grund ihrer hohen Geschwindigkeit, Sauberkeit und guten Klimatisierung so beliebt, dass sie in den dicht besiedelten Gebieten mit Abstand die meisten Fahrgäste transportiert.

Bau der U-Bahn. Die Anlage – Videoüberwachung, Lautsprecher, Verkabelung und Telecom – war installiert, lief aber nicht. Und niemand wusste warum. „Die Hongkonger waren kurz davor uns aus dem Projekt rauszuschmeißen", erzählt Gregorc. Er wurde in diese kritische Situation hineingeworfen, als Problemlöser. Um es kurz zu machen: Er konnte das Problem lösen. Der Kunde war so zufrieden, dass er darauf bestand, dass Gregorc in Hongkong blieb und die Projektleitung für den zweiten Bauabschnitt der U-Bahn übernahm. „Das war genau der Sprung, den ich damals brauchte", sagt Gregorc und man sieht an seinem Lächeln, dass er sich gern an diesen Moment erinnert. Er war nach fünf Jahren bei Siemens angekommen in seinem Element, seiner Berufung: Der Projektleitung.

Hatamoto – Der Bannerträger

„Ein Projekt – das heißt ja: irgendwo anfangen, irgendwo aufhören und alle müssen zufrieden sein. Stakeholder-Management", erklärt Gregorc. Das sei so, als würde man eine eigene Firma leiten, sagt er. Es gelte, ein Ziel zu erreichen. Das mache für ihn den Reiz aus. Gregorc ist ehrgeizig, energisch. Er will den Erfolg, will was schaffen, Dinge zu Ende bringen. „Ich bin nicht der Typ, der sich hinten anstellt", sagt Gregorc und schaut über seine Brille hinweg. „Ich wollte immer vorne stehen." Und wenn man das will, muss man dafür sorgen, dass die anderen gern mit dir zusammenarbeiten, erklärt er. Aber wie macht man das? Was ist das Geheimnis? „Erfolg haben und jeden an diesem Erfolg teilhaben lassen", sagt Gregorc. Das hört sich an, wie aus der Siemens-Firmengeschichte zitiert, denn genau das war auch einer der Leitsätze des Gründers Werner von Siemens – die Mitarbeiter spürbar und bewusst am Erfolg teilhaben lassen.

Walter Gregorc hat das Ganze jedoch um einen Aspekt erweitert, der – natürlich – etwas mit Karate oder zumindest mit Japan zu tun hat: „Stellen Sie sich vor, Sie gehen vorneweg, Sie sind der Bannerträger. Alle schauen nur auf Sie. Auf Japanisch heißt das „Hatamoto" – der Bannerträger. Dann

> „Das ganze Geheimnis einer guten Projektleitung ist: Wissen und Erfahrung umsetzen. Vorne stehen und vorne stehen wollen."

gibt es drei Prämissen:
1. Vorne ist, wo ich bin.
2. Rechtzeitig ist, wenn ich komme.
3. Reden kann nur einer – singen können wir alle.
Wenn man Projektleiter ist, muss man eigentlich nur diese drei Grundsätze beachten. Mehr nicht."

Okay, Herr Gregorc – das hört sich erstmal etwas gewöhnungsbedürftig an. Aber der Erfolg gibt ihm wohl recht, wenn er sagt: „Das ganze Geheimnis der guten Projektleitung ist: Wissen und Erfahrung umsetzen. Vorne stehen und vorne stehen wollen."

Der Zugvogel

Vorne stehen, Erster sein wollen. Das war lange Zeit auch das oberste Prinzip des Walter Gregorc. „Ich war immer sehr strebsam", sagt er und plötzlich klingt es wie ein Geständnis. Denn er fügt hinzu: „Dadurch ist auch einiges draufgegangen. Meine erste Ehe vermutlich ist durch das Streben kaputtgegangen. Da habe ich zuviel an die Arbeit gedacht." Das war in Hongkong und plötzlich stand er alleine da mit seinem anspruchsvollen Job und zwei kleinen Söhnen. Siemens bietet seinen Mitarbeitern durchaus die Möglichkeit, auch stationär in Deutschland zu arbeiten, wenn es nicht anders geht. Aber für Gregorc war das nichts. „Ich war wie ein Zugvogel damals, so eine Art Brieftaube mit dem Zwang zur Freiheit", sagt er. Das klingt sehr romantisch. Walter Gregorc tippelt mit den Fingern auf dem Bürotisch herum, der Kaffee ist schon alle. Er zieht sich die Strümpfe hoch und weiter geht's mit dem Abenteuer: Nachdem die U-Bahn in Hongkong fertig war und er seinen ersten Karate-Schwarzgurt gemacht hatte, ging es weiter.

Diesmal in die Wüste – nach Saudi-Arabien. „Saudi war etwas völlig anderes als Hongkong, wo ich nach drei Jahren langsam den Inselkoller bekommen habe", sagt Gregorc. Die Wüste Arabiens dagegen war unendlich weit. Dafür gab es andere Beschränkungen, zum Beispiel die des Islam. „Einmal, es war gerade Ramadan, bin ich Pfeife rauchend im Auto in Riad unterwegs gewesen", erzählt er. Dann sei ein wild gestikulierender Saudi auf ihn zugelaufen und hätte ihm zu verstehen gegeben, dass Rauchen im Ramadan nun gar nicht gehe. Zumindest nicht, solange die Sonne am Himmel steht. „Aber auch daran gewöhnt man sich schnell, man arrangiert sich halt mit den Sitten", kommentiert Gregorc mir einem Schulterzucken. In Saudi-Arabien musste er neben der Arbeit auch seine Söhne erziehen und sich um den Haushalt kümmern. „Sogar Nähen hab ich gelernt", sagt er lachend. Insgesamt war er zehn Jahre für Siemens in Saudi-Arabien. Nach dem ersten Projekt und einer Zwischenstation in Wien (O-Ton Gregorc: „Wien ist ja eine Traumstadt ... wunderschön – wenn nur die Wiener nicht wären") ging es 1990 zurück in den Wüstenstaat. Sieben Jahre war Gregorc dort und am Ende als Chef der Siemens-Niederlassung in Riad. „Ich bin in dieser Position etwas weltgewandter geworden, aber es ist schon eine andere Arbeit als vorher im Projekt oder auf der Baustelle", sagt Gregorc. Projekte leiten gefalle ihm besser. Doch die nächste Krise kam bald.

Die albanische Diebstahlsicherung

Albanien hat etwa drei Millionen Einwohner. Aber es gibt sieben Millionen Waffen, registrierte Waffen. Das ist Albanien. Und dort, genauer in der Hauptstadt Tirana sollte der Flughafen erneuert werden. Es gab Streit:

Bild oben: Typisches Bild während des Frühlings im Umland der Megacity Hongkong. Die Natur bietet Entspannung von Stress und Hektik der Großstadt.

Bild unten: Um dem Verkehrskollaps vorzubeugen investiert die Stadtverwaltung von Hongkong in Infrastrukturprojekte wie Verkehrsleitsysteme und Öffentlichen Nahverkehr.

Angeblich hatte Siemens Vertragsleistungen nicht erbracht, weswegen sich die Arbeit am Flughafen verzögerte. Nun stellte eine beteiligte Baufirma Schadensersatzansprüche wegen der Verzögerung. Ganz klar, das war ein Fall für Gregorc. „Ich wurde dorthin gerufen, um die Krise zu lösen. Mein Vorgänger als Gesamtbauleiter dort hatte schon so viel Angst vor den Baulöwen, dass er sich tagelang in seiner Wohnung eingeschlossen hat", erzählt Gregorc. „Bei mir sind die da aber an den Falschen gekommen." Letztlich beruhte das Problem am Flughafen in Albanien auf einer falschen Auslegung der Verträge zwischen den am Bau beteiligten Firmen. „Das konnten wir klären. Und statt einiger Millionen Schadenersatz bezahlen zu müssen, erhielten wir nun einige hunderttausend Mark zurück." Über diesen Fall ist Gregorc auf das Thema Claim Management aufmerksam geworden, zu dem er gerade ein Buch geschrieben hat. Kurz gesagt geht es darum, exakt zu klären, wer, wann, genau welche Vertragsleistungen zu erfüllen hat und sich gegen eventuelle Vertragsstreitigkeiten von vornherein abzusichern. Aber in Albanien lauerten noch andere Schwierigkeiten: „Die haben uns dort die Kabel von der Baustelle geklaut, das war unglaublich", erzählt Gregorc. Ein albanischer Polizist hat ihn schließlich auf einen eher ausgefallenen Weg zur Lösung dieses Problems gebracht: Er solle doch einfach eine – natürlich nicht zu hohe – Spannung auf die gefährdeten Kabel legen um die Diebe abzuhalten. „Und das haben wir dann auch gemacht", sagt Gregorc. „Als die das nächste Mal kamen und die Kabel durchschneiden wollten hat's zaaaappp gemacht", Gregorc klatscht in die Hände. „Und danach war auch dieses Problem gelöst." Das war die albanische Diebstahlsicherung. „In so einem Land muss man sich halt durchsetzen können", sagt Gregorc.

Das Mädchen vom Walzwerk

So, eine Episode gibt es nun noch zu erzählen: und zwar die von der Liebe – denn das darf in keiner guten Geschichte fehlen. Alles begann damit, dass Walter Gregorc, inzwischen Anfang 40, mit seinen Söhnen in Saudi-Arabien war und ihm eine lustige Weihnachtskarte in die Hände fiel. Abgebildet war ein Weihnachtsmann mit Rentierschlitten, der Schiff- beziehungsweise Schlittenbruch in der Wüste erlitten hatte. „Lost in the desert", stand darunter. „Tja – da hatte ich nun diese Karte, es war kurz vor Weihnachten und ich wusste nicht, wem ich sie schicken sollte", erzählt Gregorc. Aber er erinnerte sich an etwas, an jemanden, der, oder besser: die ihn eigentlich schon seit über 20 Jahren immer wieder im Geiste beschäftigt hatte: das Mädchen aus dem Walzwerk. Damals, im Sommer 1969, dem Jahr der ersten Mondlandung – Gregorc war gerade mit der Elektrikerlehre fertig und neu im Studium – ging er für ein Praktikum ins Walzwerk nach Düsseldorf. „Ganz weit weg von zu Hause", sagt Gregorc. Schließlich kam er ja aus dem idyllischen Alpenland. Und dort in diesem Walzwerk gab es ein Mädchen, ein hübsches Mädchen. Walter war verliebt, so richtig verliebt. Also schloss er Bekanntschaft mit dem Mädchen. Und weil er so ein Draufgänger war (und außerdem verliebt) lud er sie ein ins Musical „Hair" und sagte: „Ich möchte dich gerne heiraten." Und das Mädchen sagte Nein. „Sie hat mir einen Vogel gezeigt und gefragt, ob ich spinne", erzählt Gregorc mit einem schelmischen Lächeln auf den Lippen. Das war es dann auch erstmal. Gregorc ging zurück nach Österreich und das Mädchen wurde Lehrerin in Düsseldorf. Sie hatten keinerlei Kontakt, bis Walter Gregorc 23 Jahre später, in der heißen Sonne Arabiens, auf die Idee kam, seiner Jugendliebe eine Weihnachtskarte

„Ich bin aus Saudi-Arabien nach Düsseldorf geflogen. Ich wusste ja nichts von ihr und ich wollte unbedingt wissen, wie sie jetzt – nach 20 Jahren – aussieht. Noch am selben Abend, fragte ich sie wieder, ob sie mich heiraten will."

Chinesischer Inbetriebssetzungsingenieur vor einer Schaltanlage.

zu schicken. „Ich hatte noch die Adresse ihrer Eltern und sie haben die Karte dann weitergeleitet", sagt er. Die beiden verabredeten sich zu einem Treffen. „Ich bin aus Saudi-Arabien nach Düsseldorf geflogen", erzählt Gregorc. „Ich wusste ja nichts von ihr und ich wollte unbedingt wissen, wie sie jetzt aussieht." Offensichtlich sah sie gut aus, denn Walter Gregorc tat es wieder: Noch am selben Abend, nach dem Abendessen in einem Hotelrestaurant fragte er sie, ob sie ihn heiraten will. Und was hat sie gesagt? Gregorc: „Sie war total aufgeregt und hat gesagt: Ich muss jetzt gehen." Und sie ging. In die Tiefgarage zu ihrem Auto. Und fuhr erstmal gegen eine Säule. Walter Gregorc' Grinsen ist so breit, so breit wie ach-wer-weiß-was, als er das erzählt: „Fünf Stunden später, es war schon halb vier Uhr morgens rief sie an und sagte: Ja, okay. Ich kann mir jetzt vorstellen, mit Dir alt zu werden." So war das. Jetzt sind sie seit 16 Jahren verheiratet, glücklich verheiratet. Das ist typisch Walter Gregorc: Wenn er mal ein Projekt anfängt, dann bringt er es auch zu Ende.

Bild oben: Um alle Ein- und Ausgänge sicher zu verschalten, braucht man einen guten Überblick über das Projekt.

Bild unten: Erfahrungen weiterzugeben ist ein Berufs- und Lebensziel von Walter Gregorc. Hier hält er ein Projektmanagement-Seminar in Saudi-Arabien.

Bild links: Damit die verschiedenen Großprojekte nicht sofort im Chaos enden, bedarf es einer strengen Koordination durch das Projektmanagement. Im Bild der Desiro im Depot in Southampton.

Ein Wasserbüffel auf Weltreise

Reisen in fremde Länder, davon träumte Heinz Bleier schon als Jugendlicher. Er wollte hinaus in die weite Welt, raus aus der Engstirnigkeit und dem Kleinbürgertum der badischen Provinz.

Text: David Klaubert

Während Heinz Bleier im Kraftwerk die neuen Generatoren installiert, nutzen Kinder die Wasserkraft für ihre Zwecke. Sie baden und planschen und können es sich sicher noch nicht vorstellen, dass allein einer der Generatoren mehr als eine Million Kühlschränke mit Strom versorgen kann – gewonnen aus der Wasserkraft.

Als in der indischen Provinz „Jammu und Kaschmir" drei Lastwagen ihre Ladung verlieren, ahnt Heinz Bleier nicht, dass dieses Missgeschick sein Leben für die nächsten zwei Jahre grundlegend verändern wird. In seinem Büro in Heidenheim, in den sanften Hügeln am nordöstlichen Ende der Schwäbischen Alb, sitzt der Montage-Techniker gerade über Kalkulationen und Projektplänen, weiß nichts von den klapprigen Tiefladern, die sich im tausende Kilometer entfernten Himalaja-Gebirge völlig überladen zum Patnitop-Pass hinaufquälen. Bleier weiß nichts vom Transportunternehmen, das sein Arbeitgeber Voith-Siemens Hydro in Indien angeheuert hat, um die tonnenschweren Bauteile für drei Wasserkraftgeneratoren zu der Baustelle in einem abgelegenen Tal des Himalajas zu bringen. Doch als in den steilen Serpentinen gleich drei Bauteile von den Lastern kippen, muss ein Fachmann aus Deutschland her, den Schaden begutachten. „Fliegst du da g'schwind hin?", fragt Bleiers Chef – eher rhetorisch.

Reisen in fremde Länder, davon träumte Heinz Bleier schon als Jugendlicher. Er wollte hinaus in die weite Welt, raus aus der Engstirnigkeit, dem Kleinbürgertum der badischen Provinz. Weisenbach im Murgtal, 2000 Einwohner, irgendwo im Schwarzwald hinter der Autobahnausfahrt Rastatt. Wahrzeichen des Dörfchens ist die Friedhofskapelle, die auf einem Felsvorsprung über dem engen Tal thront. Die Erwartungen an ein erfolgreiches Leben sind hier Anfang der sechziger Jahre einfach und klar: Heiraten, Haus bauen, Kind zeugen, Baum pflanzen. Nach dem Hauptschulabschluss soll Bleier eine Lehre machen, und weil er schon damals größer und kräftiger ist als viele seiner Kameraden, wird er eben Schlosser, beginnt mit 14 Jahren bei der „Badischen Karton- und Pappenfabrik" in Weisenbach eine Ausbildung zum Betriebs- und Maschinenschlosser. Die Freunde, die kleiner sind, werden Elektriker oder Mechaniker. Nach drei Jahren wird Bleier übernommen, arbeitet in der Kartonagenschlosserei, repariert Stanz- und Druckmaschinen, wechselt Lager und Walzen. Einen großen Teil seines Lohns spart er, beginnt zusammen mit seinem Vater ein Haus zu bauen, scheint Stein für Stein die kleinbürgerliche Enge zu zementieren. Doch bei den jährlichen Revisionen, meist über Weihnachten oder Ostern, wenn die Maschinen stillstehen, lauscht Bleier gespannt den Geschichten der Monteure, die im Auftrag der Herstellerfirmen weltweit Maschinen aufbauen und reparieren. Bleier kennt gerade einmal Österreich, vom Familien-Skiurlaub, die Monteure hingegen erzählen von Afrika, Asien und Amerika. Sie feuern die Abenteuerlust des jungen Schlossers an, bis er sich Anfang der siebziger Jahre selbst als Monteur bei Siemens bewirbt. Und als der letzte Stein des neuen Hauses gesetzt ist, bricht Bleier schließlich auf.

Gut dreißig Jahre später muss es schneller gehen. Das Visum für Indien beantragt die Teamassistentin, sein Reisepass liegt immer im Büro. In einer E-Mail erfährt Bleier vom Projektleiter, dass er einen dicken Pullover und einen Anorak mitnehmen muss, denn am Rande des Himalajas wird es nicht nur nachts empfindlich kalt. Außerdem wünschen sich die deutschen Kollegen in Indien Salami und Wurstkonserven. Für die Arbeit packt Bleier ein zwei Meter langes und 40 Kilogramm schweres Lineal ein, mit dem er prüfen soll, ob die Generatorteile bei ihrem Sturz vom Lastwagen verbogen wurden. Drei Tage später sitzt er schon im Flugzeug nach Neu-Delhi.

Die erste Baustelle des jungen Monteurs Heinz Bleier ist in Bonn. Nicht die weite Welt, aber immerhin eine große Stadt, raus aus dem engen Tal. Ein Zimmer zur Untermiete findet er schnell, den Tipp bekommt er von einem Postboten, der kennt sich schließlich aus. Bleier genießt die offene Hauptstadt-Atmosphäre, geht ins Theater und auf Konzerte, macht Ausflüge nach Köln und Düsseldorf. Er genießt die neue Freiheit.

Von Bonn wird Bleier dann ein Jahr später nach Wehr geschickt, ein Städtchen am Rande des „Naturparks Südschwarzwald". Siemens soll dort die Generatoren für ein Kavernenkraftwerk montieren, bei dem das Wasser über einen Stollen durch die Maschinen in einem unterirdischen Hohlraum geleitet wird. Als „die vom Stollen" sind Bleier und seine Kollegen dann auch schnell im ganzen Ort bekannt. Und während der Fastnacht, die in Wehr ausgelassener gefeiert wird als in seiner Heimat, mit bunten Bällen, Guggenmusik und feucht-fröhlichen Umzügen, lernt Bleier seine spätere Frau kennen, die „Plus-Rosi", die in Wehr einen Supermarkt leitet. Drei seiner Kollegen heiraten in Wehr, Bleier aber zieht es nach vier Jahren Baustelle erst einmal weiter, hinaus in die große Welt.

Auf der Baustelle im indischen Himalaja ist Improvisation gefragt. Eines der drei abgestürzten Generatorbauteile muss repariert werden, im Camp nahe des Staudamms, in einem abgelegenen Hochtal, 150 Kilometer von der nächsten Großstadt entfernt. Bleier lässt zunächst einen Bauplatz betonieren, drei Kräne hieven das kaputte Bauteil darauf, den so genannten Stator, der gut 160 Tonnen wiegt. Zum Schutz gegen Staub und Regen bauen die indischen Arbeiter eine Wellblech-Hütte um den Stator, zwölf auf zwölf Meter, rund acht Meter hoch. Dann organisiert Bleier die Reparaturarbeiten.

Zwei Jahre Südafrika, kurze Einsätze in Ägypten, Irland, Belgien und Österreich, je ein Jahr in Brasilien und in Malaysia – von Wehr aus erkundet Bleier die Welt. Die Briefe an seine zurückgebliebene Liebe sind oft fünf und mehr Tage unterwegs, die Telefonate meist viel zu kurz. Aber da ist auch die wilde Natur am Kap der Guten Hoffnung, da sind Schiffsfahrten auf dem Nil, da ist ein Wasserkraftwerk in Brasilien, hinter dessen Staumauern sich ein See von der Größe Bayerns ausbreitet. Schier endlose Freiheit.

Und dennoch ist Heinz Bleier froh, als er Mitte der achtziger Jahre wieder für eine Zeit lang zurück nach Deutschland versetzt wird. Endlich kann er wieder mehr Zeit mit seiner Rosi verbringen, beide heiraten und bauen gemeinsam ein Haus. In Weisenbach im Murgtal, denn die Eltern besitzen dort einen Bauplatz, und irgendwie reißen die Wurzeln doch nie ganz ab. Bleier arbeitet in dieser Zeit auf den Baustellen von zwei Atomkraftwerken, zunächst in Brokdorf in Schleswig-Holstein, später in Neckarwestheim bei Heilbronn. An manchen Tagen kann er seinen Arbeitsplatz erst spät abends verlassen, weil draußen hunderte aufgebrachter Atomkraftgegner die

Heinz Bleier (59)
Betriebs- und Maschinenschlosser, derzeit Inbetriebsetzungsingenieur • Einsatzländer: 60 • Projekte: Wasserkraftwerke Loma Alta, Chile, Maribor, Slowenien, Paranesti, Griechenland, Baglihar, Indien • Lebensmotto: Wir schaffen es: Der Generator muss Energie erzeugen.

Fahrten zur nächsten Großstadt mit den öffentlichen Verkehrsmitteln im Himalaja sind abenteuerlich. In unendlichen Serpentinen windet sich der Highway zum Patnitop Pass (2200 m). In den Wintermonaten blockieren Schnee oder durch Regen ausgelöste Erdrutsche den Highway. Dann ist man teilweise bis zu drei Wochen von der Außenwelt abgeschnitten.

„Nur die beiden Köche kriegen sich immer wieder in die Haare, weil der eine, ein Moslem, nichts von Schweinefleisch wissen will, und der andere, ein Hindu, kein Rindfleisch anrührt."

Ausfahrten blockieren. Außerdem gelten auf den Baustellen der Atomkraftwerke besondere Vorschriften, jede Schraube und jeder Handgriff muss dokumentiert werden, von jedem Protokoll muss der Monteur 13 Kopien anfertigen. Papierkrieg, der Bleier nervt. Ihn zieht es wieder zurück zur Wasserkraft, zu den „Wasserbüffeln", wie die Ingenieure und Monteure in diesem Bereich mit Spitznamen heißen. Wasserbüffel – mal Herdentiere, mal Einzelgänger, meist friedlich, manchmal ruppig, freiheitsliebend und immer am Ufer von Flüssen und Seen.

Nach der Reparatur des Stators in Indien übernimmt Bleier 2004 dort auch die Montage der Wasserkraftgeneratoren, die zwei Jahre dauern wird. Er kennt sich schließlich schon aus vor Ort. Der Montage-Bauleiter organisiert und überwacht die Arbeit der indischen Subunternehmen, trägt die volle Verantwortung. Jede der drei Turbinen, die in eine Kaverne unter der 145 Meter hohen Staumauer eingebaut werden, hat eine Leistung von 150 Megawatt, mehr als eine Million Kühlschränke könnten damit betrieben werden. Jede Maschine ist mehrere Millionen Euro wert.

Auf den Wasserkraft-Baustellen an Flüssen und Seen rund um den Globus sammelt Heinz Bleier Erfahrung um Erfahrung, lernt kontinuierlich hinzu und arbeitet sich so vom einfachen Schlosser ohne Studium zum Montage-Bauleiter hoch, leitet eigenständig große Projekte. „Erection Supervisor" heißt das in seinem Lebenslauf. Vor allem auf den Baustellen in fernen Ländern ist Bleier mehr oder weniger sein eigener Chef, kann und muss Entscheidungen völlig selbstständig treffen. „Das ist eine große Herausforderung", sagt er. „Man kann ja nicht wegen jedem Problem daheim anrufen." Die Verantwortung, die Bleier trägt, ist groß – genauso groß sind aber auch die Freiheiten, die der „Wasserbüffel" in seinem Revier genießt.

Und auf seinen Reisen lernt Bleier nicht nur für die berufliche Karriere, er lernt Englisch, Portugiesisch, ein bisschen Spanisch und auch ganz lebenspraktische Fertigkeiten: Sechs Sorten Wurst stellen Bleier und seine Kollegen auf der Baustelle in Malaysia eigenhändig her. Luftgetrocknete Salami und Bratwürste nach den Rezepten eines Metzgers in der Heimat.

Bild links: Höhenangst wäre hier fehl am Platz. Wer unwegsames Gelände überqueren will, muss sich im Himalaja auch mit weniger vertrauenerweckenden Transportlösungen anfreunden.

Bild rechts: Blick auf den mittleren Himalaja Höhe. Als ein starkes Erdbeben die Region erschüttert, sind starke Nerven, kreative Lösungen und Improvisation gefragt, um den Zeitplan für die Fertigstellung der Generatoren einzuhalten.

Bild unten: Ebenso sehenswert sind die kleinen Siedlungen des indischen Hochtals, deren Architektur sich dem rauen Gelände anschmiegt und Wind und Wetter standhält.

Entbehrung macht erfinderisch – vor allem in armen Ländern ist Improvisation auch im Alltag gefragt, um einen gewissen Lebensstandard zu halten. Aus einem alten Ölfass und einem ausrangierten Elektroschrank schweißen die Monteure eine Räucherkammer mit Platz für zehn frische Fische, oft von morgens bis abends in Betrieb. Bleier legt Weißkohl ein, macht Sauerkraut. Zum Trinken gibt es Wein, in großen Bottichen selbst gegoren.

Anfang der neunziger Jahre überwindet Rose Marie Bleier ihre Flugangst und begleitet ihren Ehemann erstmals auf einen Auslandseinsatz – nach Pakistan. Obwohl sie schon nach wenigen Wochen wieder zurückgeschickt wird, weil sich mit dem Ausbruch des Golfkriegs auch die Sicherheitslage in Pakistan verschlechtert, findet sie auf einmal Gefallen am Reisen und begleitet Heinz Bleier von nun an rund um den Globus. Sie fliegt mit ihm nach Südafrika, wo der Monteur das Kavernenkraftwerk wartet, das er rund 30 Jahre zuvor gebaut hat, und wo er viele alte Freunde wieder trifft. Danach geht es weiter nach Australien – Bleier baut dort den Motor für eine gigantische Waschmaschine auf, mit der in einer 30 Meter langen Trommel Gold aus Gestein gewaschen wird. In Griechenland wohnen die beiden nicht weit vom Meer, abends dinieren sie in gemütlichen Tavernen. Weniger beschaulich ist es in Iran, wo Rose Marie Bleier einen Schleier tragen muss, sobald sie auf die Straße geht. Immer wieder wird das europäische Ehepaar von iranischen Kindern mit Steinen beworfen, die Antenne müssen sie im Gebüsch hinter ihrem Haus verstecken. Ausländisches Fernsehen ist in Iran tabu.

Während der Montage der Wasserkraftgeneratoren in Indien ist Heinz Bleier wieder alleine, seine Frau muss zu Hause bleiben. Die Baustelle liegt in der umkämpften Kaschmir-Region nahe der pakistanischen Grenze, die Situation dort ist angespannt. Schon am Flughafen in der Provinzhauptstadt Jammu bekommt Bleier einen Militärpolizisten zur Seite gestellt, der ihn ab sofort auf Schritt und Tritt begleitet, die Kalaschnikow immer griffbereit. Das Camp in dem abgelegenen Hochtal des Himalajas, in dem Bleier zusammen mit fünf deutschen und 15 indischen Kollegen zwei Jahre lebt, ist eingezäunt, die beiden Eingänge sind streng bewacht. Fast täglich sieht Bleier auf der staubigen Straße riesige Trucks mit schwer bewaffneten Soldaten des indischen Militärs vorbeifahren. Der Monteur und seine deutschen Kollegen verlassen ihr bewachtes Lager nur selten. Das Leben spielt sich fast ausschließlich zwischen Camp und Baustelle ab.

Um viertel vor sechs wird Bleier jeden Morgen vom schallenden Ruf des Muezzins der provisorischen Moschee neben dem Camp geweckt. Nach dem Frühstück arbeitet Bleier zehn, elf Stunden täglich, von Montag bis Samstag. Viel Abwechslung ist so weit abseits der Zivilisation ohnehin nicht geboten. Trotz großer Satellitenschüsseln empfangen die Mitarbeiter in ihren einfachen, zweistöckigen Häusern in dem engen Tal nur indische Fernsehsender. Kitschig-triefende Tanzfilme, Kricket-Turniere und als Höhepunkt gelegentlich ein Formel-1-Rennen. In einem kleinen Fitnessraum können sich die Mitarbeiter austoben, Aggressionen abbauen, gegen den Lagerkoller ankämpfen. Nur die beiden Köche kriegen sich immer wieder in die Haare, weil der eine, ein Moslem, nichts von Schweinefleisch wissen will, und der andere, ein Hindu, kein Rindfleisch anrührt. Wenn das unbeständige Wetter es zulässt, grillen Heinz Bleier und seine Kollegen deshalb oft selbst, legen Bratwürste aus Deutschland oder indische „Chicken" auf ihren selbst geschweißten Grill und sitzen in gemütlicher Runde auf selbst gemauerten Bänkchen unter einem Dach aus Bananenblättern.

Bild oben: Heinz Bleier mit einem indischen Kollegen vor dem ersten angelieferten Stator-Teil. Glücklicherweise konnten die Transportschäden vor Ort repariert werden.

Bild unten: Die Rotorennaben der Generatoren werden wegen ihres Gewichtes und ihrer Übergröße in zwei Teilen mit 32 Polen und 175 Tonnen einzelner Statorbleche angeliefert, gepackt, ausgerichtet, gespannt, geschrumpft und dann in den Stator eingefahren.

Als nach zwei Jahren die erste der drei Turbinen in der Kaverne unter der Staumauer betriebsbereit ist, wird Heinz Bleier abgelöst, er darf zurück nach Deutschland. Er freut sich auf seine Frau, seine Familie und auf das deutsche Essen, auf Schwarzwälder Schinken und Schweinebraten. Er freut sich auf Weisenbach im Murgtal, von wo er dreißig Jahre zuvor aufgebrochen war. Jetzt kommt Heinz Bleier wieder heim – nachdem er sich den Traum von der weiten Welt erfüllt hat.

Heinz Bleier ist froh, dass er nun mit 59 Jahren wieder in der Firmenzentrale von Voith-Siemens in Heidenheim arbeitet, und nicht mehr ständig auf gepackten Koffern sitzt. „Es ist an der Zeit, ein bisschen kürzer zu treten", sagt er. Dass es ihm langweilig werden könnte, befürchtet Bleier nicht. „An unserem Schwarzwaldhaus muss noch viel gemacht werden. Und ein bisschen reisen will ich natürlich auch noch – mal ganz ohne Arbeit."

Und vielleicht hat Heinz Bleier jetzt auch endlich einmal Zeit, sich um die Landkarte zu kümmern, die schon seit zehn Jahren eingerollt in seinem Arbeitszimmer in Weisenbach liegt. Mit einem schönen Aluminiumrahmen versehen will er die zwei auf zwei Meter große Weltkarte aufhängen und mit farbigen Nadeln seine Reiserouten markieren. Je eine kleine Nadel für die unzähligen Geschichten und Erinnerungen, die ihm von jedem Ort geblieben sind.

Bild oben: Der Stator kommt in drei Teilen mit eingelegter Wicklung. Die fehlenden Teilfugenstäbe werden eingesetzt und isoliert, die Wicklung geprüft. Danach wird der komplette Stator mit ca. 160 Tonnen in die Maschinengrube eingefahren.

Bild links: Blick auf die Staumauer des Baglihar Hydroelectric Projekts. Siemens montiert hier drei Vertikalgeneratoren mit einer Leistung von je 168 MVA, angetrieben von Francis-Turbinen mit 150 MW pro Maschine. Für den Ausbau des Wasserkraftwerkes sind weitere 450 MW geplant.

151

Den Stau vermeiden

Mit der weltweit immer stärker zunehmenden Mobilität steigen auch die Anforderungen an den Straßenverkehr und die Organsiation der täglichen Pendlerströme in den Großstädten und damit auch an die Lösungen der Verkehrstechnik. Es gilt, das wachsende Verkehrsaufkommen bestmöglich zu regeln und zu steuern, um den Verkehrsfluss sicher zu machen und vom Stau zu befreien und auch, um die Umweltbelastung durch Abgase zu verringern.

Gegenüberliegende Seite:

Bild oben: Steuerung sowie Beeinflussung des Verkehrs erfordern ein reibungsloses Zusammenspiel komplexer Verfahren. Moderne Sensoren und Detektoren erfassen laufend den Verkehr und übermitteln die gemessenen Daten an Verkehrsleit- und Verkehrsmanagementzentralen. Von hier aus witrd dann der Verkehr über Wechselverkehrszeichen geregelt und der Autofahrer über Funk und andere Medien informiert.

Blind links unten: Eine der modernsten Verkehrsregelungs- und -managementzentralen steht in Berlin im Flughafen Tempelhof. Sie hatte ihre Bewährungsprobe während der Fifa Fußball-Weltmeisterschaft in der Hauptstadt.

Bild rechts unten: Der Velaro ist der erfolgreichste Hochgeschwindigkeits-Triebzug der Welt: Mit dem deutschen ICE 3, dem spanischen Velaro E, dem chinesischen Velaro CN und dem russischen Velaro RUS sind ab 2010 mehr als 160 Züge dieser Plattform weltweit in Betrieb.

Im Jahr 2003 legten die Westeuropäer 5000 Milliarden Kilometer mit Auto, Bus und Bahn zurück – den Löwenanteil davon auf der Straße. Verantwortlich dafür sind einerseits die zunehmende Motorisierung und andererseits eine immer globalere Wertschöpfungskette in der Industrie, die immer mehr Komponenten und Vorprodukte an immer weiter verzweigte Produktionsstätten transportiert.

Die Mobilität in Ballungszentren zu managen und zu erhalten, ist eine der großen Herausforderungen für Städte- und Verkehrsplaner, für Politik und Behörden. Da ein „Mehr" an Verkehr aufgrund von Kapazitätsgrenzen nicht möglich ist, muss in Zukunft der Mangel verwaltet werden. Schon heute belegt beispielsweise die Verkehrsinfrastruktur der Metropolregion Ruhr zwischen Hamm und Wesel, Recklinghausen und Essen mehr ein Zehntel der Fläche des Ruhrgebiets.

Siemens liefert technische Lösungen, die die Mobilität sichern, die Sicherheit für alle Verkehrsteilnehmer erhöhen und mit moderner Verkehrsregelungstechnik Umweltbeeinträchtigungen verringern. Sensoren erfassen die Verkehrsströme, ausgeklügelte Verkehrsmodelle prognostizieren die Verkehrslage und Verkehrsmanagementzentralen bereiten die Informationen nutzergerecht auf. Siemens vereint dabei Kompetenzen bei Betriebsführungssystemen für Bahn- und Straßenverkehrstechnik mit Lösungen bei Flughafenlogistik, Postautomatisierung und Bahnstromversorgung sowie Schienenfahrzeugen im Nah-, Regional- und Fernverkehr und zukunftsorientierte Servicekonzepte.

Einmal um den Globus

Auf Flughäfen in aller Welt sind Sicherheit, Schnelligkeit und Präzision oberstes Gebot. Gepäckstücke müssen vollautomatisch abgefertigt, sortiert und verladen werden. Vom Check-in bis zur Gepäckausgabe am Zielflughafen muss der Prozess im Hintergrund perfekt funktionieren, um einen reibungslosen Flugbetrieb zu gewährleisten. Gleiches gilt für Frachtgut.

Foto oben: Die neue Start- und Landebahn inkl. der Rollwege des Leipziger Flughafens ist mit mehr als 3700 Über- und Unterflurfeuern ausgestattet. Durch redundante Auslegung von Stromversorgung, Überwachung und Ansteuerung ist der Betrieb rund um die Uhr und bei jedem Wetter gesichert.

Gegenüberliegende Seite:

Foto oben: Futuristisch elegant liegen die sanft geschwungenen Gebäude von Incheon, dem Flughafen von Seoul, auf einer Insel im Gelben Meer. 2001 eröffnet, befindet sich dieser Airport schon wieder mitten im Umbau, um seine Kapazität auf 44 Millionen Passagiere im Jahr zu erweitern. Siemens baut hier eine neue Art von Gepäckbeförderungsanlage, eine Double-Tray-Anlage.

Foto links unten: Automatische Scannertore lesen den Barcode-Aufkleber jedes Gepäckstückes. Ein Sortierrechner bestimmt den Weg. Flugplan-Änderungen, Verspätungen oder Annullierungen führen zur automatischen Neubestimmung der Gepäckziele.

Foto rechts unten: Auf Flughäfen in aller Welt sind Sicherheit, Schnelligkeit und Präzision oberstes Gebot. Gepäckstücke müssen vollautomatisch abgefertigt, sortiert und verladen werden. Hier hilft umfassende und integrierte Spitzentechnologie.

Die Branche boomt wie kaum eine andere. Die Fluglinien der Welt befördern heute 1,6 Milliarden Fluggäste im Jahr, mit steigender Tendenz. Vor allem die großen Ballungsräume müssen ihre internationalen Flughäfen praktisch ständig neu erfinden – und mit modernster Technik ausbauen. China ist der größte Wachstumsmarkt für neue Flughäfen. Nur 0,1 Prozent der Einwohner unternehmen bislang eine oder mehrere internationale Flugreisen im Jahr. In den USA sind es 13 Prozent. Um den Nachholbedarf zu decken, will die chinesische Regierung in allen 127 Städten mit mehr als einer Million Einwohnern Flughäfen bauen.

Dubai erweitert die Kapazität seines derzeitigen Flughafens von 25 Millionen auf 70 Millionen Passagiere im Jahr. Siemens liefert ein Cargo-Zentrum für den Frachtumschlag sowie eine automatische Gepäckförderanlage – mit einer Gesamtlänge von 90 Kilometern und einem Durchsatz von 15.000 Gepäckstücken pro Stunde eine der größten Anlagen. Die Passagiere können ihre Koffer an über 220 Check-in-Schaltern aufgeben und profitieren von einer Mindestumsteigezeit von nur 45 Minuten.

Siemens hat als einziger Anbieter weltweit das Know-how, einen kompletten Flughafen auszustatten. Die Palette reicht von Gepäck- und Frachtförderanlagen, Sicherheitssystemen für Passagiere und Gepäck, Lösungen für Gebäude- und Energiemanagement, Systemen für die Flugplatzbefeuerung und das Straßenverkehrsmanagement bis zu IT- und Telekommunikationslösungen und der Überwachung von Serviceflotten sowie dem Projektmanagement zur Integration all dieser Gewerke. Dienstleistungen für Betrieb und Wartung über den Lebenszyklus eines Flughafens runden das Portfolio ab.

Pünktlich und sicher ans Ziel

Internet-Malls und -Auktionshäuser sowie Call- und Tele-Shopping-Center stehen alle vor der gleichen Herausforderung: Sie müssen die Geschwindigkeit ihres Verkaufskanals auch zum Kunden bringen. Sie brauchen einen schnellen, zuverlässigen und wirtschaftlichen Logistikdienstleister. Im Hintergrund arbeiten Fracht- und Verteilzentren, die ein Paradebeispiel von automatisierten Prozessen sind und deren Geschwindigkeit und Zuverlässigkeit Dimensionen erreicht, die vor gar nicht langer Zeit kaum vorstellbar waren.

Bild oben: Geschwindigkeit, Zuverlässigkeit und Wirtschaftlichkeit sind die drei großen Herausforderungen beim Handling von Postsendungen aller Art. Es gilt die Sendungen schnell vom Absender zum Empfänger zu transportieren und das rund um den Erdball – von der Einzelsendung bis zum standardisierten Massenversand.

Gegenüberligende Seite:

Bild rechts: Siemens Lese- und Videosysteme werden auch mit einem heterogenen Sendungsaufkommen fertig. Gleichgültig, ob die Adressen hand- oder maschinenschriftlich sind, die Systeme erkennen die notwendigen Informationen schnell und sicher – und auch in unterschiedlichen Sprachen.

Bilder links: Das Trennen nach Formaten, Vereinzeln der Sendungen und Überprüfen der Maschinenfähigkeit erledigen die Vorverarbeitungssysteme mit hoher Geschwindigkeit. Integrierte Sortiermaschinen übernehmen die Feinsortierung für alle Arten der Sendungen.

Jahr für Jahr steigt die Beförderungsleistung der Postdienstleister und KEP-Dienste (Kurier-, Express- und Paketdienste). Trotzdem erreichen die meisten Briefe und Pakete schon am nächsten Tag ihren Bestimmungsort. Leistungsfähige Scanner und Leseverfahren erfassen bis zu 60.000 Mal in der Stunde alle wichtigen Informationen, und dies sogar in verschiedenen Sprachen. Mit einer Geschwindigkeit von vier Metern pro Sekunde rauschen die Briefumschläge durch die Sortieranlagen, die sie nach Städten, Straßen und Hausnummern sortieren. Dabei wird sogar die Strecke berücksichtigt, die der Briefträger gehen muss. Unlesbare Anschriften werden an Mitarbeiter zur manuellen Erfassung weitergeleitet. Die Trennung nach Formaten, das Vereinzeln der Sendungen und die Überprüfung der Maschinenfähigkeit erfolgt durch Vorverarbeitungssysteme. Über 22.000 installierte Automatisierungssysteme für die Postlogistik hat Siemens Postal Automation inzwischen weltweit installiert. Für Kurier- und Paketdienste reicht das Angebot vom ständig verfügbaren Abholautomaten bis zu komplett ausgestatteten Paketzentren inklusive Fördersystemen, Zuführungssystemen, Paketvereinzeler und Paketsortiersystemen.

Rückgrat einer globalen Logistik

Auf langen Strecken ist das Schiff das kostengünstigste Transportmittel. Mit der Globalisierung steigt der Warenverkehr und damit auch die Anforderungen an eine schnelle, sichere und vor allem wirtschaftliche Transportkette. Gleichzeitig fordern verstärkte Sicherheitsanforderungen und schärfere Umweltauflagen von Werften und Schiffsausrüstern die Entwicklung neuer Lösungen. Innovative Antriebstechnologien verbessern die Wirtschaftlichkeit und Konkurrenzfähigkeit der Reedereien durch geringeren Treibstoffverbrauch, höhere Betriebsverfügbarkeit und bessere Auslastung. Denn jeder Quadratmeter Raum an Bord muss genutzt werden.

Sowohl im Handelsschiffbau als auch in der Marine verstärkt sich der Trend zu elektrischen Schiffsantrieben. Diese haben im Fahrprofil eine höhere Flexibilität, eine bessere Verfügbarkeit und einen niedrigeren Energiebedarf. Neben Kreuzfahrtschiffen werden die elektrischen Antriebstechnologien bei Versorgungsschiffen, bei LNG-Tankern und in Container-Schiffen eingesetzt. In der Marine sind die elektrischen Antriebe vor allem bei Patrouillenbooten, Fregatten und Korvetten sowie Marineunterstützungsschiffen (LPD) interessant.

Neue Lösungsplattformen für die gesamte elektrotechnische Ausrüstung an Bord verbinden Antriebstechnik, Energieerzeugung und -verteilung, Schiffsautomatisierung und Datennetze inklusive der zugehörigen Instandhaltungs- und Ersatzteil-Services. So stimmt beispielsweise eine präzise Propeller-Steuerung unter allen Betriebsbedingungen den Energieverbrauch immer auf den Energiebedarf des Antriebs ab. Waste Heat Recovery Systeme nutzen immer häufiger auch die Energie in heißen Abgasen großer Schiffspdiesel und sparen damit Treibstoff ein. Bislang ungenutzt über den Schornstein abgeleitet, treiben die heißen Abgase Turbogeneratoren an, um zusätzlich Strom zu gewinnen. Auch mit dem Booster-Konzept lässt sich der Gesamtwirkungsgrad eines Diesel-Schiffsantriebs steigern. Ein zusätzlich auf der Schiffswelle eingebauter Elektromotor erhöht die Antriebsleistung des Schiffsdiesels. Er unterstützt diesen beim Hochlauf und entlastet ihn im gesamten Drehzahlbereich.

Bild oben: Siemens rüstet verschiedene Kreuzfahrtschiffe der AIDA Cruises und der Princess Cruises mit Energie-, Antriebs- und Automatisierungstechnik aus.

Gegenüberliegende Seite:

Bild rechts unten: Erste Containerschiffe sind bereits erfolgreich mit einem von Siemens und Partnern weiterentwickelten „Waste Heat Recovery System" in Betrieb. Bei diesem System treiben die heißen Abgase von Schiffsdieselmotoren, die bislang ungenutzt über den Schornstein abgeleitet wurden, Turbogeneratoren an. Diese können zusätzlich bis zu sechs Megawatt Energie für die Stromversorgung an Bord erzeugen.

Bild oben und links unten: Mehr Komfort für die Passagiere, mehr Platz im Frachtraum und erhebliche Treibstoffeinsparung für den Reeder bieten die Siemens-Lösungen, die die Antriebs- und Elektrotechnik mit der Automatisierung zu einer durchgängigen Lösungsplattform verknüpfen. Gegenüber herkömmlichen Einzellösungen verbessert die elektrotechnische Standardisierung den immer komplexeren Schiffsbetrieb nachhaltig.

Dort arbeiten, wo andere für teures Geld Urlaub machen

Sein Leben ist wie das eines Rundbriefs mit angehäuften Stempeln und Briefmarken: Über Grenzen geschickt und durch die Welt gesandt, kehrt er wieder an seinen Ursprungsort zurück. Conrad-Werner Brunner war 43 Jahre lang auf Baustellen im Osten und im Westen der Welt.

Text: Martin Wimösterer

Conrad Brunner begeistert sich immer wieder für Kultur und Geschichte des Landes. Im Urlaub besuchte er die Tempelruinen von Tikal im Hochland von Guatemala. Mehr als 3000 Bauten, von denen viele, insbesondere in den Außenbereichen, noch nicht ausgegraben und erforscht wurden, zeugen immer noch von der Hochkultur der Mayas. Man schätzt, dass in der Stadt in der klassischen Periode mehr als 50.000 Menschen lebten. Das Zentrum Tikals bildet der Große Platz mit den Tempeln I und II sowie der Zentralakropolis.

Erlangen, 19. Dezember 2008

Conrad Brunner hat in seiner Berufslaufbahn immer wieder auf Kraftwerksbaustellen gearbeitet, später Brief-, Paket und Fluggepäck-Transportsysteme in Betrieb gesetzt – in England, den Niederlanden, in der Schweiz, Deutschland und Brasilien. In insgesamt zwölf Ländern war Brunner für verschiedene Arbeitgeber auf verschiedenen Baustellen tätig. Zuerst für ein Unternehmen in der DDR und nach der Wende für Siemens. Inzwischen ist der Automatisierungstechniker wieder in seiner Heimat zurück. Im März 2008 geht er in den Ruhestand. Wie ein Rundbrief Stempel oder Briefmarken anhäuft, hat der heute 62-Jährige Erfahrungen auf vier Kontinenten gesammelt. Seine Erlebnisse und Bilder gehen weit über die Erzählungen und Farben einer Postkarte aus dem Urlaub hinaus.

„Die Mexikaner wissen richtig zu leben. Gutes Essen, entspannte Einstellung zum Leben, Mariachi-Musik." Auf seinen Auslandsstationen faszinierten Brunner immer wieder die Natur und die fremden Kulturen. Vor allem aber: dort arbeiten zu dürfen, wo andere für teures Geld Urlaub machen. Einen eineinhalbjährigen Montageaufenthalt in Mexiko nutzt der leidenschaftliche Bergsteiger, um zusammen mit Kameraden des firmeninternen Bergsteiger-Clubs den Popocatepetl zu bezwingen, die mit 5.454 Metern die höchste Erhebung Mexikos. „Auf dem letzten Drittel hat das richtig Kraft gekostet. Da geht man höchstens zehn Schritte, rammt dann den Eispickel rein und ruht sich aus. Aber nicht lange, weil man sonst sofort einschläft." Auf dem Gipfel angekommen, überblickt Brunner das lang gezogene Hochtal von Mexiko-Stadt bis hinunter nach Puebla am Fuß des Berges.

Tipitapa, Nicaragua 1986

Im Land tobt ein Bürgerkrieg. Vor Brunners Augen explodiert ein Munitionslager. Er denkt nicht daran, seine Arbeit liegen zu lassen. „Die Lage war schon nicht so ohne, aber Angst haben wir keine gehabt. Und die Arbeit musste ja trotzdem gemacht werden." Am Tor der Zuckerfabrik stehen Milizsoldaten, die ein schweres Maschinengewehr in Stellung bringen. Dies wirkt bedrohlich. Immer wieder werden die deutschen Monteure von Einheimischen und der Werkleitung ermahnt, vorsichtig zu sein. Während die nicaraguanischen Mitarbeiter wöchentlich an Militärübungen teilnehmen, bauen ihre deutschen Kollegen weiter an der Zuckerfabrik. Allgegenwärtig die Präsenz von Polizei, Milizen und Militär. Doch dies konnte kaum Brunners Neugier auf das unbekannte Land dämpfen. Er und seine Kollegen verließen die streng bewachte Hauptstadt Managua, um Kaffeeanbaugebiete in den Bergen von Matagalpa zu besuchen, an der Pazifikküste zu baden oder den Vulkan Santiago am Stadtrand von Managua zu besteigen. Vom Kraterrand des Vulkans blickt Brunner mehrere hundert Meter tief in den Abgrund und sieht Magma kochen. Ständig steigt schwefelhaltiger Rauch auf. „Papageien flogen durch den Vulkan, wahrscheinlich wirkt der Rauch als natürliches Entlausungsmittel", vermutet Brunner.

Conrad Brunner (62)
Dipl.-Ing. Automatisierungstechnik, BMSR-Mechaniker, Montageingenieur und Inbetriebsetzer, Integration Manager auf Baustellen von Kraftwerken, Post- und Flughafenlogistik ● Lebensmotto: Den Tag nutzen, täglich etwas Handfestes erbringen – möglichst mit einem motivierten Team – und dabei die anderen schönen Seiten des Lebens nicht vergessen.

Halbinsel Mangyschlak, Kasachstan 1987

Kontrastprogramm in der kasachischen Steppe: Für die damals sowjetische Erdölförderung wird ein breiter Uferstreifen des Kaspischen Meeres mit Bulldozern in die See geschoben, um trockenen Fußes die Bohrlöcher für die Erdöl- und Erdgasförderung zu erreichen. Entlang der Steppenautobahn, an den Hängen der geologisch jungen Steppenschluchten, buddelt Brunner zusammen mit seine gleichermaßen interessierten Kollegen nach versteinerten Seeigeln und Donnerkeilen. „Man schraubt seine Ansprüche zurück", erinnert sich Brunner, „in der kasachischen Steppe haben wir uns schon gefreut, wenn wir ein Blümchen gesehen haben."

Brunner kämpft in Kasachstan gegen die Tristesse: Inmitten der Ölfelder sind die Möglichkeiten, sich zu amüsieren, spärlich gesät. Drei Kilometer läuft er ins nächste Arbeiterdorf, wo es eine Kantine mit einem kleinen Lebensmittelverkauf gibt. Unter der Woche bleibt seine Mannschaft zusammen in den Wohneinheiten. Man kocht, wäscht und sieht das russische Pendant der Tagesschau. „Zu DDR-Zeiten war auch immer noch mal ein Auto zu reparieren."

Conrad Brunner legt Wert auf Disziplin und Konsequenz. Das zeigt sich schon, wenn er spricht: Seine Stimme klingt freundlich, doch auch bestimmt und zielgerichtet. Brunner liest viel, zitiert Schiller, Napoleon und Scholl-Latour. „Scholl-Latour – der weiß mehr von der Welt. Der weiß sehr viel mehr von der Welt als andere, die auch viel darüber reden. Der kennt sich aus mit den Ländern, über die er spricht. Der war längere Zeit vor Ort und suchte dabei den intensiven Kontakt zu den verschiedensten Bevölkerungsschichten. Natürlich erfährt man dabei mehr!"

Teltow 1983

Conrad Brunner als Monteur im Ausland – eigentlich ein Spätzünder im Auslandsgeschäft. Die große Wende im Leben des ehemaligen DDR-Bürgers findet bereits 1983 statt. 1983, Erich Honecker ist in der Mitte seiner Amtszeit, meldet sich der Montageingenieur Brunner zur Auslandsmontage. Erst mit 38 Jahren verlässt er für seinen damaligen Arbeitgeber, die Geräte- und Reglerwerke (GRW) Teltow, die DDR in Richtung Griechenland. Vorangegangene Angebote, „auf Montage" nach Sibirien zu gehen, hatten ihn nicht überzeugt. In seinem Montagestützpunkt in Rathenow / Havel hatte er sich häuslich eingerichtet. Ihm unterstehen 100 Mitarbeiter, er verfügt über eine gut entwickelte Infrastruktur – mit Büro, Lager, Werkstatt, Fuhrpark. In enger Kooperation mit den Abteilungen des Stammwerkes in Teltow kann er schalten und walten wie ein kleiner Betriebsleiter. Er hat keine Eile, die erstbeste Gelegenheit zur Auslandsmontage zu nutzen. Doch Griechenland reizt ihn. Zum ersten Mal ist Brunner in einem Land der westlichen Hemisphäre, soll als Montageleiter den Aufbau eines Kraftwerks überwachen. Schon die Anreise nach Griechen-

„Doch Griechenland reizt ihn. Zum ersten Mal ist Brunner in einem Land der westlichen Hemisphäre. Im Wartburg-Tourist, voll gepackt mit Material, Zeichnungen und Proviant, fährt er tagelang quer durch Europa."

land taugt zum Abenteuer: Im Wartburg-Tourist, voll gepackt mit Material, Zeichnungen und Proviant, fährt Brunner tagelang quer durch Europa. Da die DDR keine freien Devisen hat, muss er alles Lebensnotwendige mitnehmen.

Ludwigsfelde 1964

Eigentlich stand für ihn schon immer fest, dass er beruflich ins Ausland gehen will. In der DDR war das Reisen ja nicht jedem Bürger gestattet, deswegen galt unter der großen Schar der Monteure von Beginn an das Motto „Die hohe Schule des Monteur-Daseins ist und bleibt die Auslandsmontage und -inbetriebsetzung". Gekeimt war das Fernweh bereits früh. Wenn er während seiner Lehrzeit im GRW Teltow einen Schaltschrank montierte, dann hörte er wehmütig, dass dieser Schrank nach Ägypten geht, der andere nach China und der dritte nach Jugoslawien.

Das Lehrmodell des polytechnischen Unterrichts, beginnend in der siebten Klasse der Grundschule – für Brunner ein Glücksfall. Da hatte er Kontakt mit der Praxis, da wurde die Begeisterung für technische Berufe geweckt, da bekam er wie im Elternhaus Pflichtbewusstsein mit. Immer wieder hat er von der vielseitigen Ausbildung profitiert während seines späteren Berufslebens. So eine variantenreiche und gleichzeitig fachbezogene Ausbildung fehlt im heutigen Schulsystem, meint Brunner. „Damals haben uns die Finnen über die Schulter geschaut, kein Wunder, wenn sie in der Pisa-Studie punkten."

Für den Erfolg eines Projekts, besonders im Ausland, hält Brunner eine gründliche Ausbildung für unabdingbar. Damit meint er nicht nur technisches Wissen, sondern auch den Kollektivgedanken, der in der DDR ausgeprägter war als im Westen. „Hier schlummert noch ein immenses Potenzial: Bei Siemens läuft ja vieles schon in die richtige Richtung. Aber das muss noch intensiver im Leben praktiziert werden, um die rückhaltlose Motivation zu entwickeln, zu verbessern und hochzuhalten." Das ideale Team – für Brunner immer eines, bei dem auch die Chemie stimmt. Eine Gruppe von mitdenkenden Leuten, die sich nach der Arbeit nicht vollkommen ab-

> „Für den Erfolg eines Projekts ist eine gründliche Ausbildung unabdingbar. Damit meint Brunner nicht nur technisches Wissen, sondern auch den Kollektivgedanken, der in der DDR ausgeprägter war als im Westen."

Bild oben: Werden die Bohnen bei der Kaffeeernte mit der Hand gepflückt, so dass nur die jeweils reifen Früchte ausgewählt werden, erzielt man eine bessere Qualität. Leidtragend sind dabei die geschundenen Hände der Erntehelfer.

Bild links: Der Popocatépetl ist mit einer momentanen Höhe von 5462 Metern Nordamerikas zweithöchster Vulkan und der zweithöchste Berg Mexikos. Einer aztekischen Sage zufolge war der Namensgeber „Popocatépetl" Söldner des Königs und verliebt in die Prinzessin Iztaccíhuatl. Als er von einem Feldzug lange nicht zurückkehrte, nahm sich Iztaccíhuatl das Leben, in der Annahme, er sei gefallen. Als Popocatépetl jedoch triumphierend aus dem Krieg zurückkam, kehrte er heim zu einer Toten. In seiner Trauer legte er den Leichnam seiner Geliebten auf einen Berg und wacht seitdem mit seiner rauchenden Fackel an ihrer Seite.

schotten. „Für mich ist es eines der Motive überhaupt, mit einem Team zusammen schwierige Leistungen zu vollbringen."

Die Bezahlung ist zweifellos wichtig. Persönlicher Einsatz und Nachteile im Hinblick auf Familie und allgemeine Lebensqualität würden auch heute noch finanziell unzureichend honoriert. Für Brunner sind aber auch ideelle Motive sehr wichtig. „Da muss man über weite Strecken einfach Sportsgeist und Idealismus mitbringen."

Jena 1966

Für das Studium der Automatisierungstechnik zieht Conrad Brunner ins Saaletal. In Jena lernt er seine spätere Frau kennen. Sie und seine Tochter fehlen ihm während seiner Auslandsaufenthalte. Dennoch: Brunner denkt stets rational, auch in der Liebe. Er ist strikt dagegen, seine Familie mit auf die Baustelle zu nehmen. „Eine Familie mit nach Sibirien zu nehmen, das war damals verantwortungslos. Bei Ländern wie Mexiko wäre das vielleicht anders gewesen. Hart war es immer für beide Seiten, doch Brunner wollte auch die Karrieren seiner Frau und Tochter in Deutschland nicht gefährden. Seine Frau entwickelt bis heute Eisenbahn-Signaltechnik und seine Tochter ist inzwischen promovierte Zahnärztin. Eine Stütze in dieser Zeit war auch die Familie: Schwiegereltern und Geschwister wohnten am Ort, Brunners Eltern im 50 Kilometer entfernten Ludwigsfelde. „Dies gab mir die Freiheit, mich voll auf meine Arbeit zu konzentrieren." In der Regel kommt er einmal im Vierteljahr nach Hause – und dann geht's meist mit der Familie in den Urlaub. „Nach Bulgarien an den Sonnenstrand, an die kaukasische Schwarzmeerküste, nach Sotschi oder Rumänien – man muss ja auch was bieten."

Jaroslawl, Russland 1989

Die Wende erlebt Brunner im Ausland – in Jaroslawl als Montageleiter einer Vakuumdestillationsanlage für Erdöl. Als dann plötzlich alles in Dollar oder D-Mark bezahlt werden sollte, geht nichts mehr. „Es wurmt mich immer noch, dass ich eine Arbeit nicht fertig gemacht habe", sagt er heute. 1991 kommt Brunner zu Siemens. In den Umwälzungen, die die deutsch-deutsche Wende nach sich zieht, wird ein Teil des GRW Teltow in die Siemens AG aufgenommen. Eine turbulente Zeit: „In der Firma herrschte Titanic-Stimmung.

„Die Wende erlebt Brunner in Jaroslawl, Russland. Als dann plötzlich alles in Dollar bezahlt werden sollte, geht nichts mehr. ,Es wurmt mich immer noch, dass ich eine Arbeit nicht fertig gemacht habe.'"

Bild oben: Im März 2001 setzte Conrad Brunner die Elektrotechnik der Papierfabrik Andra Pradesh Paper Mills Ltd., Rajahmundry, Indien in Betrieb. Hier zusammen mit seinen indischen Kollegen.

Bild links: Industrieturbinen auf dem Prüfstand. Im Siemens-Werk in Offenbach werden die Turbinen vor der Auslieferung auf Herz und Nieren geprüft.

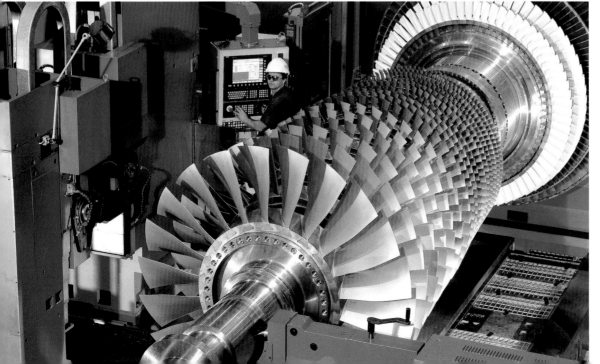

Ich habe rechtzeitig von dem Gerücht gehört, dass wir von Siemens übernommen werden, und ausgeharrt. Hätte auch schief gehen können." In diesen Wendezeiten sucht Brunner nach einer erneuten Herausforderung. Als ein Kraftwerksprojekt in Indien ausgeschrieben wird, will er unbedingt den Zuschlag. „Normal bin ich eher bescheiden und zurückhaltend, aber da habe ich mich in Szene gesetzt: Industrieturbinen kannte ich, Baustellenerfahrung hatte ich, aber meine Englisch-Ausbildung war entscheidend." In Indien erfährt Brunner, dass er ab jetzt ein Siemensianer ist.

Die Wende, die ihm die Übernahme bei Siemens einbrachte, hatte er schon seit Jahren erwartet. „Für jeden, der mit Verstand Zeitungen las, war schon Anfang der 80er Jahre klar, dass das Modell des sowjetischen Kommunismus nicht lange in die Zukunft hineinwachsen wird." Die Umstellung war für ihn relativ leicht, weil er genügend Praxiserfahrung mitbrachte. Die Arbeit bleibt die gleiche: Montage-Inbetriebsetzung, Bauleitung, Controlling – professionelle Baustellenabwicklung eben. Neu ist für den ehemaligen DDR-Bürger das äußerst selbstbewusste Auftreten der Kollegen aus dem Westen. Auch die neuen technischen Entwicklungen in der Automatisierung wie modernste Programmiergeräte, PC-basierte Leittechnik und die ganze industrielle Kommunikationswelt sind für ihn ungewohnt. Der damals 46-Jährige sieht jedoch das Neue als Herausforderung. „Man muss sich ein Leben lang fortbilden, weil sich ja alles nach vorne entwickelt."

Erlangen 2007

Eine saftiges Schäufele mit Kloß und Soße liegen auf dem Teller. Direkt daneben ein faustgroßes Stück Lasagne. Für Conrad Brunner, der sich das Menu gerade beim alljährlich stattfindenden Treffen der Siemens-Bauleiter zusammengestellt hat, passt das gut zusammen. „Das deutsche Element als Pflicht, die internationalen Einflüsse als Kür." Brunner – ein pflichtbewusster Projektmanager, der die Arbeit vors Vergnügen setzt. Auf dem Weg zu einer Auslandsbaustelle gibt es für ihn keine Fete, sondern Konzentration und Vorbreitung auf das anstehende Projekt. „Auf dem Rückflug durfte die Stewardess dann schon ein bisschen was bringen."

Der Rand-Berliner ist streng zu seinen Kollegen, aber auch streng mit sich selbst. Er tadelt sich selbst, wenn er in seiner Sprache einen Anglizismus entdeckt. Das täuscht jedoch nicht darüber hinweg, dass Brunner von seinen Auslandseinsätzen beeinflusst worden ist: Er spricht Russisch, Englisch, Spanisch und auch ein wenig Portugiesisch. Den Sprachkenntnissen und seiner Vorbereitung schreibt er auch zu, dass er sich so schnell in jedem Land eingelebt hat. Brunner ist dabei neugierig und offen für Ratschläge. So ist er auch zu seinem Motto gekommen, das er von einem früheren Vorgesetzten übernommen hat: Etwas von der Welt zu sehen, ist das halbe Leben. „Ich kann es nur jedem empfehlen, ein bisschen rauszugucken. Dann hört die Jammerei schnell auf."

Treuenbrietzen 2008

Brunner wird im März 2008 seinen Ruhestand antreten. Nach 18 Jahren im Ausland hat er eine lange Liste von unerledigten Dingen. So ist das Haus, das er zwischen zwei Inlandsbaustellen erbaut und bezogen hat, noch nicht in perfektem Zustand. Jetzt stehen noch allerhand Arbeiten zur Abrundung dieses „Heimat-Pojektes" an. „Doch wenn ich in der Zeitung von neuen Projekten lese, dann kribbelt es und ich hätte schon wieder Lust mitzumachen, mit dabei zu sein."

Bild oben: Inbetriebsetzung einer Briefsortieranlage. Siemens-Anlagen sortieren bis zu 50.000 Briefe in der Stunde nach Stadt, Straße und Hausnummer.

Bild unten: Nach der Wende setzte Conrad Brunner verschiedene Brief-, Paket- und Fluggepäck-Transportsysteme in Betrieb – in England, den Niederlanden, in der Schweiz und Deutschland. Das Bild zeigt eine Paketsortieranlage.

Als Frau in der Wüste

Weit in der Ferne konnte sie das kühle Meer erahnen. Die funkelnden Fassaden der Wolkenkratzer, in denen sich die gleißende Sonne spiegelte, verbargen es ihrem Blick. Auf der zwölfspurigen Autobahn zu ihren Füßen stauten sich die Autos. Dieses Bild vor dem Fenster ihres Hotel-Appartements sah Daniela Stich-Kaulbarsch jeden Morgen. Elf Monate lang, in denen sie das geordnete Leben in Deutschland gegen das hektische Treiben der Metropole Dubai eintauschte. Und jeder Tag brachte für sie Neues in der Technik- und in der Männerwelt auf der Baustelle der weltgrößten Gepäckförderanlage – dem Terminal 3 des Internationalen Flughafens.

Text: Nicole Stroth

Bei vielen Völkern spielt der Falke eine wichtige Rolle in der Mythologie. So ist er bei den Ägyptern der Sonnengott Horus, bei den Skandinaviern die Göttin Freya, bei den Kelten der Mittler zwischen den Welten und bei den Slawen die Sonne und das Licht. Der Falke ist bekannt für seinen großen Mut, seine scharfen Augen und kann in kürzester Zeit große Distanzen durchmessen. Deshalb ist er der Vogel der Krieger und das Wappentier der Vereinigten Arabischen Emirate. Er schmückt Briefmarken und Münzen und ist das Symbol vieler Schulen, Colleges oder Golfclubs. Im arabischen Raum zählt der Falke zu den schönsten und begehrtesten Statussymbolen, für ihn werden bis zu 100.000 Dollar bezahlt.

Dubai baut seine Funktion als transkontinentale Drehscheibe zwischen Europa, Afrika und Asien aus und investiert daher in seine Flughafenstruktur. Die hochkomplexe Gepäckförderanlage am Terminal 3 hat eine Gesamtlänge von 90 Kilometern und soll mehr als 15.000 Gepäckstücke pro Stunde befördern. Sie ist aber nicht nur die größte ihrer Art, sondern auch die tiefste, denn das fünfstöckige Gebäude des Terminals 3 wird mit seiner Höhe von 20 Metern unterirdisch errichtet. Der Grund: Wohn- und Industriegebiete der Stadt grenzen direkt an den Flughafen.

Doch was macht eine Frau in dieser Männerwelt? Daniela Stich-Kaulbarsch koordinierte vor Ort die Erstellung aller Betriebshandbücher der Anlage. Was sich zuerst einmal nicht spannend anhört, entpuppt sich bei einer differenzierteren Betrachtung als vielseitig und schlichtweg als ein hartes Stück Arbeit. „Ich musste versuchen, ein Verständnis von all den unterschiedlichen Bereichen zu bekommen. Von der mechanischen Seite, der Elektrik, der elektrischen Steuerung und der IT-mäßigen Kontrolle des ganzen Systems. Glücklicherweise brauchte ich nicht bis ins letzte Detail gehen. Mein Fokus lag auf der fertigen Bedienerdokumentation", erklärt Daniela Stich-Kaulbarsch, die Architektur in Aachen und Sydney studiert hat.

Fast jeder weiß aus eigener leidvoller Erfahrung, dass selbst der Zusammenbau eines einfachen Regals ohne Anleitung Fragen und Selbstzweifel an der handwerklichen Begabung aufwerfen kann. Verständliche Dokumente für den Betrieb einer so komplexen Anlage zu entwerfen, scheint da eine kaum zu bewältigende Aufgabe zu sein. Doch Daniela Stich-Kaulbarsch hat sich davon nicht abschrecken lassen.

Aber nicht nur mit der Technik musste sich Daniela Stich-Kaulbarsch herumschlagen, sondern auch mit der Männerwelt. „Frauen haben es schwerer", berichtet sie mit einem leicht resignierten Seufzen: Sie müssten sich ihren Respekt ganz besonders erarbeiten. Eine gewisse Autorität aus der Arbeit heraus wird ihnen nicht automatisch entgegengebracht. „Besonders in Dubai ist es für manche Nationalitäten besonders schwer, sich von einer Frau, vor allem wenn sie auch noch jünger ist, etwas sagen zu lassen. Selbst manche europäische Kollegen haben damit schon große Schwierigkeiten", sagt sie.

Doch die 34-Jährige blieb unbeeindruckt und hartnäckig. Eine Eigenschaft, die sie neben ihrer Willensstärke ganz besonders auszeichnet. Sie tritt selbstbewusst auf, wirkt beherrscht und kontrolliert. Ihr Aussehen könnte man als klassisch bezeichnen: leichtes Make-up, braune Haare, die glatt bis auf ihre Schultern fallen, schlichte und dennoch elegante Kleidung, wache Augen, die einen aufmerksam durch eine dezente Brille anschauen. Nichts an ihr wirkt aufgesetzt oder übertrieben. In dieser – rein auf die Körpergröße Bezug nehmend – kleinen Person steckt eine ausgeprägte Standhaftigkeit. Sie kämpft für ihre Ziele und erreicht sie auch. Von Widerständen hat sie sich noch nie abhalten lassen. „Ich wollte eigentlich in der 11. Klasse nach Australien und dort ein halbes Jahr zur Schule gehen. Aus verschiedenen Gründen hat das leider nicht geklappt. Daraufhin bin ich nach der 13. Klasse erst arbeiten gegangen, um mir das Geld zu verdienen, und dann für zehn Wochen nach Australien", erzählt Stich-Kaulbarsch. In ihrer Stimme schwingt unverkennbar der Stolz auf ihre frühe Selbstständigkeit mit.

Die Architektin ist wohl das, was man landläufig als eine Macherin bezeichnet – im wörtlichen wie im übertragenen Sinne. Sie war schon immer ein praktischer Mensch. „Ich habe früher sehr viel Handarbeiten gemacht und mache das auch heute noch, sofern ich dazu Zeit finde", erklärt sie. „Ich wollte nicht unbedingt kreativ sein, aber etwas gestalten. Resultate schaffen." Deswegen hat sie auch vom Gedanken Abschied genommen, Psychologie zu studieren, und sich stattdessen für das Architekturstudium entschieden.

In beruflicher Hinsicht wartet sie nicht auf Möglichkeiten, sondern schafft sich selber welche. Bei Siemens wurde sie vor drei Jahren als Claim-Managerin eingestellt. Da aber ein passendes Projekt nicht gleich gefunden war, wurde sie gebeten, bei einem Stahlwerkprojekt in Saudi-Arabien Zeichnungen auf Optimierungsmöglichkeiten zu prüfen. „Aus vier Tagen, die geplant waren, wurden dann zwei Jahre. Ich habe untersucht, welches Thema in diesem Projekt unbesetzt ist, und mich zur Projektadministratorin weiterentwickelt. Ich bin dann als eine der Letzten aus dem Projekt gegangen", erzählt Daniela Stich-Kaulbarsch.

Sich nur auf einen Bereich festzulegen, kam für sie nie in Frage. Das Studium der Architektur war zwar sehr kreativ angelegt und setzte den Fokus vor allem auf das Anfertigen von Entwürfen, doch Daniela Stich-Kaulbarsch achtete stets darauf, sich auch in anderen Fachgebieten Wissen und Fertigkeiten zu erwerben. So arbeitete sie beispielsweise nebenher bei der Reaktortechnik als wissenschaftliche Hilfskraft. Diese Tätigkeit war für sie nicht nur ein fachlicher Gewinn. Als Zugabe lernte sie dort auch noch ihren Mann, einen promovierten Maschinenbauer, kennen.

In der gleichen Art und Weise, wie Daniela Stich-Kaulbarsch es mit viel Engagement und Einsatz schafft, sich als Frau in einem von Männern dominierten Beruf durchzusetzen, vermag sie es ebenso, sich als Frau, wenn nötig, zurückzunehmen. Eine Eigenschaft, die ihr in Dubai, wo nur etwa ein Viertel aller Einwohner weiblich ist, zugute kam. „Dubai ist zwar sehr tolerant und niemand muss sich verschleiern, trotzdem sollte man

Daniela Stich-Kaulbarsch (34)
Dipl.-Ing. Architekt, Claim Manager und Projektleiterin • Haupteinsatzländer: UAE (Dubai), Hongkong • Lebensmotto: Was immer du machst, mache es richtig.

1 Die Stadt Dubai liegt am Nordrand des Emirats Dubai und wird geteilt durch den Dubai Creek, der entgegen der weit verbreiteten Meinung kein Fluss ist, sondern eine 100 bis 1300 Meter breite und ca. 14 Kilometer lange Bucht des Persischen Golfs. Brücken befinden sich nur etwas abseits vom Ortskern; Fußgänger werden mit kleinen Personenfähren (Abras) auf die andere Seite transportiert.

2 Friday Market in den Bergen. In Dubai sind die Emirater in der Minderheit, ca. 85 Prozent der Einwohner sind Ausländer. Die meisten von ihnen kommen aus dem südlichen Asien oder Afrika. Nur ein Viertel aller Einwohner ist weiblich.

3 Blick aus dem Appartment von Daniela Stich-Kaulbarsch auf die Scheich-Said-Straße. Dubais Hauptschlagader verläuft parallel zur Küstenlinie, gesäumt von zahlreichen Wolkenkratzern.

4 Training auf einer Kamelrennbahn. Kamelrennen sind ein sehr beliebter Sport, sie begleiten die Feste vieler Beduinenstämme. Den Betreibern geht es dabei nicht um Geld, sondern um Ehre und Vergnügen.

5 Das Hotel Burj al Arab ist mit seiner Höhe von 321 Metern etwas höher als der Eiffelturm und zählt zu den luxuriösesten Hotels der Welt.

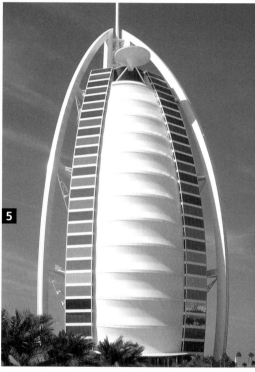

sich landestypisch verhalten. Wenn ich dort relativ knapp bekleidet auftrete, dann werde ich natürlich angestarrt. Das ist dann die Frage, ob man das möchte, und ich persönlich möchte es nicht", betont sie mit Nachdruck.

Doch nicht nur mit Rock und Bluse, auch im Blaumann zog die junge Frau die Blicke der Männer auf sich. Amüsiert berichtet sie von ihrer Baustelle, wo sie eine von sehr wenigen Frauen war: „Am Anfang hat mich das total irritiert, dass man hier regelrecht angestarrt wird. Ich bin dort mit weiten Hosen, Projekt-T-Shirt, Sicherheitsweste und Helm herumgelaufen und dachte mir, eigentlich dürfte ich als Frau jetzt gar nicht mehr zu erkennen sein. Aber die Bauarbeiter haben ein Auge dafür, zehn Meilen gegen die Sonne. Das Anstarren von Frauen erscheint mir irgendwie ganz natürlich für die Arbeiter, die bevorzugt aus Indien, Pakistan oder Bangladesch nach Dubai kommen und außer der Baustelle meist nur ihr Mannschaftsquartier vor den Toren der Stadt sehen. Auch sehen sie ihre Familien vielleicht alle ein bis zwei Jahre. Von denen geht dann schon mal der eine oder andere an einen öffentlichen Strand, um „Badenixen" zu beschauen, selbst wenn sie damit rechnen müssen, dafür mit Festnahme und Ausweisung bestraft zu werden", erklärt Daniela Stich-Kaulbarsch.

Sich am Strand zu bräunen, gehörte nicht zu der Freizeitgestaltung von Daniela Stich-Kaulbarsch in Dubai. Doch mit ihrer fast unerschöpflichen Energie baute sie sich schnell ein aktives Leben außerhalb der Arbeit auf. Müßiggang kann ihr wohl kaum nachgesagt werden. Im Januar kam sie in

„Ich bin mit weiten Hosen, Projekt-T-Shirt, Sicherheitsweste und Helm herumgelaufen und dachte mir, eigentlich dürfte ich als Frau jetzt gar nicht mehr zu erkennen sein."

Dubai an und suchte bereits im Februar den Stammtisch der Berufstätigen des Deutschen Frauenclubs auf. „Ich habe dann so beim zweiten oder dritten Treffen Kontakte geknüpft, die auch immer noch anhalten. Eine Freundin habe ich im Mai auf dem Rückflug von Deutschland nach Dubai kennengelernt. Eine andere Freundin habe ich beim Sport kennen gelernt, denn ich hab einen Pilates-Kurs gemacht", erinnert sich Stich-Kaulbarsch. „Die Freunde kommen einem nicht angeflogen, sondern man muss sich aktiv darum bemühen und diese Freundschaften auch pflegen."

Daniela Stich-Kaulbarsch ist also nicht nur die taffe und ehrgeizige Geschäftsfrau, die abgeklärt und diszipliniert wirkt, wenn sie über ihre Arbeit spricht, und die sich selbst als Perfektionistin bezeichnet. Sie ist auch eine gute Freundin, die für jeden Spaß zu haben ist. „Mitten im heißen Sommer waren wir in der Skihalle ,Ski Dubai', um wieder ein bisschen Kälte zu spüren", erzählt sie. „Es ist eigentlich schizophren, absolut schizophren.

Bild links: Dubai erweitert die Kapazität seines derzeitigen Flughafens von 25 Millionen auf 70 Millionen Passagiere im Jahr. Siemens liefert ein Cargo-Zentrum für den Frachtumschlag sowie eine automatische Gepäckförderanlage mit einem Durchsatz von 15.000 Gepäckstücken pro Stunde.

Bild rechts: Blick in die Gepäckförderanlage am Terminal 3 des Flughafens Dubai. Insgesamt 90 Kilometer Förderstrecke garantieren, dass das Fluggepäck innerhalb von 35 Minuten von einem Flugzeug ins andere kommt.

Man ist da mitten in der Wüste, und dann steht dort eine Skihalle. Das ist im Grunde der totale Wahnsinn, Blödsinn. Man sollte so etwas eigentlich überhaupt nicht unterstützen." Ein wenig leiser fügt sie schmunzelnd hinzu: „Aber wir haben es genossen."

Daniela Stich-Kaulbarsch hat ihre Zeit in Dubai in bester Weise genutzt, um sich sowohl in der Arbeit als auch in der Freizeit ungewohnten Situationen zu stellen und sich selbst auszuprobieren. Die Ferne habe sie gereizt, begründet sie ihren Entschluss, nach Dubai zu gehen. „Ich bin in gewisser Weise ein Herumtreiber. Das liegt bei meiner Familie so ein bisschen im Blut – mein Vater war zwei Jahre bei der Marine und Teile meiner Verwandtschaft leben im Ausland", ergänzt sie. Dennoch habe sie auch von Zeit zu Zeit das Heimweh gepackt. Ganz offen und ehrlich bekennt sie: „Klar hatte ich auch manchmal Heimweh. Klar! Wer hat das nicht." Sehr zu schätzen weiß sie es, dass ihr Mann sie in ihrem Vorhaben unterstützt hat, obwohl es auch für ihn nicht leicht gewesen ist. Nachdenklich und zögernd erklärt sie: „Letztendlich denke ich, bin ich besser damit klar gekommen als er. Ich glaube, ich habe ihm hier zu Hause sehr gefehlt." Sie macht eine kurze Pause und fügt dann hinzu: „Für mich war alles neu. Für ihn war alles alt und doch irgendwie neu. Das ist schwerer."

Mit viel Stolz und auch ein wenig Wehmut blickt Daniela Stich-Kaulbarsch auf ihre Zeit in Dubai zurück. Es sei ihr sehr schwer gefallen, ihre neu gewonnenen Freunde zurückzulassen. Zugleich ist sie aber auch froh, wieder in Deutschland zu sein. Ihr ganz persönliches Fazit lautet: „Es hat mir gezeigt, dass ich auch woanders bei Null anfangen kann. Ich bin schon stolz, dass es mir gelungen ist, so ein Leben auf dem Sprung zu führen."

Auch hinsichtlich der möglichen Familienplanung lässt sie sich von der Zukunft überraschen. Allerdings merkt sie kritisch an, dass es Müttern in diesem Beruf sehr schwer gemacht werde. „In Deutschland ist es als Frau kaum möglich, ins Ausland zu gehen und die Kinder bei dem Vater zu Hause zu lassen. Dies funktioniert nicht, zum einen gibt es kaum unterstützende Einrichtungen dazu, zum anderen wird es gesellschaftlich noch nicht akzeptiert. Niemand fragt einen Mann: Haben Sie Kinder und können Sie den Auftrag deswegen nicht machen? Eine Frau wird danach gefragt und eventuell ins zweite Glied zurückgestuft. Mit welcher Berechtigung, mit welcher Begründung?" Dennoch sei für sie „da noch nicht das letzte Wort gesprochen".

Jetzt blickt sie erst einmal jeden Morgen auf die mächtigen Bäume, deren Wipfel sich zum Takt des Windes wiegen, und auf endlose Felder, die eine ursprüngliche Ruhe ausströmen. Denn wahrscheinlich arbeitet sie die nächste Zeit erst einmal wieder im Erlanger Raum. Doch gern möchte sie wieder große Projekte in Angriff nehmen. „Natürlich kann ich jetzt nicht die Verantwortung für ein Riesenprojekt übernehmen. Klar, so weit bin ich noch nicht", präzisiert sie. „Aber ich möchte in der Projektleitung so nach und nach einen Schritt nach oben gehen und scheue mich auch nicht, Entscheidungen zu treffen und Verantwortung zu übernehmen."

„Niemand fragt einen Mann: Haben Sie Kinder und können Sie den Auftrag deswegen nicht machen? Eine Frau wird danach gefragt und eventuell ins zweite Glied zurückgestuft. Mit welcher Berechtigung, mit welcher Begründung?"

Bild oben: Daniela Stich-Kaulbarsch an ihrem Arbeitsplatz am Terminal 3 im Flughafen Dubai.

Bild links: Dubai boomt. Die Herrscher der Stadt, die Familie Al Maktum, möchten die Wüstenmetropole zur Drehscheibe des Handels zwischen Europa, Asien und der arabischen Welt ausbauen. Mit Erfolg: Immer mehr Firmen siedeln sich an. Um fast 17 Prozent ist das Bruttosozialprodukt 2004 gestiegen – mit erheblichen Folgen auch für den Dubai International Airport.

Das einzig Stetige ist der Wandel

Gerhard Habenstein, Michael Oetjen und die Faszination Ausland: Der eine wird wohl auch den Rest seines Berufslebens die Welt bereisen, der andere hält sich noch alle Optionen offen.

Text: Matthias Fleischer

In Ländern wie Brasilien angekommen, dauert es ein paar Tage, bis man sich akklimatisiert hat. Brasilianische Uhren ticken dabei langsamer als europäische – man nimmt sich mehr Zeit und vermeidet übertriebene Hektik. Nach einer Weile gewöhnt man sich an dieses Lebensgefühl – an den „Brasilian Way of Life".

Der Himalaja in Indien, der Regenwald in Brasilien, die Wüste in Iran, der Shaolin-Tempel in China und die Wolkenkratzer in Abu Dhabi. Es klingt wie eine weltweite Trophäensammlung, wenn Gerhard Habenstein und Michael Oetjen von all den Orten erzählen, die sie schon gesehen haben. Und es klingt immer auch ein bisschen nach Urlaub. Dabei reisen die beiden nicht zu touristischen Sehenswürdigkeiten ins Ausland, sondern zum Arbeiten in Stahl- und Walzwerken, Kohle- oder Wasserkraftwerken, Papierfabriken, Zementwerken und Brauereien. Gerhard Habenstein und Michael Oetjen sind Inbetriebsetzer bei Siemens. Ihre Aufgabe ist eine Anlage von Siemens zu dem mit dem Kunden vereinbarten Zeitpunkt zum Laufen zu bringen. Wer Inbetriebsetzer wird, sitzt nicht mit Hemd und Krawatte im klimatisierten Büro, sondern verbringt den Großteil des Jahres auf Baustellen im Ausland. Was manchmal als eine kurze Auslandsreise geplant ist, kann sich schnell zu einem Aufenthalt von einem Jahr ausweiten – je nachdem, welche Bedingungen auf der Baustelle herrschen und wie man gebraucht wird. Gerhard Habenstein war in Brasilien fünf Jahre unterwegs, als das Wasserkraftwerk in Itaipú errichtet wurde.

Wie stellt man sich auf die verschiedenen Länder und ihre Eigenheiten ein?

Habenstein: „Ein großer Kulturschock war es, als ich zum ersten Mal nach Indien kam. Da sieht man Menschen leblos auf der Straße liegen und keiner kümmert sich darum. So viele Bettler, Leprakranke, das schaut schon furchtbar aus, das geht nicht spurlos an einem vorbei. Hier hilft einem nur das Gespräch mit Kollegen, um dies zu verarbeiten. Mittlerweile kann man damit umgehen. Dann konzentriert man sich mehr auf die Arbeit."

Oetjen: „Ein Unterschied ist auch, ob man in Europa oder Asien arbeitet. Während man hier Probleme ziemlich direkt anspricht, versucht man in China erst einmal das Gute zu betonen. Um dann im letzten Satz wie nebenbei auf den Kern der Sache zu sprechen zu kommen. Außerdem sind dort die Hierarchien viel steiler als hier. Während der Chef in Deutschland meistens eher kollegial auftritt, ist er in China eine absolute Autorität. Was er sagt, wird nicht mehr diskutiert. Aber einen richtigen Kulturschock hatte ich bisher nicht, die Unterschiede waren immer so, dass ich mich ziemlich schnell drauf einstellen konnte."

Habenstein: „In China war in einer Anlage ein Kühlaggregat verstopft. Herr Oetjen hat mich angerufen und wir haben besprochen, dass es gereinigt werden muss. Der chinesische Kunde wollte es nicht machen. Er rief in Deutschland an und ich bin nach China geflogen. Vor Ort war meine Diagnose die gleiche. Aber auf mich hat der Kunde gehört. Man hat in Asien einen großen

Vorteil, wenn man älter ist und am besten weiße Haare hat. Bei den Jungen wird vorausgesetzt, dass sie nicht viel wissen."

Gerhard Habenstein ist 58 und mittlerweile seit 30 Jahren bei Siemens. 2005 wurde ihm beim Einsatz in einem schottischen Wasserkraftwerk der frisch diplomierte Ingenieur Michael Oetjen als Informand an die Seite gestellt. Habenstein sollte den jungen Kollegen in die Welt der Inbetriebsetzer einführen. Für den damals 28-jährigen Oetjen war es eine wertvolle Erfahrung: „Zwar weiß man im Prinzip von der Universität, wie alles funktioniert", erklärt Oetjen, „die tatsächlichen Dimensionen begreift man aber erst vor Ort".

Welche Erfahrungen muss ein guter Inbetriebsetzer mitbringen?

Habenstein: „Wichtig für einen guten Inbetriebsetzer ist, dass er logisch denken kann und Fehler erkennt. Er muss auch gerne mit anderen Leuten arbeiten und mit Kunden wie Kollegen gut auskommen. Und er muss auch mit anderen Kulturen zurechtkommen und darf die Unterschiede nicht als Belastung empfinden. Auf der Baustelle lernt man die Menschen wesentlich besser kennen und die Mentalität eines Landes und der Menschen erschließt sich leichter. Ein Inbetriebsetzer muss sich daran gewöhnen, dass es im Ausland meistens ganz anders zugeht als in Deutschland."

Oetjen: „Es ist schon sehr nützlich, wenn man erste Erfahrungen im Ausland gesammelt hat, sei es durch Reisen oder durch Auslandspraktika. Essentiell ist aber neben dem Interesse neue Sprachen zu lernen, auch das handwerkliche Geschick, vor allem dann, wenn man einmal improvisieren muss. Das macht den Beruf so interessant. Stetig ist allein der Wandel. Dieser Slogan gilt für alle in unserem Beruf."

Zum Beruf des Inbetriebsetzers gehört auch die Bereitschaft, sich kontinuierlich weiterzubilden. Zu Beginn seiner Berufslaufbahn war Gerhard Habenstein

Gerhard Habenstein (58)
Dipl.-Ing. für elektrische Antriebstechnik • Hauptaufgabengebiet: Inbetriebsetzung von elektrischen Antrieben und Wasserkraftwerken • Haupteinsatzländer: Vereinigte Arabische Emirate, Brasilien, Argentinien, China, Indien, USA • Lebensmotto: Aus jeder Situation das Beste machen.

Die Iguaçu-Fälle an der Grenze zwischen Brasilien und Argentinien sind breiter als die Victoria-Fälle, höher als die Niagara-Fälle und schöner als beide. Über ein hufeisenförmiges Felsenrund von 2700 Metern Ausdehnung stürzen durchschnittlich 1750 Kubikmeter Wasser pro Sekunde.

für Wasserkraftwerke zuständig, auf diesem Gebiet ist er mittlerweile gefragter Spezialist. Da aber heute kaum noch Wasserkraftwerke gebaut werden, hat sich Habenstein auf neue Technologien eingestellt, zum Beispiel auf die der Kohlekraftwerke oder der Stahl- und Walzwerke. Neben den technischen Herausforderungen gibt es natürlich auch wesentliche Erleichterungen. So unterstützt die moderne Kommunikationstechnik die Arbeit heute viel mehr als früher.

Oetjen: „Die Erreichbarkeit an jedem Ort der Erde ist ein wesentlicher Bestandteil unserer Arbeit. Glücklicherweise funktioniert das Handy heute ja überall. Außer im Himalaja, da geht's vielleicht nicht. Das ist ein riesengroßer Vorteil, wenn wir jederzeit unseren Chef oder Kollegen anrufen können. Im Notfall auch Tag und Nacht. Wenn ich ein Problem habe, dann überlege ich, wer etwas wissen könnte. Dann rufe ich zum Beispiel Gerhard an und bekomme Lösungen oder Tipps. Ohne Telefon stelle ich mir das wesentlich schwieriger vor."

Michael Oetjen (31)
Elektroinstallateur, Dipl-Ing. für Leistungselektronik und elektrische Antriebe • Hauptaufgabengebiet: Inbetriebsetzungsingenieur für drehzahlgeregelte Großantriebe • Haupteinsatzländer: Großbritannien, Italien, China • Lebensmotto: Immer ruhig bleiben.

Habenstein: „Vor fünfundzwanzig Jahren hatte ich eine Baustelle in Indien, da musste man 40 Minuten mit dem Auto zur nächsten Poststation fahren, um dort telefonieren zu können. Manchmal ist man hingefahren und dann war das Telefon kaputt. Wir haben damals nicht selten einige Tage gewartet, um Informationen zu erhalten. Irgendwann haben wir dann dem Postbeamten ein Telefax geschenkt. Danach ist unserer Fahrer jeden Tag hingefahren, um Faxe zu senden und zu holen. Heute kann man sich das kaum mehr vorstellen."

Bild oben: Schon beim Landeanflug auf São Paulo beeindruckt die schier endlose Größe dieser Megacity. Sie ist mit knapp 11 Millionen Einwohnern die bevölkerungsreichste Stadt der Südhalbkugel. In der Metropolregion mit weiteren Millionenstädten wie Guarulhos, São Bernardo do Campo oder Campinas leben über 19 Millionen Menschen.

Bild links: Cariocas, ein aus der Indio-Sprache entlehntes Wort, mit dem sich die Einwohner Rio de Janeiros gern selbst betiteln. Besonders die armen Carioca-Kids aus den Favelas haben nicht die Möglichkeit sich die Zeit mit einem Gameboy zu vertreiben und führen lieber gewagte Sprünge ins kostenlose Nass des alten Hafens vor.

Wie groß ist die Anspannung, wenn man „seine Anlage" das erste Mal anschaltet?

Oetjen: „Beim ersten Mal hatte ich schon Lampenfieber. Wenn man alles alleine gemacht hat, überlegt man öfters, bevor man dann die Mittelspannung zuschaltet: Habe ich alles geprüft, knallt es gleich oder knallt es nicht? Das sind dann schon ganz spannende Momente, da guckt man dann dreimal hin. Aber einer unserer Chefs sagte immer, einen Freiversuch habe jeder. Und solange kein Mensch dabei zu Schaden kommt, könne man das immer noch reparieren. Bei mir ist aber glücklicherweise noch nie irgendwas Größeres passiert."

Mit 18 Turbinen, von denen jede 700 Megawatt leistet, führt das brasialianische Kraftwerk Itaipú am Rio Parana die internationale Rangliste der Wasserkraftwerke an. Die Staumauer ist 196 Meter hoch. Das davor befindliche Maschinenhaus ist fast einen Kilometer lang.

Habenstein: „Auch wenn man sich äußerst gut vorbreitet hat, man steckt nicht immer drin. Als ich beispielsweise in den USA die Bahnstromversorgungen in einer Anlage das erste Mal hochgefahren habe, hat es geknallt. Schuld war Dreck, der sich in die Gehäuse gesetzt hat. Man kann noch so gut auf alles schauen, es gibt auch Sachen, gegen die man machtlos ist."

Wie lässt sich der Beruf mit dem Familienleben vereinbaren?

Habenstein: „Ganz am Anfang ist meine Frau nach Brasilien mitgefahren, wo ich fünf Jahre mit dem Aufbau des Wassserkraftwerks Itaipú beschäftigt war. Meine Tochter ist in Itaipú geboren. Für meine Frau war das kein Problem. Sie ist in Uruguay geboren. Kennen gelernt habe ich sie in Argentinien, sie war dort Altenpflegerin. Sie kommt aus einer deutschen Familie, ihre Muttersprachen sind Deutsch und Spanisch. Deshalb hatte sie auch keine Probleme hier in Deutschland zu leben."

Oetjen: „Meine Freundin würde sich schon wünschen, dass ich öfter zu Hause wäre. Aber sie ist Studentin und verhältnismäßig flexibel. Sie hat mich zum Beispiel in Italien in der Nähe von Pisa auf einer Baustelle besucht. Wir hatten dort die Kompressoren von Gasverflüssigungsanlagen getestet, die später in Peru bzw. in Skikda, Algerien aufgebaut werden. Aber die Freundin beispielsweise nach China mitzunehmen, würde sich kaum lohnen. Ich muss unter der Woche täglich neun, zehn Stunden arbeiten, auch am Samstag. Da hätte ich dann kaum Zeit für sie. Viele Baustellen sind oft im „totalen Niemandsland", weit weg von großen Städten oder attraktiven Gegenden. Das Freizeitangebot dort ist gleich Null. Ich denke, das wäre kein großer Anreiz für meine Freundin."

Wie lange wollen Sie in diesem Beruf arbeiten?

Oetjen: „Im Moment macht mir die Arbeit sehr viel Spaß. Ich weiß noch nicht, wie das in Zukunft laufen wird. Vielleicht höre ich nach zehn Jahren auf und mache etwas anderes. Aber es gibt eben auch Leute wie Herrn Habenstein, die das auch bis zu ihrer Rente machen, da bin ich mir ganz sicher." (lacht)

Habenstein: „Davon können Sie ausgehen. (lacht) Ich würde den Job jederzeit wieder wählen. Ich habe aber auch Glück gehabt. Ich habe erst geheiratet, als ich 37 war. Das hat den Vorteil, dass man die Dinge etwas abgeklärter sieht. Leider habe ich aber das Aufwachsen meiner Tochter nur die ersten drei Jahre in Brasilien miterlebt. Später, als meine Familie in Deutschland war, war ich wieder unterwegs. Ein bisschen bereue ich das schon, aber auf der anderen Seite: Man hat es ja vorher gewusst. Solange es die Familie, wie bei mir mitmacht, ist alles wunderbar. "

Habenstein berichtet von Fällen, in denen das nicht so gut funktioniert wie bei ihm. Wo die Frau ihren reisenden Ehemann vor die Wahl gestellt hat: Entweder er arbeitet daheim oder sie lässt sich scheiden. „Daheim" muss dabei nicht unbedingt Deutschland heißen, viele Außendienstmitarbeiter führen wie Habenstein internationale Ehen. Diese Möglichkeit besteht auch bei Oetjen – seine Freundin ist Brasilianerin, er hat sie in München kennengelernt.

Gerhard Habenstein, Michael Oetjen und die Faszination Ausland: Der eine wird wohl auch den Rest seines Berufslebens die Welt bereisen, der andere hält sich noch alle Optionen offen. Denn auch wenn es jetzt noch Spaß macht, heute nicht zu wissen, was morgen ist, und täglich neuen Herausforderungen begegnen zu müssen: Eine ungeschriebene Regel bei Siemens besagt, wer in den ersten fünf Jahren nicht vom Außendienst abspringt, der bleibt auch für den Rest seines Arbeitslebens dabei.

> „Ich würde den Job jederzeit wieder wählen. Ich habe aber auch Glück gehabt. Ich habe erst geheiratet, als ich 37 war. Das hat den Vorteil, dass man die Dinge etwas abgeklärter sieht."
>
> Gerhard Habenstein

Bild oben: Messungen an Bahnumrichtern in Philadelphia, USA.

Bild links: Einfahren des Rotors in einen der Generatorständer im Wasserkraftwerk Itaipú. Der Rotor ist 1961 Tonnen schwer und hat einen Durchmesser von 16 Metern.
In jedem der riesigen Generatorständer hat ein ganzes Orchester Platz.

177

Der Mann, der Leucht-
türme auf Reisen schickt

Heinz Klußmeyer ist Segmentleiter bei Siemens. Verantwortlich für knapp 500 Spezialisten für Tätigkeiten wie Engineering, Inbetriebsetzung, Projektmanagement, Supervision und Service. Seine Mitarbeiter sorgen dafür, dass Siemens-Systeme und Anlagen weltweit reibungslos laufen.

Text: Sabine Metzger

Die ersten antiken Leuchtfeuer standen um 300 v. Chr vor der Hafeneinfahrt von Rhodos und bei Alexandria. Sie wiesen den Seefahrern den Weg nach Hause. Im 13. Jahrhundert standen an der Nordseeküste die ersten Leuchtfeuer. Durch ihre Lichtsignale weisen noch heute Leuchttürme Schiffen den Weg und ermöglichen so das Umfahren gefährlicher Stellen im Gewässer. Als weithin sichtbares Zeichen erzielen sie Wirkung – genauso wie die Leuchttürme von Heinz Klußmeyer.

Auf den ersten Blick wirkt Heinz Klußmeyer wie ein Bär: seine Stimme ist tief und brummig, ein Bart mit den ersten grauen Strähnen umrahmt sein volles Gesicht und runde braune Augen mustern das Gegenüber interessiert. Spricht man ihn auf seinen Beruf an, wird er quicklebendig: Seine Hände unterstreichen jedes seiner Worte, die Mundwinkel wandern nach oben und auch seine Stimme klingt plötzlich verbindlich. Es gibt keinen Zweifel: Dieser Mann liebt seine Arbeit.

Heinz Klußmeyer ist Segmentleiter bei Siemens, verantwortlich für knapp 500 Menschen. "Bei Industrial Technologies (IT) sind die Mitarbeiter das Kapital. Diese Geisteshaltung ist enorm wichtig für meine Arbeit", so Klußmeyer. Nicht Produkte wie bei anderen Siemens-Abteilungen, sondern das Wissen und die Erfahrungen jedes einzelnen Mitarbeiters entscheiden über den Erfolg seines Segmentes. Die Arbeit mit Menschen ist daher für Klußmeyer der entscheidende Erfolgsfaktor: „Man muss ein Faible, ein Händchen dafür haben. Dabei ist der Spaßfaktor heute besonders wichtig geworden, denn der Stress ist in den letzten Jahren gestiegen. Früher war es möglich, sich zwischendurch auch mal zurückzulehnen und durchzuatmen. Aber früher ist lange her – zehn Jahre bestimmt."

Arbeit auf Hochdruck also; trotzdem ist Klußmeyer zufrieden. Der Umgang mit Menschen sei schließlich die schönste Seite seines Berufs. Besonders stolz ist er immer, wenn er sieht, was aus seinen Mitarbeitern geworden ist: „Wenn ich schon bei der Einstellung den richtigen Kandidaten an die richtige Stelle gesetzt habe und sich das dann in der weiteren beruflichen Laufbahn bestätigt, freue ich mich einfach – über den Erfolg des Mitarbeiters und dass ich damals die richtige Entscheidung getroffen habe."

Und es gibt jede Menge Entscheidungen zu treffen. Wann und wo wird welcher Mitarbeiter wie lange eingesetzt? Kann er die Störung alleine beheben oder braucht er Unterstützung von Kollegen? Welche Spezialisten sind verfügbar? Zusätzlich dazu muss Klußmeyer seine langfristige Planung mit den Vorgesetzen und anderen Abteilungen abstimmen – und nicht zuletzt gelegentlich auch als Moderator auftreten, wenn beispielsweise ein Mitarbeiter Differenzen mit seinem Gruppenleiter hat. Das geschieht allerdings nur selten, denn Klußmeyer achtet von vornherein darauf, dass die Stimmung unter seinen Mitarbeitern gut bleibt und es genügend Möglichkeiten gibt, Themen möglichst frühzeitig anzusprechen, bevor sie zu einem Problem werden. Dazu dienen vor allem die Gruppenrunden und auch mal Fach- und Klausurtagungen. Häufigere Treffen sind kaum möglich, denn die Mitarbeiter sind ja die meiste Zeit irgendwo in aller Welt auf Baustellen unterwegs. Doch nicht nur die Zufriedenheit der Mitarbeiter, sondern auch die der Kunden ist besonders wichtig für sein Segment. „Wir versuchen immer, unsere Arbeit bis ins Detail perfekt zu erledigen. Und das klappt auch sehr gut – nicht zuletzt dank der Leuchttürme."

Wie bitte? Leuchttürme?

In Klußmeyers Büro hängt eine Reihe Bilder mit Leuchttürmen. Mit ihnen verbindet Klußmeyer nicht nur den Gedanken an seine Heimat – er stammt aus dem Norden Deutschlands – sondern auch eine Botschaft, eine stetige Erinnerung an sich und seine Mitarbeiter: „In jeder Mannschaft braucht man viele Leuchttürme; außergewöhnliche Mitarbeiter, die im Business sichtbar sind und Siemens in der Welt repräsentieren", sagt er. Dabei sei nicht immer nur konventionelles Denken gefragt. Es sollen und dürfen auch ungewöhnliche Wege beschritten werden. „Die Projekte leben von solchen Typen, die wissen, wo es lang geht, und die anderen helfen, den Weg zu finden", dessen ist sich Klußmeyer sicher. Ob er stolz sei auf seine Mitarbeiter? Die Frage ist kaum gestellt, schon antwortet er mit einem entschiedenen „Ja.

Heinz Klußmeyer (56)
Dipl.-Ing. Energietechnik, Schwerpunkte: Regelungstechnik und Digitaltechnik (heute Automatisierungstechnik)
● Tätigkeiten: Serviceingenieur, Leiter des Servicecenters für Automatisierungstechnik, Segmentleiter Professional Support ● Haupteinsatzländer: Europa, Russland, Kanada, Australien, Indien, Südafrika ● Motto: Cool bleiben! Hektik verbreiten sowieso die Problemstellungen der Anlagen und viele, die sich damit beschäftigen.

Bild links: Das Ahornblatt ist als „Maple Leaf" Kanadas Nationalsymbol, welches auch die Landesflagge ziert. Es steht für die weitläufigen Wälder, die große Teile des zweitgrößten Lands der Erde bedecken. Die beiden roten Balken der Flagge symbolisieren den atlantischen und pazifischen Ozean, die Farbe Weiß den arktischen Schnee.

Bild rechts: Sir Peter Ustinov bemerkte einmal treffend, Toronto sei heute sauber und sicher, ein New York wie von Schweizern geführt. Die Hauptstadt gilt als sicherste Stadt Kanadas.

Ich habe eine tolle Truppe." Natürlich ist nicht jeder seiner Mitarbeiter ein Leuchtturm, doch das braucht es auch nicht: „Vieles auf der Baustelle ist einfach gute solide Problemlösungsarbeit. Hierfür braucht man Teamgeist und einen langen Atem. Natürlich kommt man besonders in kniffligen Situationen mit Top-Know-how und jahrelanger Erfahrung weiter, aber es kommt auch hier auf jeden einzelnen Mitarbeiter – egal in welcher Position – an." Deshalb ist es Klußmeyer besonders wichtig, alle seine Mitarbeiter zu motivieren.

Um für die richtige Motivation zu sorgen, werden Berufsanfänger so schnell wie möglich in die Arbeit integriert: Nach ihrem Studium und einer Basisausbildung bei Siemens gehen sie sofort auf Anlagen überall in der Welt. „Das ist für das praktische Lernen einfach unerlässlich", sagt Klußmeyer und fügt schmunzelnd hinzu: „Außerdem macht es einfach mehr Spaß. Für mich waren die ersten acht Jahre im Außendienst die schönste Zeit bei Siemens."

Der Wasserdurchfluss der Niagarafälle beträgt durchschnittlich 4.200 m³/s (ungefähr das Doppelte des Rhein-Abflusses), wobei die Wassermenge je nach Tageszeit variiert. So werden die Wasserfälle nachts, außerhalb der Saison, auf bis zu 10% der ursprünglichen Wassermenge gedrosselt und die verbleibenden 90% über ein Stauwehr für die Stromgewinnung umgeleitet. Zu Saisonzeiten werden die Wasserfälle sprichwörtlich per Knopfdruck allmorgentlich angeschaltet.

„Ich wollte eigentlich nur vier, fünf Jahre bleiben"

Heinz Klußmeyer kam 1978 zu Siemens und war sofort unterwegs, von Australien über Russland bis nach Kanada. In den siebziger Jahren wurden die ersten speicherprogrammierbaren Steuerungen entwickelt, die die üblichen mechanischen Steuerrelais ablösten. „Das war eine elektronische Revolution. Eine spannende Zeit damals", erinnert er sich. „Statt wie heute in Trainingscentern haben wir damals direkt in der Entwicklung unser Handwerk gelernt und sind dann – wenn es eben nötig war – den Pilotanwendungen als eine Art Feuerwehr hinterhergereist." Dabei kam es nicht selten vor, dass spontan umdisponiert werden musste: „Als ich nach Kanada kam, sollte ich eigentlich nur zwei Wochen bleiben, um einem Kollegen unter die Arme zu greifen – und kurz darauf wurde er auf eine andere Baustelle geschickt. Ich blieb drei Monate dort und löste das Problem allein." Dass ein Auftrag spontan verlängert wurde, war keine Seltenheit und es kommt bis heute immer wieder vor. „Eine Garantie, dass man am Zieltag auch fertig ist, gibt es nicht", so Klußmeyer. „Aber wir schaffen es immer wieder. Meistens wird kurz vor der Kundenabnahme noch mal richtig geklotzt. Das schafft eine besondere Arbeitsatmosphäre. Und wenn die Anlage dann problemlos läuft, ist jeder ein bisschen stolz."

Klußmeyer hatte sich bei Siemens beworben, weil er etwas von der Welt sehen wollte. Aufgewachsen ist er in Holte-Langeln – einem Örtchen zwischen Hannover und Bremen. Ganze 700 Einwohner zählte der Ort, und so bestand die Schule mit gerade mal 80 Schülern in acht Schuljahren aus zwei getrennten Klassenzimmern. Nach dem Schulabschluss begann er eine Lehre zum Elektro-Installateur und wollte weiterkommen. „Also habe ich nebenher noch meine Mittlere Reife gemacht. Damals hatte ich einen tollen Lehrer, der mich gefördert hat. Das hat mir sehr geholfen, trotz der Doppelbelastung von

„Statt wie heute in Trainingscentern haben wir damals direkt in der Entwicklung unser Handwerk gelernt und sind dann – wenn es eben nötig war – den Pilotanwendungen als eine Art Feuerwehr hinterher gereist."

Berufsausbildung und Schule durchzuhalten", erzählt Klußmeyer. Über den zweiten Bildungsweg kam er schließlich zum Studium nach Wilhelmshaven.

Als diplomierter Elektroingenieur bewarb er sich bei den drei größten Firmen der Branche – AEG, BBC und Siemens. „Siemens hat mich damals eigentlich nur bekommen, weil sie am schnellsten zugesagt haben", schmunzelt Klußmeyer heute. „Ich wollte damals wie viele andere nur vier, fünf Jahre bleiben – und das ist inzwischen schon fast 30 Jahre her." Die vielen Baustellen weltweit waren einfach viel zu faszinierend, um schnell wieder auszusteigen. „Damals mussten wir alle sehr unabhängig sein und einen gewissen Abenteurergeist mitbringen", so Klußmeyer. „Es kam vor, dass ich morgens ins Büro kam und mein Chef mir sagte, dass ich schon mittags unterwegs zu einer Baustelle sein musste – die konnte in Deutschland sein, aber auch irgendwo in China in der Inneren Mongolei. Die Zollbeamten am Flughafen erkannten uns schon von weitem, wenn wir mit unseren zerbeulten Alukoffern voller Werkzeuge und Instrumente ankamen."

Und dann berichtet Klußmeyer von seinen Dienstreisen: zum Beispiel in den Ural zu Anfang der Achtziger Jahre, mitten im Kalten Krieg. „Wir wurden auf der Baustelle ganz sicher auch überwacht, aber unser Dolmetscher hat trotzdem über Kurzwelle Westradio gehört, um zu wissen, was da im Westen alles so los war." Trotz der angespannten politischen Lage hat die Arbeit immer wieder Spaß gemacht. „Das war eigentlich überall so; das ist heute immer noch so. Alle haben das gleiche Ziel, arbeiten am gleichen Projekt mit, egal woher sie kommen. Man muss sich auf alle möglichen Kulturen und Menschen einstellen und man lernt voneinander. Toleranz ist unter diesen Arbeitsbedingungen das A und O."

Als Heinz Klußmeyer einige Zeit später die Karriereleiter hinaufstieg, bedeutete das nicht nur neue Herausforderungen, sondern auch zwei Abschiede: Von der Technik und vom Reisen. „Wenn man sich um seine neuen Aufgaben kümmert, hat man nicht mehr soviel Zeit, jeder Innovation in der Tiefe zu folgen", erklärt der Segmentleiter. „Wie mein früherer Chef sagte: Man wird ein bisschen dümmer, was die Details angeht. Aber das Prinzip versteht man natürlich immer noch." Der Abschied von der Technik fiel ihm nicht allzu schwer: „Ich finde es wahnsinnig spannend, welche Fortschritte es in den letzten Jahren gab – früher hat man riesige Schränke mit Plattenspeichern gebraucht, um die notwendige Speicherkapazität zu erhalten. Heute passt die gleiche Menge auf einen kleinen USB-Stick."

Mit dem Abschied vom Reisen war es schon schwieriger: „Ich bin immer wieder in Phasen gekommen, wo ich etwas neidisch wurde, wenn ein Mitarbeiter von seinem letzten Auftrag erzählte oder wenn ich ihn auf seinen nächste Baustelle schickte. Da dachte ich dann manchmal, warum gehst du nicht dorthin, statt hier weiter am Schreibtisch zu sitzen", gibt Klußmeyer offen zu. „Aber da bin ich nicht der einzige. Aufgeben fällt jedem ein bisschen schwer. Heute reichen die vergleichsweise kurzen Dienstreisen völlig aus, wenn sich doch noch einmal das Fernweh regt." Andererseits brachte die neue Sesshaftigkeit auch neue Möglichkeiten mit sich: Mit 40 Jahren gründete er eine Familie. Andere warteten nicht so lange. „So manch einer meiner Kollegen hat seine bessere Hälfte während eines Einsatzes kennen und lieben gelernt und ist heute glücklich verheiratet." Das Privatleben muss also nicht auf der Strecke bleiben. Bei längerfristigen Aufträgen ist es möglich, die Familie mitzunehmen. Trotzdem hören viele Mitarbeiter mit dem Reisen auf, wenn die Kinder in die Schule kommen. „Das tut manchmal weh; denn die Jungs sind richtig fit und alles läuft gerade richtig gut. Und

Eine Anlagenerrichtung und ihre Konzeption ist ein stark vernetzter Prozess, bei dem alle Teilschritte präzise bis ins Detail geplant und durchgeführt werden müssen. Denn je reibungsloser der Ablauf, desto weniger Zeit und Kosten sind damit verbunden.

genau dann müssen wir auf sie verzichten. „Aber", sagt Klußmeyer und lacht, „dann passiert es auch, dass sie wieder zurückkommen, sobald ihre Kinder flügge sind. Und dass macht einen doch wieder stolz, die tollen Jobs zu haben."

„Wie weit man tatsächlich gehen kann, weiß man am Anfang noch nicht."
Wie wird man eigentlich Chef?
Klußmeyer muss nicht lange überlegen, bis er diese Frage beantwortet: „Jemand, der Führungskraft werden will, muss auch Signale dazu setzen. Man wird nicht unbedingt abgeholt." In regelmäßigen Mitarbeitergesprächen sprechen Führungskraft und Mitarbeiter über die nächsten Ziele und die erbrachten Ergebnisse. Natürlich auch über das Potenzial für weitere Karrieren und wie die Weiterentwicklung dazu angegangen wird. Hinzu kommt noch ein entscheidender Faktor: Der Mentor, also ein Chef, der seine Mitarbeiter fördert.

„Wie weit man tatsächlich gehen kann, weiß man am Anfang noch nicht." Für Klußmeyer gab es daher nur eine Lösung: Ausprobieren! Und eigene Erfahrungen sammeln. Schon immer sah er nicht nur die technischen Aspekte seines Berufs, sondern auch die Zusammenarbeit mit vielen Menschen. „Dieser Teamgeist hat mich geprägt und ist schließlich auch die Bestätigung meiner Vorstellungen vom Beruf."

Und wegen dieser Bestätigung blieb Klußmeyer Siemens treu. „Gekommen bin ich damals wegen der Sehnsucht nach der großen, weiten Welt, den Reisen und der Arbeit auf den vielen Baustellen rund um den Globus. Aber geblieben bin ich letztendlich, weil Siemens mir immer die Chance gegeben hat, mein Können und meine eigenen Ideen umzusetzen." Einen großen Anteil daran hatte das gemeinsame Verständnis der Arbeitsaufgaben, das sich durch alle Hierarchieebenen zieht: „Hier ticken alle ähnlich, weil jeder von uns früher auf Baustellen arbeitete – alle meine Gruppenleiter waren für lange Zeit draußen. Sie können zuhören und verstehen, worum es in

„Ich bin immer wieder in Phasen gekommen, wo ich etwas neidisch wurde, wenn ein Mitarbeiter von seinem letzten Auftrag erzählte oder wenn ich ihn auf seinen nächste Baustelle schickte. Da dachte ich dann manchmal, warum gehst du nicht dorthin, statt hier weiter am Schreibtisch zu sitzen."

Bild oben: Siemens fördert den Gas-Austausch zwischen Großbritannien und dem Festland. Die 230-Kilometer-Pipeline zwischen Bacton in der Grafschaft Norfolk und Zeebrugge in Belgien erhält neue Kompressoren. Damit kann das Gas in beide Richtungen schneller gepumpt werden.

Bild links: Einheitliche Hard- und Software in Leitzentralen und Pumpstationen vereinfachen Support und Wartung.

84

unserem Geschäft geht. Wir beschäftigen einfach einen anderen Typ Mitarbeiter als andere Unternehmen, die nicht auf Baustellen und Anlagen in der Welt zu Hause sind."

Doch nicht nur die früheren Erfahrungen der Führungskräfte helfen, das Verständnis füreinander zu stärken. Häufig besuchen auch Gruppenleiter ihre Mitarbeiter auf den Baustellen; „Wir sind wie eine Familie. Auch wenn manche Mitarbeiter mehrere Jahre auf der Baustelle zubringen, sollen sie wissen, dass wir sie nicht vergessen haben", so Klußmeyer. Gleichzeitig ist es auch für die Führungskräfte wichtig, nicht zu vergessen, wie es sich in der Fremde wirklich lebt. „Einiges verklärt sich schon im Rückblick", gibt Klußmeyer zu. „Und man vergisst dabei leicht, dass die Arbeit nicht nur spannend und ansprechend, sondern eben auch anstrengend ist."

„Wir kriegen sie noch."

Und was kommt jetzt?

Klußmeyer lächelt. Die vollen acht Jahre bis zur regulären Rente werde er wohl nicht mehr machen. „Aber ich hab noch für mindestens fünf Jahre Planung", erzählt er. „Es ist gerade bei uns sehr wichtig, sich ständig weiterzuentwickeln und niemals stehen zu bleiben. Sich darüber zu freuen, dass wir die aktuellen Techniken beherrschen, reicht nicht. Wir müssen der Branche folgen – oder besser noch, ihr immer einen Schritt voraus sein."

Kein Problem ist es, mit der Technik Schritt zu halten. Immer schwieriger wird es hingegen, genügend junge Ingenieure zu finden. „Sie müssen nicht nur gut, sondern vor allem auch mobil sein", so Klußmeyer. „In unserem Job braucht man einfach eine gewisse Lust und Freude, in die Welt zu gehen. Man muss schon für so einen Job geeignet sein." Aber wer geeignet ist, dem bieten sich große Möglichkeiten: „Wer bei uns einsteigt und fünf bis sechs Jahre durchhält, der sammelt eine Menge Erfahrungen, Wissen und Selbstvertrauen. Für solche Menschen ist es viel leichter, zu entscheiden, was sie später machen wollen. Man hat einfach mehr Möglichkeiten. Reisen legt die Grundlagen nicht nur für die Erweiterung des fachlichen Wissens – das wächst sowieso während dieser Zeit –, sondern auch für die Entwicklung der Persönlichkeit. Man muss sich eben selbst zum Ziel hin arbeiten, manchmal auch hinquälen, aber im Endeffekt stärkt das das Selbstbewusstsein. Was Besseres gibt's einfach nicht als Grundlage für eine Karriere."

Und bei Klußmeyer erhalten jedes Jahr zahlreiche Menschen die Chance, ihre eigene Karriere zu starten: Allein 2007 wurden 57 junge Leute frisch nach dem Studium eingestellt, ca. 30 Studenten schreiben pro Jahr ihre Diplomarbeit in seinem Segment. Viele von ihnen werden danach sofort eingestellt. Klußmeyer grinst. „Wir kriegen sie alle – noch."

1 Heinz Klußmeyer auf einer seiner ersten Baustellen in Kanada.

2 Kanadas Landschaftsbild ist sehr vielfältig: Die großen Seen, ein dichtes Flussnetz, Wälder. Jenseits der arktischen Baumgrenze wandelt sich das Bild zu Felsen, Eis und Tundravegetation.

3 Der Leuchtturm in Peggys Cove steht zwar nicht mehr im aktivem Dienst der kanadischen Küstenwache, zählt aber zu den meistfotografierten Gebäuden der atlantischen Seite Kanadas und den bekanntesten Leuchttürmen der Welt. Er markiert den östlichen Teil der St. Margarets Bay.

4 In seiner aktiven Außendienstzeit war Heinz Klußmeyer oft auf Erdöl-Plattformen wie dieser. Schon allein die Anreise ist ein Abenteuer. Zuerst absolviert man auf dem Festland verschiedene Trainings bezüglich Umwelt, Gesetze, Rettung, Essen, Gesundheit und fliegt dann mit dem Helikopter bei fast jedem Wetter auf die Plattform.

5 Auch Fjorde, der kanadische Teil der Rocky Mountains und Ebenen mit Präriegras zeugen von der Heterogenität der kanadischen Landschaft.

6 Blick auf die Gasverdichterstation in Zeebrugge in Belgien.

Auf Feuerwehreinsatz in aller Welt

„Sie müssen auf dem schnellsten Wege nach England",
schallt es aus dem Telefonhörer. Die Stimme am anderen
Ende wirkt aufgeregt und spricht von einer Staatsange-
legenheit: „Wenn Sie nicht umgehend vor Ort sind, kann
es zu Tumulten kommen!" Volker Schirra zögert nicht
und nimmt den nächsten Flieger. Im Gepäck ein kleiner
schwarzer Laptop. Alles, was er braucht, um für seine
Aufträge gewappnet zu sein. Heute England, morgen
Afrika, nächste Woche Asien. Was genau ihn erwartet,
weiß „Feuerwehrmann" Schirra selten genau.

Text: Peter Allgaier

In alle Himmelsrichtungen verschlägt
es Volker Schirra bei seiner täglichen
Arbeit. Man braucht schon einen
guten Kompass, um immer den rech-
ten Weg im Kommunikationsgewirr zu
finden.

Diesmal führt ihn sein Einsatz in das Alcatraz Großbritanniens. Im
„Woodhill Prison" in Milton Keynes sitzen keine Taschendiebe, sondern
Terroristen, Mörder und andere Gewalttäter. An sich schon eine große
Gefahrenquelle – doch seit gestern funktioniert die Türschließanlage nicht
mehr, mit der es möglich war, alle Zellen und Zwischentüren von einer
Zentrale aus zu steuern. Nun tragen die Wärter wieder Schlüssel bei sich
und werden so zu potentiellen Opfern. Volker Schirra behält trotzdem einen
kühlen Kopf und nimmt sich Zeit für ein Modell der Türschließanlage:
„Zuerst muss ich die Logik eines Systems verstehen, erst dann kann ich
mich auf die Suche nach dem Fehler machen", erklärt der Praktiker. Hierbei
hilft ihm sein Laptop, mit dem er die Datenkommunikation verfolgen kann.
Dennoch muss er im Gefängnis lange suchen, da der Fehler äußerst unge-
wöhnlich ist. Eine Übertragungskomponente im Kommunikationssystem
reagierte plötzlich auf Dateninhalte. „Das ist schon äußerst seltsam. Man
kann sich das so vorstellen, dass ein Lautsprecher plötzlich nur noch klassische Musik wiedergibt, aber keinen Rock'n'Roll, sobald man den Regler
etwas höher dreht. Bis man solche Fehler findet, vergeht schon eine Weile."

Wenn der 49-Jährige von seinen Einsätzen erzählt, huscht manchmal ein
Funkeln über seine Augen. Oft schwärmt der Serviceleiter für Industrielle
Kommunikation von der magischen Atmosphäre einiger Arbeitsorte. Sei es
die gespenstische Stille des Hochsicherheitsgefängnisses, wo er stunden-
lang niemanden zu Gesicht bekam, oder die Enge in den Kabelkanälen von
Walzwerken oder die Gemächlichkeit einer kubanischen Zigarrenfabrik.
Lästiges wie Hitze, Staub oder tropisches Klima kann Schirra weitgehend
ignorieren: „Du kommst an und bist voller Adrenalin. Du blendest alles
andere aus, weil du ja unbedingt das Problem lösen willst. Die Anlage steht
still und du bist der Spezialist, der sie wieder zum Laufen bringt. Die
Müdigkeit merke ich erst, wenn ich wieder zu Hause bin."

Zu Hause ist für Volker Schirra die fränkische Marktgemeinde Eschenau.
Knapp zwanzig Kilometer nordöstlich von Nürnberg liegt die kleine

Ortschaft, die ein gewisser Ritter Otnandus vor fast tausend Jahren gegründet hat. Schirra und seine Familie leben seit 20 Jahren hier. Mit einem astreinen Fränkisch hapert es zwar noch, ansonsten hat sich der gebürtige Saarländer aber bestens eingelebt. Er liebt fränkische Bratwürste und holt für den heimischen Tischtennisverein Punkte: „Natürlich schränkt meine Arbeit mich ein bisschen in der Freizeitgestaltung ein. Aber so viele Termine muss ich gar nicht absagen. Und wenn doch, dann haben meine Freunde dafür Verständnis. Die wissen, dass ich so eine Art Feuerwehrmann bin, der immer los muss, wenn es brennt." Für diese Einsätze liegt Eschenau wie geschaffen. Zum Nürnberger Flughafen ist es nur ein Katzensprung und so kommt Schirra schnell an sein Ziel: Firmen in aller Welt mit verstopften Daten-Highways.

Doch mit gewöhnlichen Büronetzwerken hat Volker Schirra nichts zu tun. Er kümmert sich um die Kommunikation in industriellen Anlagen, die wesentlich präziser und zuverlässiger funktionieren muss. Werden beispielsweise in einem Auslieferungslager Teile falsch zugeordnet, entsteht schnell ein hoher finanzieller Schaden; laufen die Motoren einer Papiermaschine nicht synchron, so steht sehr schnell die Anlage, gibt der Sicherheitssensor des Förderkorbes kein Signal, bleibt die Kohle im Schacht. Schirra prüft deshalb vorab, ob die einzelnen Systeme der meist riesigen Netzwerke reibungslos miteinander kommunizieren. Denn häufig wird eine Anlage nicht von einem einzigen, sondern von mehreren Herstellern geliefert und jeder von ihnen hat eine andere Variante der Kommunikation. In diesem ungeordneten Hardware-Zoo ist Schirra der Dompteur. Seine Aufgabe ist es dann, die Systeme kompatibel zu machen, zum Beispiel indem er Software neu parametriert oder auch schon mal ein kleines Übersetzungsprogramm schreibt.

Darin hat Schirra zweifelsohne Erfahrung. Schon in der zehnten Klasse interessiert er sich für Informatik, wohlgemerkt zu einer Zeit, in der Computer noch überdimensionalen Taschenrechnern ähneln. Mit dem legendären Sinclair ZX81 sammelt er zu Beginn der 80er erste Programmierkenntnisse, ehe er mit dem „Apple II" den ersten richtigen Computer besitzt. Schirra wird Mitglied im Computerverein „Auge" und trifft sich regelmäßig mit anderen Usern. Seine Passion wird wenig später zum Beruf. Schirra studiert Elektrotechnik an der Fachhochschule Saarbrücken und macht seinen Abschluss im Bereich Automatisierung: „Ich wollte auf jeden Fall raus aus der Uni und ein Unternehmen kennen lernen. Also habe ich meine Diplomarbeit bei Siemens geschrieben. Mir hat Siemens gefallen und ich scheinbar auch dem Unternehmen."

Seit über zwanzig Jahren arbeitet Volker Schirra nun schon für „sein" Unternehmen. Langweilig ist ihm die Arbeit nie geworden. Er vergleicht sie mit der eines Detektivs. Schicht für Schicht muss er das Kommunikationsnetz freilegen, um nach Fehlern zu suchen. Denn es spielt nicht nur eine Rolle, ob die richtigen Informationen auch beim Empfänger ankommen, sondern auch, wie schnell diese ankommen und wie schnell der Empfänger mit welcher Reaktion reagiert. Meist setzt Schirra dabei auf das Wissen der Arbeiter vor Ort: „Die Menschen, die tagtäglich mit den Maschinen zu tun haben, kennen sich natürlich auch mit deren Macken am besten aus. Ich wäre töricht, wenn ich sie nicht mit einbeziehen würde." Doch die Mentalitäten sind durchaus verschieden, wie Schirra bei Aufenthalten in Asien feststellen musste. Hier gelten strenge Hierarchien, sodass der einzelne Arbeiter oft nichts zu entscheiden wagt, sondern das

Volker Schirra (49)
Dipl.-Ing. Elektrotechnik mit Fachrichtung Automatisierungstechnik, Senior Service Manager für Industrielle Netze ● Einsatzländer: alle Erdteile, außer der Antarktis ● Lebensmotto: Passt scho!

Bergen ist mit knapp 250.000 Einwohnern die zweitgrößte Stadt Norwegens. Wirtschaftlich gesehen wird Bergen stark durch die norwegische Erdölförderung beeinflusst. Durch die günstige geografische Lage auf Höhe der norwegischen Erdölfelder dient es als landseitige Versorgungsbasis. Bevor es auf eine Offshore-Plattform geht, muss man hier ein Training absolvieren.

Problem an Vorgesetzte weitergibt. „Das durchläuft oft vier oder fünf Stationen; mit der Folge, dass derjenige, der dann entscheiden soll, von der Materie keine Ahnung mehr haben kann. Was in Deutschland in zehn Minuten geklärt wäre, kann in Asien zwei Tage dauern." Vor allem Japaner würden derartige Gründlichkeit an den Tag legen, auch im Hinblick auf das Material. So erlebte Schirra es mehrfach, dass selbst an Verschleißstücken wochenlang nach Ursachen für Defekte gesucht wurde, sogar im Falle von Pfennigteilen. „Auch wenn einem manches kurios vorkommt, muss man einfach offen sein gegenüber den Eigenarten der Kulturen. Nur so kann man ein Projekt erfolgreich abschließen. Wissen und Technik sind höchstens die halbe Miete."

Volker Schirra bleibt in den meisten Fällen gar nichts anderes übrig, als selbst vor Ort zu sein. Denn mit einer „Remote"-Software von der Siemens-Zentrale aus Probleme zu lösen, ist nur in den seltensten Fällen möglich. Einerseits besteht via Internet immer die Gefahr versehentlich Viren in Netzwerke der Firmen einzuschleusen, andererseits kann man nicht direkt auf das betroffene Endgerät zugreifen, sondern stets über die Zentralsteuerung und dazu muss meist die Anlage still stehen. Für den Serviceleiter selbst ist aber noch ein ganz anderer Grund ausschlaggebend: „Letztlich muss ich selbst nach dem Try- and Error-Verfahren herausfinden, was nicht stimmt. Das geht nur, wenn ich in dem Unternehmen auch physisch präsent bin. Man kann viel simulieren, aber die Realität ist davon immer noch ein Stückchen entfernt." Dies musste Schirra auch auf den Philippinen feststellen. Er sollte eine Funkanlage zwischen einem Wasserkraftwerk und einem Staudamm in Betrieb setzen; doch die wollte partout nicht funktionieren. Schirra fand anfangs keine Erklärung, denn die

Bild oben: Norwegen hat die viertgrößte Handelsflotte der Welt und zählt zu den weltweit größten Fischerei-Nationen.

Bild unten: Bryggen, das alte Hanseviertel von Bergen, ist mit seinen etwa 280 Holzhäusern UNESCO-Weltkulturerbe.

„Ich bin viel zu
Hause und kann
zugleich die ganze
Welt kennenlernen.
Finden Sie mal
einen besseren
Beruf.“

Eine Erdölplattform in der Nordsee
muss selbst dem stärksten Sturm
trotzen.

Technik selbst lief einwandfrei. Durch einen Zufall entdeckte er, dass das
Militär auf der gleichen Frequenz sendete und die Störungen verursachte.
Er musste deshalb die Funkfrequenz an jedem Funkmast umstellen. „Das
hört sich einfach an, ist aber im Dschungel ganz anders. Die einzelnen
Anlagen sind gar nicht so weit voneinander entfernt, aber selbst mit dem
Jeep brauchte ich wegen der schlechten Wege oft fünf oder sechs Stunden.
Und wie es der Teufel will, hinderte mich ein umgekippter Sattelschlepper
eineinhalb Tage lang an der Weiterfahrt.“

Manchmal muss Schirra hoffen, dass er überhaupt sein Einsatzziel
erreicht. Vor einigen Jahren musste er wegen heftiger Winde zwei Tage lang
warten, um mit dem Helikopter auf eine Bohrinsel westlich von Norwegen

zu kommen. Am dritten Tag konnte er endlich fliegen, erlebte aber dennoch eine unsanfte Ankunft. „Ich trug einen dieser etwas weiter geschnittenen Overalls. Als ich aus dem Helikopter stieg, packte mich eine Böe und hätte mich beinahe mitsamt Ausrüstung über die Reling befördert. Da oben gehst nicht du, sondern der Wind lässt dich gehen." Schirras Aufgabe war es, das Netzwerk der Bohrinsel zu überprüfen, vor allem im Hinblick auf Verschleiß. Denn die salzhaltige Luft ist Gift für die Netzwerktechnik und zerstört sie oft in kürzester Zeit. Häufige Servicearbeiten sind notwendig, trotz schwieriger Bedingungen. Die Technik ist meist in Räumen ohne Fenster untergebracht, sodass Schirra große Bewegungen der Plattform nur dann bemerkt, wenn sich ihm sein Laptop auf unheimliche Art und Weise nähert. Ganz zu schweigen von den Schlafräumen, die kaum größer sind als eine Gefängniszelle und die man sich schichtweise mit anderen Kollegen teilt. Dennoch möchte Schirra die Erfahrungen dieser Tage keinesfalls missen: „Das ist schon unbeschreiblich. Du bist 90 Meter über dem Meerspiegel und um dich herum ist weit und breit nur Wasser. Du kommst in deinem Beruf an Orte, die anderen verschlossen bleiben. Ganz klar, dass manche Kollegen da neidisch werden." Natürlich sei es nicht immer leicht so häufig von der Familie getrennt zu sein, sagt Schirra. „Andererseits bin ich selten länger als vier oder fünf Tage weg. Ich kann also viel Zeit daheim verbringen und zugleich die ganze Welt kennenlernen. Finden Sie mal einen besseren Beruf."

Manchmal nutzt Schirra sogar heimische GPS-Geräte zur Suche, allerdings erst nach Dienstschluss. „Geocaching" nennt sich sein Hobby, das man als moderne Variante der Schnitzeljagd beschreiben könnte. Verstecke werden anhand geographischer Koordinaten im Internet veröffentlicht und können anschließend mit Hilfe eines GPS-Empfängers gesucht werden. Der Geocache ist meist ein Behälter, in dem sich Tauschgegenstände und ein Logbuch befinden. Die Besucher tragen sich darin ein, um ihre erfolgreiche Suche zu dokumentieren. „Das hört sich natürlich lustig an. Anfangs war meine Frau aber skeptisch", sagt Schirra. „Mittlerweile macht es auch ihr riesigen Spaß." Rund 60 Mal im Jahr geht Schirra auf Geocaching-Suche. Sein GPS-Gerät muss bei jeder Witterung funktionieren, genauso wie viele Netzwerkkomponenten in der industriellen Kommunikation.

Bild links: Trotz rauen Wetters kommt die Helikopter-Besatzung wohlbehalten auf der Bohrinsel an. Besonders auf Offshore-Plattformen müssen sich die Passagiere auf widrige Wetterverhältnisse einstellen. Der Einsatz auf der Förderplattform im Njord Field wird Volker Schirra im Gedächtnis bleiben.

Bild unten: Auf einer Offshore-Plattform im Oseberg-Feld, 130 Kilometer von der Küste entfernt, bekam Siemens den Auftrag, das Leit- und Automatisierungssystem bei laufender Produktion zu modernisieren.

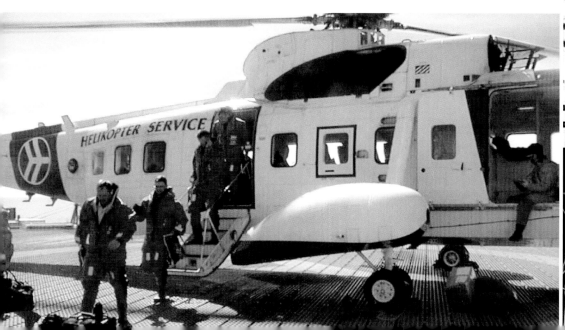

Schusters Reisen – ein Leben auf gepackten Koffern

Wenn wieder einmal ein Projektleiter vor ihm stand und seine Ungeduld aus sich herausschrie, wusste Roland Schuster, das musste er jetzt aushalten, den ganzen Unmut auf sich nehmen und wie ein Blitzableiter von seinem Team ablenken. Denn es war die Endphase eines seiner vielen Inbetriebsetzungs-Einsätze in Walzwerken rund um den Globus. Die Phase, in der Schusters Team Ruhe brauchte, um unter höchster Konzentration seine Arbeit abzuschließen, während dem Kunden oft gerade dann der Geduldsfaden riss.

Text: Christian Mörsch

Die Geschichte von Siemens in Algerien reicht bis ins Jahr 1857 zurück. Damals war Werner von Siemens an der Verlegung des ersten Telegrafenkabels zwischen Europa und Afrika – zwischen Cagliari, der Hauptstadt Sardiniens und Annaba in Algerien – beteiligt. Damit zog in Algerien die neue Zeit ein. Auch heute investiert dieses Land viel in seine Infrastruktur und baut das Nah- und Fernverkehrsnetz aus. Neben einer internationalen Eisenbahnstrecke nach Tunesien ist der Bau eines S-Bahn-Systems, der Metro und eines Straßenbahnnetzes geplant. Drehscheibe wird dabei der Bahnhof von Algier bleiben (Bild).

Linz, Österreich, im Januar 2008. Eine riesige Dampfsäule steigt aus dem Stahlwerk der voestalpine in den grauen Winterhimmel. In unmittelbarer Nachbarschaft befindet sich das Hauptgebäude von „Siemens VAI", und dort sitzt Roland Schuster im Büro und grinst seinen Besuch an. Gestern ist er aus Krakau zurückgekommen, jetzt nimmt er sich Zeit für ein Gespräch über sein Leben. Roland Schuster ist ein großer, kräftiger Mann mit einem gutmütigen Gesicht. Wenn man seinen kräftigen Händedruck spürt, hat man keinen Zweifel: Dieser Mann kann zupacken, das ist ein Alleskönner. Und damit liegt man nicht daneben.

Linz, 190.000 Einwohner, gelegen an der Donau, ist eine wohlhabende Stadt. Die Arbeitslosenquote in Oberösterreich ist die niedrigste aller Bundesländer. 2009 wird Linz Kulturhauptstadt Europas sein. Hier wurde Roland Schuster am 1. September 1963 geboren. Sein Vater arbeitete im Stahlwerk der voestalpine als Leiter der Qualitätskontrolle. Seine Mutter blieb zu Hause und sorgte für ihn und seine beiden Geschwister. Seine Schwester arbeitet heute als Pharmazeutin in Tirol, sein Bruder ist Inhaber eines Zahntechniklabors in Linz. Schuster glaubt, dass Erstgeborene oft das Schicksal haben, in die Fußstapfen ihres Vaters zu treten zu müssen. Er ist der Erstgeborene. Sein Vater unternahm viele Geschäftsreisen, mehrmals führten sie ihn nach Indien. Wenn er Abenteuergeschichten erzählte, dann handelten sie meist von abenteuerlichen hygienischen Bedingungen.

Im Gymnasium tat sich Roland Schuster schwer. In Mathematik konnte er zwar mit einer Eins rechnen, aber in Französisch und Englisch musste er kämpfen. „Alles, was mit Verständnis zu tun hatte, war leicht", sagt er. Das Lernen hingegen, „das war eher eine Sache der Faulheit. Das wächst sich Gott sei Dank aus." Aber darauf wollten seine Eltern damals nicht warten und schickten ihn auf die Höhere Technische Lehranstalt, eine Art Berufsgymnasium, nach Salzburg. Auch hier konnte er die Matura, das österreichische Abitur, machen. Nebenbei erhielt er aber auch eine Ausbildung in Holzwirtschaft. „Vielleicht war das eine Schule, von der meine Eltern sich sicher waren, dass ich durchkomme." Nach der Matura ergriffen viele seiner Mitschüler Berufe in der Holzbranche. Das waren zumeist die Kinder von Sägewerksbesitzern und Holzhändlern. Schusters Eltern waren weder das eine noch das andere, also wechselte er die Branche, von Holz zu Stahl, und zu einem Studium in Montanmaschinenwesen an der Universität Leoben.

Mit Beginn des Studiums sei seine Motivation deutlich gestiegen, sagt Schuster, „weil man weniger abhängig war von Lehrern und sagen konnte, das macht mir Spaß, das ist spannend, das lerne ich." Er grinst verschmitzt. „Und man hatte deutlich mehr Freizeit." Kinder von voestalpine-Angestellten erhielten bevorzugt Praktika im eigenen Unternehmen, und so begann Schuster in den Ferien als Werkstudent im Stahlwerk zu arbeiten. Am „Strangguss", dort, wo der flüssige Stahl in offene Formen gegossen wird und das erste Mal als Strang, einer überdimensionierten Bandnudel gleich, erstarrt. Die riesigen Anlagen, das glühende und Funken schlagende Roheisen in der Dunkelheit, „wie große Sternspritzer", all das beeindruckte und fesselte ihn. Aber auch die allgegenwärtige Gefahr. Grundregel: Bevor man ein Maschinenteil anfasst, zuerst drauf spucken. Wenn es zischt, Finger weg! Am Ende seiner Schicht hatte er ein pechschwarz verschmiertes Gesicht. In der Summe war es ein Dreivierteljahr, das er dort verbrachte. „Es gibt Werkstudenten, die kann man wirklich nur zum Jause holen nehmen", sagt Schuster, Jause ist österreichisch für Imbiss, „und es gibt Werkstudenten, die auch sinnvolle Arbeit machen, die anpacken können und wissen, was sie tun." Weil Schuster zur zweiten Gruppe gehörte, verdiente er sich mit der Zeit den Respekt der Stahlarbeiter und die sich den seinen. „Ich glaube, dass die Stahlarbeiter von den meisten Menschen verkannt werden. Man glaubt immer, ein Arbeiter habe nichts im Kopf, aber das sind hochmo-

Roland Schuster (44)
Dipl.-Ing Montanmaschinenbau Abteilungsleitung Technologie, techn. Zukauf & Layout für Warmwalzanlagen • Haupteinsatzländer: Algerien, Brasilien, China, EU, Indien, Iran, Kasachstan, Russland, Saudi-Arabien, Skandinavien, Ukraine • Lebensmotto: Never give up! Enjoy life.

Blick vom Boulevard Che Guevara, eine mit ornamentalen Geländern versehene zwei Kilometer breite Terasse, auf den Hafen von Algier.

tivierte, hochausgebildete Leute und Spezialisten auf ihrem Gebiet." 1989 schrieb Roland Schuster seine Diplomarbeit bei der damaligen Voest-Alpine Industrieanlagenbau mit dem Thema „Optimierung von Kabelwegen in komplexen Netzwerken" und erhielt direkt im Anschluss eine Stelle in der Walzwerkskonstruktion. Er hätte auch Nachfolger seines Vaters werden können, „aber das haben wir aus ethischen Gründen nicht gemacht. Das hätte nicht gepasst."

Manche Menschen markieren auf einer Weltkarte mit Stecknadeln die Orte, die sie schon besucht haben. Roland Schuster müsste die Orte markieren, an denen er nicht war, denn die sind in der Minderheit. Tangshan, Ruukki, Alchevsk, Bokaro. China, Finnland, Russland, Indien. 100 Geschäftsreisen pro Jahr waren es wohl, schätzt Schuster, und das mehr als 14 Jahre lang. Für eine Hand voll Projekte war er fünf oder sechs Monate am Stück im Ausland und Anlagen für Stahlwerke in Betrieb. Dazwischen lagen unzählige kürzere Dienstreisen für ein paar Tage oder eine Woche. Kundenakquisition. Auf die Frage, ob er bei jährlich 100 Reisen überhaupt noch dazu komme, seinen Koffer auszupacken, lacht Schuster und zeigt in einen

Er hätte auch Nachfolger seines Vaters werden können, „aber das haben wir aus ethischen Gründen nicht gemacht. Das hätte nicht gepasst."

Bild links: Das Stadtbild Algiers zeichnet ein stetiger Wandel. Man kann die Bemühungen der Regierung um die Liberalisierung und Förderung des Privatsektors und die damit verbundenen wirtschaftlichen Veränderungen live mitverfolgen.

Bild rechts: Palmen sind für viele das Sinnbild exotischer, ferner Länder. Sie dienen nicht nur dem Schutz vor der Sonne, sondern können auch auf vielfältige Weise als Nahrungsmittel, Baumaterial oder zur Stabilisierung des Bodens verwendet werden.

Winkel seines Büros. Da stehen zwei dunkelblaue Rollkoffer, fertig gepackt, damit er nicht mehr heim muss, wenn er morgens im Büro erfährt, dass am Nachmittag eine Reise ansteht. Das sei zwar selten, aber durchaus schon passiert.

Während Schuster von seinem Leben erzählt, spielt er mit den Dingen auf seinem Schreibtisch, klopft mit einem Stift auf den Tisch, klick, klack. Oder er dreht und wendet einen Schreibblock in seinen Händen. Als er ihm entgleitet und er den Umschlag im Nachfassen zerknittert, legt er ihn zur Seite. Seine erste Baustelle, in Iran Anfang der neunziger Jahre, bezeichnet Schuster zugleich als seine Schönste. Mit mörderischen 56 Grad Celsius im Schatten war es nebenbei auch die Heißeste. Wenn es in der Nacht abkühlte, sank die Temperatur dennoch nicht unter 40 Grad plus. Knapp sieben Monate lang arbeitete er dort an einem Warmwalzwerk, einer Anlage, die sich als komplizierter Fall erwies, weil es eine ganze Weile dauerte, bis die Einstellungen stimmten und die komplexe Mechatronik richtig funktionierte. Ob dabei was kaputtgegangen sei? „Sicher", sagt Schuster und lacht. Überhaupt lacht er sehr oft bei diesem Gespräch. Dann wirkt er wie der schelmische kleine

Junge, der er einmal war, und dessen Abenteuerlust und Begeisterungs-
fähigkeit er sich bewahrt hat. „Heute würde ich sagen, es waren die üblichen
Sachen, die bei einer Inbetriebsetzung immer wieder auftreten. Walzgut,
das sich irgendwo reinzwickt." Damit meint er den Stahlstrang, der sich in
der Walze verklemmt, Schlaufen schlägt und die Maschine demoliert.

Ein Souvenir von damals hat Schuster an die Pinnwand seines Büros
geheftet: Ein rostiger Tastzirkel, mit dem man die Dicke des Stahlstrangs
bestimmen kann. Es war in Iran, als Schuster mit dem für diesen Zweck
recht zierlichen Instrument an den glühend heißen, mit fünf Metern pro
Sekunde dahin schießenden Strang heran trat und Maß nahm. Er habe eben
eine zuverlässige Messung haben wollen. „Ich war der einzige, der das
machen konnte", sagt Schuster, grinst und fügt an, „ich war aber auch der
einzige, der es wissen wollte." Im Rückblick sei die Aktion eine Spinnerei
gewesen.

Wenn ein Walzwerk kurz davor steht, in Betrieb zu gehen, beginnt für
Schuster und sein Team die heiße Phase. Je früher die Produktion anläuft,
desto früher verdient Schusters Kunde Geld. „Und deshalb übt er Druck
aus", Schuster zieht sich krampfartig zusammen und lässt seinen Körper
vor Anspannung zittern, „das sind Zerreißproben. Zerreißproben." Als
Inbetriebsetzungsleiter muss er aber vor dem ersten Start sämtliche Tests
abgeschlossen haben und alle Sicherungsmechanismen prüfen. „Bis es soweit ist, steht der Kunde schreiend vor einem, schreiend, brüllend", sagt
Schuster. Seine Stimme wird immer gepresster, immer lauter, als er erzählt,
wie sein Team zum Schluss praktisch rund um die Uhr arbeite, mit äußerster
Anstrengung, wie der Kunde immer wieder fordere, dass die Anlage jetzt
endlich gestartet werden müsse, wie er nichts unversucht lasse, auch die
Beschwerde bei Schusters Vorgesetzten nicht. In dieser Situation sei es seine
Aufgabe gewesen, dem Team den Rücken freizuhalten, damit es nicht zerris-
sen wird, sagt Schuster. Es scheint, als würde er das alles im Zeitraffer noch
einmal durchleben, diesen Druck, unter dem er stand. Was er da fühlte, es
hat sich eingebrannt.

Und dann ist er da, der große Moment, die Premiere, wenn Roland
Schuster die Anlage zum ersten Mal startet. Aller Tests zum Trotz, sicher
könne man sich nie sein, ob nicht irgendetwas schiefgehe und dabei die teuren
Maschinen ruiniere. Die einheimischen Steuerleute würden schon schlot-
tern, „die san am Semmerl", sagt Schuster lachend, sprich: mit den Nerven
am Ende. Auch er habe einen höheren Puls, sei aber so konzentriert, dass er

Grundregel: Bevor
man ein Maschinen-
teil anfasst, zuerst
drauf spucken. Wenn
es zischt, Finger weg!

die Aufregung kaum spüre. Angst? „Dafür bin ich viel zu cool." Es komme eben darauf an, die Anlage bei Gefahr schnell wieder auszuschalten, damit nicht zu viel kaputtgehe.

Die Strapazen seiner Reisen sind an Schuster scheinbar spurlos vorübergegangen. Er sagt, wenn nach drei Jahren und all den Mühen, die ein Projekt ihm abverlange, eine Anlage endlich laufe und der Kunde zufrieden sei, weiche die Anspannung einem ungeheuren Erfolgserlebnis. Erleichterung und Euphorie." Einmal hätten sie fast Queens „We Are The Champions" aus den Werkslautsprechern dröhnen lassen, „aber das wäre dann doch zu protzig gewesen." In Iran wurden zur Feier des erfolgreichen Anlagenstarts drei Schafe geschlachtet, deren Blut noch Tage später den Boden im Werk verkrustete. Die Anerkennung, die er für seine Arbeit erhalte, und natürlich auch die Erlebnisse seiner Reisen, würden ihn für die erlittenen Strapazen mehr als entschädigen.

2001 setzte Schuster ein Stahlwerk in Algerien in Betrieb. Für das Land bestand eine Reisewarnung. Kurz zuvor hatte es Mordfälle an Ausländern gegeben. Unklar war, ob sie durch die Hand von Gotteskriegern gestorben waren. Anfangs wurden Schuster und seine Kollegen von Sicherheitsleuten zur Baustelle eskortiert. Diese erwiesen sich aber als so unzuverlässig, dass Schuster bald beschloss, auf eigene Faust zur Baustelle zu fahren. Bedroht habe er sich nicht gefühlt. „Algerien ist ein wunderschönes Land. Die Menschen sind sehr freundlich und zuvorkommend." Das ist eine Erfahrung, die er in vielen Ländern gemacht habe, vor deren Besuch gewarnt wird. Die Gefahr sei nicht spürbar, „man weiß nicht, wie weit man weg ist vom Abgrund."

In Algerien besuchten ihn seine Frau und die Kinder. Die Familie hatte ihren Sommerurlaub auf Schusters Algerien-Einsatz abgestimmt. Das sei allerdings die Ausnahme. „Auf meine Reisen nimmt keiner mehr Rücksicht." Dennoch, sagt er und klopft dreimal auf das Holz seines Schreibtisches, sei

Bild oben: Downcoiler im Warmwalzwerk von Hadeed in Saudi-Arabien. Auch hier setzte Roland Schuster Anlagen in Betrieb.

Bild links: Blick vom Leitstand des Warmwalzwerkes in Hadeed auf die Walzstraße. Der Anlagenfahrer muss höchst konzentriert den Produktionsablauf kontrollieren.

er bei allen wichtigen Terminen dabei gewesen, bei allen Geburten, bei allen Taufen. „Meine Frau respektiert, was ich mache", sagt Schuster, „sie würde selber gern öfter mitfahren. Sie ist eine Reiselustige, kommt aber natürlich viel zu selten dazu." Weil er im Urlaub nicht auch noch in die Ferne reisen will, fliegt sie ab und zu ohne ihn. Zuletzt war sie in China.

Im Gespräch gleitet Schusters Blick immer wieder zu seinem Computerbildschirm und verweilt dort einige Sekunden. Der Bildschirm zeigt ein Foto eines Gartens, der sanft zu einem See hin abfällt. Auf dem See schwimmt ein Boot. Der Garten ist Teil eines weitläufigen Grundstücks direkt am Attersee, Österreichs größtem Binnengewässer, knapp 90 Kilometer von Linz entfernt. Das ist Schusters Rückzugsgebiet. Hier segelt er mit seiner Jolle, surft, taucht, verbringt soviel Zeit im Jahr wie möglich. Das Grundstück samt Villa hatte sein Großvater zur Zeit des Ersten Weltkriegs gekauft. „Ich bin auf dem See groß geworden", sagt Schuster.

Weil Roland Schusters Abteilung stets chronisch unterbesetzt war, habe er sich fast zwangsläufig zu einem Generalisten entwickelt. „Wenn du geeignet bist, hast du es überlebt." Oder eben nicht. „Es gibt genug Leute, denen ist das alles zu viel geworden, die sind in einfachere Jobs gewechselt. Ich bin einer der letzten aus meiner Generation, die übrig geblieben sind." Warum gerade er? „Ich habe ein großes Beharrungsvermögen, das geht nicht anders", sagt Schuster, „ich denke mir, wenn ich jetzt aufgebe, ist das zu einfach." Er bräuchte ja nur zur voestalpine Stahl zu gehen, die von seinem jetzigen Arbeitsplatz rein geographisch bloß durch einen Zaun getrennt wird. Dann könne er einen Job mit geregelten Arbeitszeiten haben. Nur mit dem Reisen wäre es dann vorbei, „und das brauche ich." Wenn er länger als drei Wochen am Stück in Linz sei, würde er unruhig werden und wieder los wollen.

2005 ist Schuster in die Führungsebene gewechselt. Er nennt das „den logischen Schritt". Zuvor hatte er schon die Verantwortung für einzelne Projekte und war früh ins Nachwuchsförderungsprogramm seines Unternehmens gekommen. „Das war eine geplante Karriere." Er ist jetzt Abteilungsleiter, verantwortlich für den technischen Zukauf und das Layout der Projekte, auf die er seine 20 Mitarbeiter schickt. Die Projekte haben in der Regel ein Volumen in Höhe von mehreren Millionen Euro. Wenn dann ein Projekt nicht gut läuft, sind gleich die Millionen an der Wand, klatsch, klatsch, klatsch. Der Kunde ist verärgert. Tatsächlich sei die Organisationsarbeit, die „vielen losen Enden" überall, für ihn viel mühsamer als das Reisen um die Welt, wenn auch körperlich weniger anstrengend. Er sei als Abteilungsleiter jetzt stärker als früher an Linz gebunden. Längerfristig lasse er sich das Reisen aber nicht nehmen, sagt er. „Ab und zu gönne ich mir einen Baustellenaufenthalt."

Schusters Ziel für die nähere Zukunft ist es, den Generationswechsel in seiner Abteilung zu bewältigen. Sechs neue Leute sind da, manche frisch von der Uni. „Das ist für mich die größte Herausforderung, einen einigermaßen geordneten Wissenstransfer hinzukriegen, alles so auf den Weg zu bringen, dass die Jungen verstehen, wie das Geschäft geht." Schuster blickt entschlossen: „Ich muss meine Mannschaft so weit aufbauen, dass ich mich auf sie verlassen kann." Vielleicht könne er dann ein wenig kürzer treten. Schuster träumt von einem größeren Boot und davon, auch genug Zeit zu haben, damit zu segeln. Auf dem Attersee natürlich. In drei Jahren ist es vielleicht so weit. „Höchstens drei Jahre", sagt Schuster zum Abschied, „das soll schneller gehen."

Ich lerne gerade, Nein zu sagen

„Das letzte halbe Jahr war extrem", sagt Alexander Stukenkemper. In diesem halben Jahr, seit Mai 2007, ist er von einer Baustelle zur nächsten gereist: Dubai, Taiwan, Schweden. Wüste, Tropen, Gletscher. Dazwischen kurze Zwischenstopps daheim in Erlangen. Eigentlich aber ist das gar nicht so außergewöhnlich, bedenkt man, wo Alexander arbeitet. Er ist Inbetriebsetzungsingenieur bei „Industrial Solutions".

Text: Christian Mörsch

Noch in der ersten Hälfte des 19. Jahrhunderts war Schweden ein ausgeprägter Agrarstaat, in dem 90 Prozent der Bevölkerung von der Landwirtschaft lebten. Erst in der zweiten Hälfte des 19. Jahrhunderts setzte eine umfassende Industrialisierung ein, deren Basis auf dem guten Zugang zu Rohstoffen und deren Verarbeitung vor Ort beruhte. In der letzten Hälfte des vergangenen Jahrhunderts stieg Schweden zu einer der führenden Industrienationen der Welt auf. Viele internationale Unternehmen haben hier ihren Sitz.

Dezember 2007, einige Tage vor Weihnachten, Porträt-Termin in der Siemens-Zentrale der Divison Industry Solutions (IS) in Erlangen. Alexander Stukenkemper (28), groß und schlaksig, im leger aufgeknöpften weißen Hemd mit Streifen auf Jeans, ein schicker Silberreif am Handgelenk, den er flugs unter seinen Hemdsärmel schiebt, als er merkt, dass jemand ihn betrachtet. Rötlich braune Haare, die ihm von der Stirn ab schon ausgehen, wache freundliche Augen und ein herzerfrischend lächelnder Mund. Er ist jemand, dem man sofort Vertrauen schenkt, den man an seiner Seite wissen möchte, wenn es durch dick und dünn geht, jemand, bei dem man Wehmut spürt, weil man ihn erst so spät im Leben kennen gelernt hat. Alexander wirkt frisch, unbefangen, energiegeladen, obwohl dies sein letzter Arbeitstag vor dem Urlaub ist. Zwei Wochen lang Snowboarden im Zillertal mit Eltern und Freundin liegen vor ihm. Vielleicht ist es aber auch gerade das Bewusstsein, nach einem anstrengenden Jahr endlich einmal loslassen zu dürfen, das ihn so befreit wirken lässt. Wenn er erschöpft ist, so lässt er es sich jedenfalls nicht anmerken. Betont gelassen beantwortet er die Fragen zu seinem Leben. Nur einmal sieht man, wie nervös er ist. Als er erfährt, wie ihn sein Umfeld beschreibt – intelligent, zielstrebig, hilfsbereit, multitalentiert –, wird sein Gesicht mit einem Schlag röter als seine Haare.

Alexander Stukenkemper wurde 1979 in Recklinghausen geboren. Sein jüngerer Bruder studiert heute Wirtschaftsingenieurwesen in Hagen. Alexanders Vater starb um die Zeit seiner Geburt. Als er drei Jahre alt war, stieß der Mann zur Familie, der erst sein Stiefvater und dann sein Vater wurde. Die Familie lebte in Waltrop, einem Städtchen in der Nähe von Recklinghausen. Hier ging Alexander zur Schule. Seinen Mitschülern schrieb er „ich will Ingenieur werden" ins Poesie-Album. „Und dabei wusste er noch nicht einmal, was das ist", sagt seine Mutter, Karin Stukenkemper, und lacht. Wissbegierig sei ihr Sohn gewesen, vielseitig interessiert. „Ein Multitalent", sportlich und künstlerisch begabt. Sie dachte, er würde eher Architekt oder Designer werden. „Ich war immer sehr gut in Mathe und Kunst", bestätigt Alexander, „und in Sport". In einem anderen Leben hätte er durchaus professioneller Tennisspieler werden können. Von seinem 12. bis

17. Lebensjahr stand er fast jeden Tag auf dem Platz, sein Name tauchte in der Deutschlandrangliste auf. Doch dann reichte es ihm. Zu wenig Zeit ließ ihm das Tennis für Freunde und Freundin. Also stellte er seinen Schläger in die Ecke und rührte ihn die folgenden zwei Jahre auch nicht mehr an. „Da waren schon einige enttäuscht." Heute spielt er wieder Tennis, allerdings ohne Druck und mit mehr Spaß als früher.

Nach dem Abitur leistete er seinen Wehrdienst in Coesfeld, bei einem Instandsetzungsbataillon. Dort bewarb er sich erfolgreich um eine Stelle als Hilfsausbilder. Zu seinen Schülern gehörten auch 50-jährige Offiziere. „Erst wird man zwei Monate lang zur Sau gemacht, und dann geht es sofort anders herum, das war schon spannend", sagt Alexander. Im Sommer 2000 absolvierte er ein Praktikum bei Siemens in Essen. Den Platz hatte ihm ein Bekannter aus dem Tennisclub vermittelt. Im Herbst desselben Jahres begann er sein Studium an der TU Darmstadt. Für Darmstadt hatte er sich mit seiner damaligen Freundin entschieden, weil das Focus-Ranking die Uni empfahl und weil sie beide dort studieren konnten, sie Bauingenieurwesen, er Elektro- und Informationstechnik. Nach einem Jahr wechselte er an die FH Darmstadt in den Studiengang mit dem sperrigen Namen „Elektrotechnik/Energie, Elektronik und Umwelt". In den Semesterferien hatte Alexander sich mit einem Freund die FH angesehen, wo schon wieder der Unterricht begonnen hatte, und war begeistert. Während an der Universität die Professoren froh gewesen seien, wenn die Studenten durchfielen – und das taten 80 Prozent seines Jahrgangs – schrieb der FH-Dozent in der ersten Sitzung seine Privatnummer an die Tafel und bat die Studenten, ihn bei Fragen anzurufen, auch bei persönlichen.

Sechs Semester später war er scheinfrei und auf dem Weg nach Erlangen. Sein heutiger Abteilungsleiter bei Siemens, der an der FH Vorträge hielt, hatte sich beim Dekan nach Alexander erkundigt, wie dessen Noten seien, was er für einer sei, und ihn kurzerhand mitgenommen zu einem Praxissemester bei Siemens. Alexander hatte sich nicht einmal bewerben müssen. Er verbrachte das Semester in der Abteilung für Integrationstests, machte Bekanntschaft mit vielen Entwicklern, auf deren Rat er noch heute baut, und dann blieb er einfach, erst als Werkstudent, danach als Diplomand. „Die Hochschule hat mich gar nicht mehr gesehen", sagt Alexander. Eigentlich hatte er seine Diplomarbeit bei Porsche schreiben wollen. „Aber man hat mich hier gehalten." Mit dem Diplom hatte er zugleich eine Stelle bei Siemens sicher. „Da wird nur noch gefragt, ob man nach der Diplomarbeit zwei Wochen Urlaub braucht oder ob man direkt anfangen will."

Heute wohnt er mit seiner Freundin, Stephanie Probst (31), in Bubenreuth bei Erlangen. Sie arbeitet als Physiotherapeutin. Kennen gelernt haben sie sich während der Fußball-WM 2006 vor der Großleinwand. Sie beschreibt ihn als zielstrebig, intelligent und sehr ehrgeizig. Er koche, mache jede Hausarbeit, trage sie auf Händen, kurz: „ein Traummann", wenn auch ein zuweilen etwas dickköpfiger. „Auf jeden Fall nicht der typische Ingenieur, der im Flanellhemd vor dem Computer sitzt und nicht über den Tellerrand blickt." Manche Leute seien ein einziges Mal auf einer Baustelle gewesen und glaubten danach, sie wüssten, wie es in der Welt läuft. Alexander sei überzeugt, um bei einer Sache mitreden zu können, muss man sie auch miterlebt haben.

Alexander Stukenkemper erlebt einiges auf seinen Reisen. Barbecues mit Harley Davidson-Fahrern zum Beispiel oder den Kulturschock in Taiwan, mit dem Gewirr aus chinesischen Schriftzeichen und den frittierten Krabbeltieren, die man ihm zum Abendessen vorsetzte. Allen Reiseanekdoten zum

Alexander Stukenkemper (28)
Dipl.-Ing. für Elektrotechnik-Energie, Elektronik und Umwelt, beschäftigt als IBS-Ingenieur für Regelungs- und Antriebstechnik • Hauptländer: USA, Österreich, Dubai, Schweden und Taiwan • Dozent für Regelungstechnik an der Siemens Technik Akademie • Lebensmotto: Ab und an innehalten und das Leben genießen.

An der Universität sind die Professoren froh gewesen, wenn die Studenten durchfielen. An der Fachhochschule bat sie der Dozent, ihn bei Fragen auf seiner Privatnummer anzurufen, auch bei persönlichen.

Trotz, ein Inbetriebsetzungs-Einsatz im Ausland bedeutet vor allem eins: Arbeit. In Dubai arbeitete Alexander vier Wochen lang bei 45 Grad an einem Hochregallager, einer Frachtanlage für den Flughafen. „Man schwitzt und schwitzt und muss jede Stunde fast einen Liter Wasser trinken", sagt Alexander. „Wenn man das in der Hektik vergisst, dann merkt man das auch." Er erinnert sich, dass er einmal völlig dehydriert in die Baustellenkantine getaumelt sei. In Dubai erlebte Alexander auch etwas, das ihn immer noch beschäftigt. Er sah, wie pakistanische Hilfsarbeiter in einem „Federvieh-Laster" zur Baustelle gekarrt wurden, während er im vollklimatisierten Auto schwitzte und sich todkrank fühlte. Er sah, wie sie ohne Schutzkleidung und ungesichert auf Baugerüsten herumkrochen. „Wenn jemand da runterfällt, dann wird er eben ausgetauscht. Das ist schon sehr krass." Was ihn besonders traf, war der Umstand, dass die Pakistani ihre Arbeit offenbar gern taten, um mit dem kargen Lohn daheim ihre Familien zu ernähren. Diese Erfahrung hat für Alexander manches relativiert, auch die eigenen Qualen und Entbehrungen.

Die Auslandseinsätze in Alexanders Abteilung dauern im Schnitt zwei bis drei Wochen. Andere Inbetriebsetzungs-Ingenieure sind schon mal ein halbes Jahr und länger unterwegs. In Erlangen zurück – das normale Leben beginnt wieder. Dann betreut Alexander das Projekt weiter oder bereitet ein Neues vor. Oder er nutzt die Zeit, um sich weiterzubilden, als Dozent für Regelungstechnik an der Siemens Technik Akademie zu unterrichten, mit Kollegen Fußball zu spielen und, ja, um mit Stephanie in Urlaub zu fahren. Trotz aller Geschäftsreisen geht es dann wieder in die Ferne, nach Kenia, auf Safari.

In der kurzen Zeit, die er bei Siemens arbeitet, hat Alexander bereits erfahren, dass ein Ingenieur im Auslandseinsatz oft auf sich allein gestellt ist. „Und dann läuft so ein Antrieb einfach nicht. Der Kunde steht hinter dir und sagt, Junge mach, du bist der Spezialist, du bist Siemens. Glücklicherweise gibt es eine Hotline in Erlangen. Aber manchmal ist es schwer, den Kollegen daheim klar zu machen, dass man wirklich Probleme hat." Da muss nicht immer etwas Dramatisches geschehen. Einmal bediente Alexander den riesigen Antrieb und testete die Funksteuerung. Plötzlich schaltete sich aber

Bild links: Der große Gletscher hat Schweden während der letzten Eiszeit die geologischen Charakteristika verliehen, die es heute auszeichnen: zahlreiche Flüsse, Seen und Wasserfälle.

Bild oben: Ein Saunasee dient der Erfrischung und der Ruhe nach dem Saunagang.

Bild Mitte: Typisch für das ländliche Schweden sind die rot gestrichenen Häuser, wie hier im kleinen Küstenstädtchen Lysekils. Die Farbe, ein Abfallprodukt der Kupferförderung, konserviert das Holz. Im 17. Jahrhundert wurde es populär, die Häuser der Reichen mit der roten Farbe anzustreichen – auch mit dem Gedanken, die Backsteinhäuser des reicheren Kontinentaleuropas zu imitieren.

Bild unten: Oft finden sich solche „Steinformationen" am Rand alter Straßen. Diese sollen dem Vorbeireisenden mit dem königlichen Wappen darauf signalisieren, wer diese Region regiert.

sein Laptop ab. Der Motor aber lief unbekümmert weiter und ließ sich auch nicht stoppen, weil der Laptop die Steuerhoheit mit sich genommen hatte. Ein Softwarefehler. Bei Siemens gibt es für solche Fälle den Begriff „Eskalation". Alexander rief eine Eskalation Stufe 1 aus. Alarmstufe rot. „Da haben in der Entwicklung viele Leute eine Nachtschicht geschoben." Zum Glück lagen, als es passierte, nicht die Stahlseile auf, die den Motor mit dem Hebewerk des Lifts verbinden. „Der wäre sonst durch die Decke gegangen."

Die Tage draußen auf der Anlage sind lang. Mit acht Stunden pro Tag kommt man selten aus, sagt Alexander. Abends telefoniert er mit Stephanie. Wenn er dann ins Bett fällt, träumt er von Kranen und Schaltungen. Freizeit haben die Ingenieure im Ausland kaum. Genauer: Sie nehmen sich keine. Da wird schon einmal das Wochenende durchgearbeitet, statt das Land zu erkunden, um das Projekt so schnell wie möglich abzuschließen. Dem drängenden Kunden zuliebe und auch sich selbst, weil es dann schneller nach Hause geht. Alexander erzählt von einem Kollegen, der neun Monate in einer Goldmine in Australiens Hinterland arbeitete. Sandstürme, giftige Schlangen und Spinnen, Leben im Container, angenehm sei es nicht gewesen. Neun Monate, und davon hätte das Team sich nur wenige freie Tage gegönnt. Aber sie hätten auch nicht gewusst, was sie mitten in der Wüste mit der Freizeit anstellen sollten. „Also haben sie gearbeitet." Natürlich ein Extrembeispiel, aber gerade wenn ein Projekt kurz vor seinem Abschluss steht, ist der Druck immens. Zeit ist Geld. Verzögerungen können in saftigen Vertragsstrafen resultieren.

Und dann kommt der Moment der Wahrheit. Es war in den USA, als Alexander zum ersten Mal eine Anlage startete. Er stand einen Kilometer von der Papiermaschine entfernt und zauderte. Ein Tastendruck und die Maschine läuft an. Aber was, wenn irgendwo ein Fehler wäre und die Anlage beim Start kaputt ginge? „Da macht man sich am Anfang wirklich voll in die Hose." Und überprüfe lieber alle Sicherheitsvorkehrungen einmal mehr als eigentlich nötig.

Die letzten drei Tage in Schweden waren sehr hart und Alexander stieg in Arbeitsklamotten in den Flieger. Daheim angekommen, schlief er 15 Stunden am Stück (Stephanie hat auf die Uhr gesehen) und wurde im Anschluss krank. Aber krank ist er nur in seiner Freizeit. In den letzten vier Jahre sei er bloß zwei Tage lang ausgefallen. Und dabei habe es in Dubai und Taiwan durchaus Tage gegeben, an denen er völlig ausgelaugt war von den Strapazen. „Aber man kämpft sich durch. Mein Körper regeneriert sich schnell", sagt Alexander, räumt aber ein, dass er hohe Erwartungen an sich selbst habe. „Ich bin wahrscheinlich oft zu hart zu mir selbst."

Natürlich hütet und pflegt Siemens seine Ingenieure. Regelmäßige ärztliche Untersuchungen stehen auf dem Plan, auf der jährlichen Ingenieurskonferenz kurz vor Weihnachten gibt es Programmpunkte zu Gesundheit und Arbeitssicherheit. Außerdem erfährt man, wie sich der Schlaf- und Wachrhythmus gezielt verschieben lässt. Dennoch: Wie viel Druck hält ein Mensch aus? Ist er womöglich schon zu stark? Stephanie macht eine Pause und antwortet mit einem langgezogenen „Nee". Alexander stehe schon gewaltig unter Druck und natürlich gebe es Momente, bei denen sie sich am Telefon gegenseitig fragen, ob das jetzt sein musste, warum er sich das antue. Etwa als Alexander in Schweden einmal den ganzen Tag oben auf einem Kran zubrachte und sich bei Minusgraden die Hände blau fror. Aber vielleicht sei es damit wie bei der Besteigung eines Bergs, sagt Stephanie. „Auf der Hälfte des Weges fragt man sich, warum tue ich mir das an. Und dann erreicht man den Gipfel und ruft, hach ist das schön!" Alexander meine, es

„Just in time" ist heute Pflicht für alle produzierenden Betriebe – ob sie nun weltweit oder nur regional liefern. Je nach Fertigungskonzept liefert Siemens die passenden Lösungen.

Alexander räumt ein, hohe Erwartungen an sich selbst zu haben. „Ich bin wahrscheinlich oft zu hart zu mir selbst."

solle jetzt ruhig stressig sein, um später dafür mehr Ruhe zu haben. „Dann ist er da, wo er hin möchte." Hofft er.

Die Aufstiegschancen für einen Ingenieur bei Siemens IS sind glänzend. Erst leitet er ganze Projekte selbst, später ist er womöglich verantwortlich für eine Hand voll Ingenieure, die er um die Welt schickt. Das nächste Jahr wird Alexander weniger reisen, weil er ein Forschungs- und Entwicklungsprojekt in Erlangen betreut. Ein Rückzieher vom Reisen ist das nicht. „Siemens IS passt gut zu mir", sagt er, „ich hätte auch direkt ins Projektmanagement gehen können, aber ich möchte draußen Erfahrungen sammeln und soviel Maschinen aus unterschiedlichen Branchen sehen wie möglich." Siemens IS sieht er als eine Station, auf der er sich vielleicht die nächsten zwei Jahre lang aufhält und dann weiterzieht. „Wohin, das weiß er selbst noch nicht", sagt Stephanie, „das muss er sich noch überlegen."

Alexander kann sich vorstellen, seine Fähigkeiten später einmal für einen guten Zweck einzusetzen. In einem Projektmanagementseminar konzipierte er ein Projekt für UNICEF. Er und sein Team ließen Kinder Tomatenpflanzen großziehen. Die Töpfe haben die Kinder selbst gemacht. Irgendwann klingelte morgens um acht das Telefon und Alexander hörte am anderen Ende der Leitung Jubelschreie: „Die Tomaten sind schon rot!" Alexander erwägt aber auch, für ein Jahr ins Ausland zu gehen oder sogar fest in eine Auslandsvertretung von Siemens zu wechseln. Kanada vielleicht, Australien oder Brasilien. „Wenn die Chance da wäre, würde mich hier nichts halten." Stephanie würde mitkommen.

Jetzt aber geht es erst einmal in den Schnee, ins Zillertal. Sein Handy werde er ausgeschaltet lassen, zumindest will er das versuchen. „Das lerne ich auch gerade", sagt Alexander, „Nein sagen."

Bild oben: Dieser Kran steht im Stahlwerk SSAB in Oxelös, Schweden und wurde von der Fa. Vollert in Weinsberg (Maschinenbau) gebaut. Die Sinamics-Antriebe verfahren lagegeregelt über externe Lasersysteme.

Bild unten: Ein weiteres Projekt für Alexander Stukenkemper war die Inbetriebsetzung von Hafenkranen im Hamburger Hafen.

Kaufleute sind die Psychologen auf der Baustelle

Auf der Baustelle arbeiten Mexikaner, Portugiesen, Italiener, Inder, Philippinos, Ungarn, Malaysier und Deutsche zusammen. Bei dieser bunten Mischung gibt es so viele kleine Marotten und Gewohnheiten, auf die Rücksicht zu nehmen ist. „Gerade das macht die Sache unwahrscheinlich interessant", sagt Axel Zuleger, der mit 27 Jahren Baustellen in Syrien und den USA betreut.

Text: Florian Bamberg

Suks sind ein beinahe allgemeines Kennzeichen einer arabischen Stadt und meistens dessen Wirtschaftszentrum. Die typischen Suk-Gassen sind von jeher die Domäne des Einzelhandels und des Handwerks. Als westlicher Tourist ist man von der Vielfalt der dort angebotenen Güter- und Dienstleistungen sowie dem bunten Treiben überwältigt. Hier ist der Suk al-Hamidiyyeh zu sehen. Diese historische Marktstraße im Zentrum von Damaskus besuchte Axel Zuleger oft in seiner Freizeit. Hier gibt es von Gewürzen über Textilien bis zu Goldschmuck vieles zu entdecken.

Erlangen, 21. Dezember 2007

Es ist ruhig im zweiten Stock der Schuhstraße 60 in Erlangen. Einige Tage vor Heiligabend sind viele Siemens-Angestellte schon längst bei ihren Familien. Aus einer Ecke des Großraumbüros hört man Gelächter, nebenan legt ein Mann seine Füße beim Telefonieren auf den Tisch. Selbst die Kaffeemaschine ist aus. Axel Zuleger sitzt am Tisch, die kurzen Haare zur Seite gegelt, in rotem Hemd und schwarzer Hose, die Regenjacke hängt über seinem Stuhl. Ihm kommt diese Ruhe so gelegen, wie sie für ihn außergewöhnlich ist: Vor zwei Tagen erst ist er von der Baustelle nahe der syrischen Hauptstadt Damaskus wieder nach Deutschland gekommen, um die Feiertage bei Freundin und Familie zu verbringen.

In Syrien betreut der 27-Jährige als kaufmännischer Bauleiter den Einbau von Dampfturbinen in zwei Kraftwerken, eins liegt im Süden nahe der Hauptstadt Damaskus, das andere im Norden bei der Handelsstadt Aleppo. Während die Ingenieure den Bau leiten, kümmern sich Zuleger und seine Mitarbeiter um den geschäftlichen Teil: Sie organisieren die An- und Abreise des Personals und den lokalen Einkauf, erledigen die Buchhaltung und besorgen den Mitarbeitern Versicherungen und Visa. Aber weil Siemens in Syrien keine Regionalgesellschaft hat, gehören auch andere Aufgaben dazu: „Wenn sich beispielsweise jemand verletzt hat, kümmern wir uns darum, dass er in das richtige Krankenhaus kommt", sagt er mit ruhiger Stimme, während er sein Wasser trinkt. „Und manchmal spielen wir auch ein bisschen den Seelendoktor", fügt er schmunzelnd hinzu. „Viele Mitarbeiter kommen zu uns, wenn sie Probleme haben. Ich weiß nicht warum, aber Kaufleute sind traditionell die Psychologen auf der Baustelle". Auf der Baustelle arbeiten Mexikaner, Portugiesen, Italiener, Inder, Philippinos, Ungarn, Malaysier und Deutsche zusammen. Bei dieser bunten Mischung gibt es so viele kleine Marotten und Gewohnheiten, auf die Rücksicht zu nehmen ist. „Gerade das macht die Sache unwahrscheinlich interessant", so Zuleger, denn die Charaktere haben es ihm angetan: „Da gibt es viele Leute, die ständig unterwegs sind. Sie sind zwar ein bisschen schwierig, zum Teil sehr individuell, aber auch sehr prozess- und kundenorientiert. Und wenn man weiß, wie man diese Menschen zu nehmen hat, ist alles andere auch kein Problem und man kann mit ihnen ausgezeichnet zusammenarbeiten."

Axel Zuleger wusste schon zu Schulzeiten, dass er mal in der Welt herumkommen wollte. Nach seinem Zivildienst ging er an die Verwaltungs- und Wirtschaftsakademie in Essen, um ein BWL-Studium mit einer Ausbildung zum Industriekaufmann zu kombinieren. Für den praktischen Teil suchte er sich die IT-Abteilung bei Siemens aus. Als er nach anderthalb Jahren fertig war und zum Studieren überging, bekam er eine Festanstellung in der Abteilung mit dem Arbeitsort Deutschland: In Hamburg, München, Berlin und Düsseldorf arbeitete er, einmal brachte der Job ihn sogar nach Tschechien. Das Studium schloss er im Jahr 2004 ab, seine Auslands-Pläne wurden konkreter. Also wechselte er zur Siemens Division Industry Solutions, Arbeitsort weltweit. Ein Jahr später saß er im Flieger in Richtung USA, um als kaufmännischer Baustellenleiter ein Projekt im BMW-Werk Spartanburg, South Carolina, zu betreuen.

Das Gefühl, ins kalte Wasser geworfen zu werden, hatte der große, schlanke Mann mit dem jugendlichen Gesicht aber weder in den USA noch anderswo: „Klar gibt es immer neue Herausforderungen. Jedes Projekt ist etwas anders, aber die Anforderungen haben sich stetig gesteigert. Ich habe mich nie überfordert gefühlt. Man fängt an, indem man im Team mithilft. Irgendwann führt man dann das Team und verantwortet ein eigenes Budget wie etwa eine Baustelle. Das habe ich in den USA getan und das tue ich jetzt auch in Syrien." Und der nächste logische Schritt wäre dann, ein eigenes Projekt zu leiten. „Mich reizt, dies alles im Ausland zu tun", sagt Zuleger lächelnd. „Das ist eine weitere Herausforderung, weil dort zum reinen Projektbusiness die landestypischen Gegebenheiten hinzukommen. Insofern ist das auch wesentlich interessanter." Seit einem Jahr betreut er nun die beiden Baustellen in Syrien. Sein ausdrückliches Wunschland war

Axel Zuleger (27)
Dipl.-Betriebswirt (VWA), Bachelor of Business Adminstration (BBA) • Schwerpunkte: Commercial Project Management, Claim- und Contract Management, derzeit: PTD Projektleiter für Transrapid Schanghai, verantwortlich für den Lieferanteil der Mittelspannungsschaltanlagen • Haupteinsatzländer: USA, Syrien und Deutschland

„Man fängt an, indem man im Team mithilft. Irgendwann führt man dann das Team und der nächste logische Schritt ist die Leitung eines Projektes."

es nicht: „Es hat sich so ergeben, es hätte auch jedes andere Land werden können. Ich hatte kein bestimmtes Ziel im Kopf, ich wollte einfach raus und etwas von der Welt sehen. Hauptsache nicht mein ganzes Leben in einer deutschen Kleinstadt verbringen, war meine Devise. Und dann hat sich die Gelegenheit geboten, wie vorher schon bei dem Projekt in South Carolina."

Von Anfang an war es Axel Zuleger wichtig, auch einen Einblick in die Lebensgewohnheiten des jeweiligen Gastlandes zu bekommen und etwas vom Land kennen zu lernen: „Es gibt drei Möglichkeiten, wenn man in einem fremden Land auf einer Baustelle arbeitet: Entweder man zieht sich nach der Arbeit ganz zurück, oder man verbringt die Zeit zusammen mit anderen Kollegen von der Baustelle, oder man versucht, Menschen aus dem Land selbst kennen zu lernen." Zuleger hat sich für die dritte Variante entschieden. „So kann ich die Mentalität und die Kultur des Landes viel besser kennen lernen, und außerdem dreht sich dann nicht jedes Gespräch nur um die Baustelle." Auf diese Art hat er mehr von Syrien gesehen als nur Wüsten, Moscheen und antike Oasen. Am bemerkenswertesten findet Zuleger die Gastfreundlichkeit: „In Syrien ist es ganz normal, dass, wenn man an einer Bushaltestelle steht, man plötzlich von Unbekannten angesprochen wird. Statt draußen auf den Bus zu warten, solle man doch lieber ins Haus kommen und einen Tee trinken".

Ein weiterer Unterschied: Die Syrer gehen großzügiger mit der Zeit um, sei es mit der eigenen oder mit der von anderen. „Versuchen Sie erst gar nicht, irgendwo hinzugehen, schnell etwas zu klären und wieder zu verschwinden. Denn Sie werden immer mindestens einen kleinen Plausch halten, mindestens einen Tee trinken, und dann werden schon wieder ein, zwei Stunden vergangen sein." Und hier spricht Zuleger aus Erfahrung: „Als wir Wohnungen für unsere Ingenieure gesucht haben, hatten wir einen Termin mit einer Vermieterin, die gleichzeitig auch eine Buchautorin war. Der Vermittler warnte uns vor: Frage nichts, sonst dauert das mindestens eine Stunde. Und ich habe sie wirklich nichts gefragt. Aber sie hat darauf bestanden, dass wir uns hinsetzen und einen Tee trinken, und so waren wir dann am Ende eine knappe Stunde da, obwohl wir uns in der Zeit noch zwei andere Wohnungen ansehen wollten." Das gleiche Verhältnis zur Zeit haben auch die Lieferanten: „Einfach so bekommt man seine Bestellungen nur selten pünktlich geliefert. Am besten ist es, den Termin zwei Tage vorher zu setzen und dann immer wieder nachzufragen, wann man denn nun seine Lieferung bekommt."

Bild links oben: Teppiche werden hier noch nach jahrhundertealter Tradition gewebt. Besonders bei Touristen sind die handgemachten Kunstwerke ein begehrtes Mitbringsel.

Bild rechts oben: Altes Wasserschöpfrad am Nahr al-Asi Fluss in der Nähe von Hama. Eine nicht mehr ganz aktuelle, aber zuverlässige Methode, Wasser auf die Felder zu verteilen.

Bild unten: Sonnenuntergang mit nahendem Unwetter über Damaskus.

Bild gegenüberliegende Seite: Die Umayyaden-Moschee in der Hauptstadt Damaskus ist eine der ältesten Moscheen überhaupt und war Grundlage für die Entwicklung eines eigenen Baustils für Moscheen, den Pfeilerhallenmoscheen.

Man kann sich denken, dass die kulturellen Unterschiede auch für das eine oder andere Fettnäpfchen sorgen. „Ich hatte in Damaskus eine gute Freundin. Die habe ich einmal zum Abschied umarmt, wie es ja in Deutschland unter Freunden ganz normal ist. Sie hat mich dann zwar ganz freundlich, aber doch sehr bestimmt gebeten, etwas auf Abstand zu bleiben". Während er die Anekdote erzählt, muss er selbst etwas über seinen Fauxpas schmunzeln. „Später habe ich dann gelesen, dass man eine arabische Frau niemals in der Öffentlichkeit berühren darf. Mann und Frau treffen sich nie in einem separaten Raum, es sei denn, sie sind schon miteinander verheiratet. Um allen Gerüchten vorzubeugen, wird in Syrien auf den eigenen Status in der Gesellschaft viel mehr Wert gelegt als in Deutschland", ergänzt er. So hat Axel Zuleger in der Ferne gelernt, sein Heimatland zu schätzen: „Nach solchen Erfahrungen weiß ich erst richtig, was man an Deutschland hat. Es ist schon gut, dass man hier einfach sein Leben leben kann und sich nicht nach solchen strengen Normen richten muss. Zudem haben wir hier noch eine sehr gute soziale Absicherung. Wenn man in Syrien keine Arbeit hat und keine Familie, die einen unterstützt, dann sitzt man auf der Straße. Ich weiß zu schätzen, dass das hier nicht so ist."

Die Erkenntnis, dass Deutschland ihm am Herzen liegt, kommt für Axel Zuleger genau zum richtigen Zeitpunkt – denn die beiden Baustellen in Syrien wird er schon bald verlassen, um ein Projekt von Erlangen aus zu betreuen. „So ganz sicher ist das noch nicht, aber höchstwahrscheinlich wird es sich um ein Projekt in China handeln. Ich werde da nur ab und zu für ein bis zwei Monate hinfahren, der Großteil der Arbeit lässt sich von Deutschland aus regeln". Axel Zuleger weiß, dass er sich in China sehr viel mehr umstellen muss, als es in Syrien oder den USA der Fall war: „Einen richtigen Kulturschock hatte ich bisher nicht, die Unterschiede waren immer so, dass ich mich ziemlich schnell darauf einstellen konnte. In China wird die Umstellung wohl etwas härter. Deswegen bin ich auch froh, dass ich mit meinem kommenden Projekt immer nur ein bis zwei Monate dort bleibe."

Es gibt allerdings noch einen anderen Grund: Seine Freundin studiert in Erlangen. „Wir hatten das ganze Jahr eine Art Fernbeziehung. Aber ich habe nichts dagegen, erst einmal eine Zeit lang zusammenzuleben." Im Prinzip sieht Axel Zuleger für die Familienplanung zwei Möglichkeiten: Entweder

„Ich hatte kein bestimmtes Ziel im Kopf, ich wollte einfach raus und etwas von der Welt sehen. Hauptsache nicht mein ganzes Leben in einer deutschen Kleinstadt verbringen, war meine Devise."

Bild links: Damit die Turbinen vor Ort schneller in Betrieb gesetzt werden können, wird die Automatisierung vorab im Werk getestet. Den Prozess simuliert dabei ein Rechner.

Bild rechts: Entscheidend für den Wirkungsgrad einer Turbine sind vor allem die Turbinenschaufeln, an die höchste Ansprüche hinsichtlich Temperatur- und Verschleißfestigkeit gestellt werden.

man bleibt die meiste Zeit mit der Familie in Deutschland oder zieht mit Sack und Pack um. Weltenbummler, die keine langfristigen Bindungen eingehen, kennt er schon zuhauf. „Und die Familie zuhause zu lassen, während man selbst das ganze Jahr unterwegs ist, ist eine große Belastung für alle."

Dann lieber auswandern und einen stationären Job in einer Landesvertretung von Siemens aufnehmen: „Inzwischen kann man seine Kinder schon in vielen Ländern vernünftig aufwachsen lassen. Überall gibt es internationale Schulen und die Kinder kommen viel früher mit der englischen Sprache in Berührung. Das ist genial. Ich kann mir vorstellen, noch bis Mitte Dreißig mal hier, mal da zu arbeiten. Dann würde ich gern irgendwo sesshaft werden, in einer deutschen Stadt oder im Ausland."

Vielleicht findet Axel Zuleger sein Traumland, vielleicht entpuppt sich auch China als der Ort, an dem er sich mit seiner Familie niederlassen will. Zwar glaubt er es nicht, aber wenn er durch seine Erfahrungen eins gelernt hat, dann, dass er Dinge selbst ausprobieren muss, um sie beurteilen zu können. „Deswegen will ich mir auch mein eigenes Bild von anderen Ländern machen, statt die Meinungen anderer einfach zu übernehmen."

Er hat eine Bestimmtheit, die für einen 27-Jährigen alles andere als selbstverständlich ist. Man merkt ihm an, dass er andere Kulturkreise kennengelernt hat. Und es scheint so, als habe er dabei das eine oder andere auch über sich selbst gelernt. Doch zwei große Herausforderungen liegen noch vor ihm: sich in China auf eine Kultur einzustellen, in der wirklich alles anders läuft, und Familienleben und Fernweh unter einen Hut zu bekommen. Aber er wirkt so, als würde er sich das zutrauen – als würde er es sich zu Recht zutrauen.

Bild oben: Klaus Bauer und Axel Zuleger vor dem neu errichteten Kraftwerksteil.

Bild unten: Jede Baustelle ist ein Mix der Kulturen. Auf dem Bild das Inbetriebsetzungsteam des Kraftwerkes Nassarieh.

Im Lufttaxi um die halbe Welt

Eigentlich verreist Thomas Graf nicht gern, Flughäfen sind ihm ein Greuel. Doch mittlerweile kennt er fast alle. „Ich denke aber nicht an Urlaub, sondern an Arbeit", sagt der 43-jährige Inbetriebsetzer. Seit 18 Jahren ist er dienstlich unterwegs, hat seine Flugangst gegen Routine eingetauscht und fast alle Regionen der Erde bereist. Nur zwei Kontinente fehlen noch: die Antarktis und Nordamerika.

Text: Jan Berger

Die Chinesische Mauer ist eine historische Grenzbefestigung, die das chinesische Kaiserreich vor nomadisierenden Reitervölkern schützen sollte. Mit 6350 Kilometern Länge ist sie das größte Bauwerk der Welt. Heute steht die Chinesische Mauer in der UNESCO-Liste des Weltkulturerbes und lädt Touristen zur Besichtigung ein. Es herrscht Aufbruchstimmung im Reich der Mitte. Chinas Wirtschaft boomt. Einer der weltweit größten Hersteller für Krane ist Shanghai Zhenhua Port Machinery Co., Ltd. (ZPMC). Das Unternehmen fertigt etwa 160 Containerkrane pro Jahr und beliefert damit über 80 Terminals in 48 Ländern und Regionen weltweit. Thomas Graf war hier häufiger, um die Krane in Betrieb zu setzen.

Thomas Graf sticht aus der Masse der Menschen am Flughafen kaum hervor. Mit seinem kleinen, schwarzen Schnauzbart, der großen Brille und dem einfachen Kurzhaarschnitt könnte er in die Ferien ans Mittelmeer reisen. Oder, weil er alleine unterwegs ist und seine große Tasche als Fluggepäck abgegeben hat, in eine andere Großstadt zum Sightseeing. Vielleicht ist er auch nur eine kurze Strecke unterwegs, so leger wie er gekleidet ist, um Freunde zu besuchen und mit ihnen ein paar schöne Tage zu verbringen. Er ist auf keinen Fall ein Manager, in Anzug, mit Krawatte, Aktentasche und genervtem Blick. Und doch ist Thomas Graf dienstlich unterwegs.

Flughäfen wecken bei ihm ganz andere Gefühle als bei den normalen Reisenden: „Ich denke schon am Flughafen an die Arbeit, stelle mich mental auf die Baustelle, den Kunden und das Land ein und kontrolliere, ob ich alle Informationen habe." Alles Routine bis auf die Flugangst, aber die hat der Inbetriebsetzer inzwischen überwunden. „Ich kann die Meilen nicht mehr zählen, die ich unterwegs war. Man gewöhnt sich irgendwann ans Fliegen und merkt, dass man sicher ankommt", sagt Thomas Graf und gesteht lächelnd, dass es aber durchaus Regionen gäbe, in denen das Fliegen immer noch abenteuerlich sein könne. Mittlerweile braucht er nicht mehr lange, um seine Tasche zu packen. „Ein paar Bücher sind immer dabei". Sachbücher zur Unterhaltung, manchmal auch schwere Fachbücher. Glücksbringer oder Souvenirs nimmt er nicht mit. Dass Thomas Graf Gebühren für Übergepäck zahlen muss, ist die Regel. Dass er zwei Reisepässe besitzt, ist notwendig. „Wenn ich in Iran gearbeitet habe und dann nach Israel reisen müsste: das würde mit demselben Pass nicht funktionieren", erklärt er diese besondere Reiseausstattung. Und es gibt einige Länder mehr, in die man nicht einreisen darf, wenn der Pass schon die Stempel anderer Orte enthält.

Der 43-Jährige kann sich an all die Reisen gut erinnern, seine Biografie als Angestellter von Siemens lückenlos erzählen. An vielen Orten hat er schon gearbeitet, fast alle Regionen der Erde bereist. „Nur zwei Kontinente habe ich noch nicht besucht: die Antarktis und Nordamerika", sagt er mit einem stolzen Lächeln. Seinen Schnauzbart zieht Thomas Graf dabei automatisch mit in die Breite, so dass er noch zufriedener mit sich und seinem Beruf wirkt. Der Inbetriebsetzer ist spezialisiert auf mächtige Verladekrane. Die gibt es auf der ganzen Welt. In aufstrebenden Ländern wie China stehen die gleichen Krane wie im Saarland oder in Spanien. Es geht dabei nicht um

Maschinen für Baustellen, die nur einige Wochen an ihrem Ort stehen – sondern um solche, die über Jahre hinweg ihren Dienst tun. In Häfen transportieren sie Container, in Müllverbrennungsanlagen die verschiedensten Abfälle. Sie werden zum Abladen von Kohle verwendet, genauso wie zum Verladen von Stahlblechen. Und sie bestehen nicht nur aus einem Fuß, einem Arm und einem Seil. In den riesigen Stahlskeletten der kräftigen Hebemaschinen steuert eine komplexe Software die Bewegungsabläufe. Schaltungen werden für jeden Kran individuell entwickelt, Kabel auf den Millimeter genau verlegt. Vom Aufbau des Kranes über den Einbau der Steuerung bis zur Programmierung von Software vergehen einige Wochen. Oft wird die Maschine an einem anderen Ort zusammengesetzt, dann zu ihrem eigentlichen Arbeitsplatz transportiert, um dort programmiert und angepasst zu werden. Dass bei diesen zahllosen Arbeitsschritten auch einiges schief gehen kann und manches einfach nicht wie gewünscht funktioniert, liegt auf der Hand. Und hier kommt Thomas Graf ins Spiel: Immer dann, wenn ein solcher Kran aufgebaut wird, schlägt die Stunde des Inbetriebsetzungsingenieurs. Von Erlangen aus, wo er mit seinen Kollegen stationiert ist, muss er dorthin reisen, wo der fast fertige Kran steht, ihn auf Herz und Nieren prüfen, damit bei der Inbetriebsetzung keine bösen Überraschungen passieren – alles unter starkem Zeitdruck und als Einzelkämpfer. Vier bis sechs Wochen hat er im Normalfall dafür Zeit. Er muss Einstellungen und Optimierungen vornehmen, es ist „Allroundwissen" gefragt. Erst wenn Thomas Graf sein O.K. gibt, gilt der Kran als wirklich fertig. Er setzt die Maschine zum ersten Mal unter Strom. Und er ist der letzte Mann von Siemens, der die Baustelle verlässt.

Diese Verantwortung ist Fluch und Segen zugleich. „Wenn die Maschine nach meiner Arbeit angeschaltet wird und ich sehe, dass alles richtig läuft, dann ist das ein echtes Erfolgserlebnis", erzählt Thomas Graf. „Ich weiß dann: Das habe ich gemacht!" Wieder ein stolzes Lächeln und ein fröhliches Wackeln der Barthaare. Doch die Arbeit im Ausland fordert natürlich auch viel Flexibilität. „Manche Einsätze werden lange im Voraus angekündigt und können geplant werden. Andere kommen ganz plötzlich." Es sei schon vorgekommen, dass er Freitag nach einer erfolgreichen Reise ins Büro kam, und am Montag gleich wieder fliegen musste. Dann hat Graf kaum genug Zeit, Wäsche zu waschen, seine Tasche zu packen und sich auf einen neuen, wochenlangen Aufenthalt im Ausland einzustellen. Doch das schult: „Neulich traf ich einen Bekannten, der fährt kaum ins Ausland. Für eine Fahrt nach München brauchte er mehr Vorbereitungszeit als ich für eine Reise nach China." Sich auf das Reiseziel kulturell vorzubereiten, bleibt dabei zwangsweise auf der Strecke, zumal sich der Inbetriebsetzer gleichzeitig auch auf jede Baustelle und die dortige Technologie intensiv einstellen muss.

In den fast zwanzig Jahren, die er diesen Job jetzt macht, hat Thomas Graf gelernt, sich in allen fremden Regionen zurechtzufinden. Auf alles Heimische will er dennoch nicht verzichten, selbst wenn er um die halbe Welt geflogen ist und sich auch an die exotischste Küche herantraut. Bei einem offiziellen Arbeitsessen bekam er einmal lebenden Tintenfisch serviert. Den hat er dann zwangsweise probiert. „Doch im Zuge der Globalisierung wird jetzt auch das Essen angepasst", sagt Thomas Graf. „In Schanghai saß ich in einem Paulaner Brauhaus". Ein wenig Bekanntes in der Fremde. Man lernt das schon zu schätzen, wenn man so viel unterwegs ist wie er. Nur einmal stand der Inbetriebsetzer vor einem kleinen Versorgungsproblem, erinnert er sich schmunzelnd: In Libyen, wo er 2003 fast ein ganzes Jahr arbeitete,

Thomas Graf (43)
Diplom-Ingenieur (FH) für Elektrotechnik, Schwerpunkt Energietechnik • Hauptaufgabengebiet: Inbetriebsetzung von Containerkranen und Betriebsüberwachung im Stahlwerk • Weltweit tätig, außer Nordamerika (bis jetzt) • Haupteinsatzländer: Vereinigte Arabische Emirate und China sowie Skandinavien • Lebensmotto: Und ist der Weg auch noch so steil, a bisserl was geht allerweil.

„Wenn die Maschine nach meiner Arbeit angeschaltet wird und ich sehe, dass alles richtig läuft, dann ist das ein echtes Erfolgserlebnis. Ich weiß dann: Das habe ich gemacht!"

gab es trotz größter Bemühungen keinen Bohnenkaffee. „Den brachte dann mein Chef mit. Das war wie Weihnachten."

1984 hatte Thomas Graf gerade sein Abitur in der Tasche. Da war es für ihn schwer vorstellbar, dass er später einmal einen Beruf haben würde, in dem er ständig unterwegs ist. Doch vorerst stand für ihn das Studium der Elektrotechnik mit der Fachrichtung Energietechnik auf dem Programm. Etwas mit Bodenhaftung. An der Fachhochschule merkte Thomas Graf schnell, dass er sich für die Maschinen mehr interessierte als für die Nachrichtentechnik. Bei Siemens bewarb er sich, weil er dort mit Maschinen, Steuerungen und Industrieanlagen zu tun bekommen sollte. „Dass das dann konkret die Inbetriebsetzung bedeutet, war eher ein Nebeneffekt", sagt er heute. Über das viele Reisen hatte er sich kaum Gedanken gemacht. Ein besonders ermutigender Faktor wäre es vermutlich nicht gewesen. Denn damals flog er nicht gerne, die Besuche auf Flughäfen machten ihm keine Freude. Zu dieser Zeit wäre er anderen Fluggästen sicher noch aufgefallen, nervös und ängstlich vor der Reise. Doch heute ist er auf allen Flughäfen der Welt heimisch und schon in über 300 verschiedenen Städten gelandet.

Bild oben: China ist das Mutterland des Teeanbaus. Wann damit genau begonnen wurde, lässt sich jedoch nicht nachweisen. Erste Teestreuer konnten aber bereits auf das Jahr 221 v. Chr. zurückdatiert werden. Die Teekultur ist bis heute ein wichtiger Bestandteil des chinesischen Alltagslebens.

Bild links: Immer noch leben nur 43 Prozent der chinesischen Bevölkerung in Städten. Lange Zeit war der Zuzug in die Städte nicht möglich.

215

Sein erstes Projekt bei Siemens bekam Thomas Graf 1990, damals war er gerade 26 Jahre alt. Er half einem erfahrenen Kollegen in Belgien bei der Inbetriebsetzung eines Krans. Auch den zweiten Einsatz, im saarländischen Dillingen, betreute er gemeinsam mit einem älteren Kollegen. Dabei lernte er, wie eine Inbetriebsetzung funktioniert. Schon auf der nächsten Baustelle, Ende 1991, war Thomas Graf ganz auf sich alleine gestellt. „In Triest habe ich meinen ersten eigenen Kran gemacht", erinnert er sich heute. „Das war eine sehr schwierige Sache. Jeder Einsatz ist anders, man

Bild links außen: Thomas Graf mit seinen chinesischen Inbetriebsetzungs-Kollegen auf einem Stacker / Reclaimer in einem Tagebau auf der Insel Majishan, China.

Bild links: Der arabische Hafen-betreiber Dubai Ports World setzt bei seinen Container-Kranen auf Motoren und Steuerungen von Siemens. Siemens lieferte hier die Antriebe und Steuerungen für alle Container-Krane und setzte sie in Betrieb.

kann nie wissen, was einen auf der Baustelle erwartet." Heute löst Thomas Graf solche Probleme routiniert und schnell. So, wie die notwendigen Besuche der Flughäfen und die ungeliebten Luftreisen. Wenn er jetzt mit mehreren Koffern am Check-In-Schalter steht, bringt ihn nichts aus der Ruhe. Wenn er Ersatzteile für eine Maschine selbst transportieren muss und damit im Zoll hängen bleibt, ist er gelassen. Nur wenn der Zoll die wichtige Lieferung ein-behält und er tagelang mit der Arbeit nicht beginnen kann, dann wird Thomas Graf nervös. Er will die Arbeit trotz aller Unwägbarkeiten unter Kontrolle haben, sie aus eigener Kraft beenden können.

„Am liebsten sind mir immer noch die schwierigen Projekte, da lernt man am meisten", erzählt er. Aufgeben, das würde ihm nie in den Sinn kommen. „Wenn ich einmal etwas angefangen habe, mache ich es auch zu Ende!" 2007 hatte er auf einer Baustelle in Spanien zum ersten Mal selbst einen jungen Nachwuchsingenieur betreut. So schließt sich der Kreis nach zwanzig Jahren Berufsleben. „Da habe ich zum ersten Mal gemerkt, wie viel Erfahrungen ich inzwischen gesammelt habe."

Im Prinzip, davon ist der Inbetriebsetzer überzeugt, könnte jeder diesen Beruf machen, der sich für Maschinen begeistert. „Eine bestimmte Begabung gehört dazu, doch die Noten in Mathematik und Physik sind nicht entscheidend", glaubt er. Selbst die Fremdsprachenkenntnisse, so nötig sie im Job auch sind, kann man später noch verbessern. „Ich muss heute mit Kunden und Kollegen überall auf Englisch diskutieren. Das hätte ich als Schüler nicht gedacht", gibt Thomas Graf zu. Damals interessierte ihn der Englischunterricht nicht besonders. Mittlerweile hat er mit der Fremd-sprache keine Schwierigkeiten mehr. Aber Interesse an Technik, betont er

immer wieder, das sei unabdingbar, sonst würde sich das Studium schon zur unüberwindbaren Hürde auftürmen. „Man geht ja kaputt, wenn man ständig etwas machen muss, das einen nicht interessiert." Darüber könnten auch die schönsten Reiseziele nicht hinweghelfen. Zumal der Urlaubsfaktor bei seinen Dienstreisen eher klein sei: „Ich arbeite meist sechs Tage in der Woche und mache dann höchstens am Sonntag eine Sightseeing-Tour."

In den zwanzig Jahren Berufsleben hat sich der Arbeitstalltag für Thomas Graf stark verändert. Besonders, seit die Kommunikationstechnik Einzug gehalten hat. „Am Anfang hatten wir noch kein Handy. Da musste man sich mit dem Chef zum Telefonieren verabreden und konnte das immer mit einer Kaffeepause im warmen Büro-Container verbinden", erinnert er sich. 1993 bekam er von einem Kunden zum ersten Mal ein Handy in die Hand gedrückt. Da waren die Gespräche mit Erlangen plötzlich jederzeit möglich und die kurze Kaffeepause fiel weg. „Es hat eben alles seine Vor- und Nachteile", sagt Thomas Graf mit einem Lachen. Besonders die Verbreitung des Internets hat die Arbeit der Inbetriebsetzer erleichtert. Um an spezielle Handbücher ranzukommen, brauchte Thomas Graf früher immer ein Faxgerät oder musste sich die Daten auf einer Diskette schicken lassen. Das dauerte oft mehrere Tage und ließ ihn wieder abhängig von anderen sein. „In den vergangenen Jahren war ich aber noch nie an einem Ort, wo es kein

„Am Anfang hatten wir noch kein Handy. Da musste man sich mit dem Chef zum Telefonieren verabreden und konnte das immer mit einer Kaffeepause im warmen Büro-Container verbinden."

Dubai Ports World (DP World) ist einer der drei größten Hafenkonzerne weltweit. Das Löschen und Beladen der Schiffe spielt sich hier überwiegend an computergesteuerten Terminals ab. Siemens lieferte hierfür Antriebe und Steuerungen und nahm alle Container-Krane in Betrieb. Die drei Bilder zeigen Ausschnitte aus dem Hafenbetrieb.

Internet-Cafe gab. Dort kann man sich solche Dokumente schnell schicken lassen oder von einem Server abrufen."

Wenn man, wie Thomas Graf, mehrere Monate im Jahr auf Reisen ist, muss man für den eigenen Urlaub nicht mehr so weit wegfahren. Deshalb wird man ihn auch kaum auf einem Flughafen treffen, wenn er in seine private Erholungszeit startet. „Ich bleibe in der Nähe, in Deutschland oder Österreich", sagt der 43-Jährige. Da ahnt man es wieder: Obwohl er schon Hunderttausende von Kilometern geflogen ist, fühlt er sich trotzdem ein wenig unwohl an Bord der Flugzeuge. Nur anmerken lässt er es sich nicht mehr, schon gar nicht vor den anderen Menschen in den Terminals. Privat mag Thomas Graf Berge, zum Wandern oder Skifahren. Um auch bei seinen Einsätzen für Siemens fit zu bleiben, geht er täglich joggen. Das konnte er bis jetzt auf allen Baustellen machen – nur in Kolumbien wurde ihm davon abgeraten, wegen der angespannten Sicherheitslage. Dafür wurde er aber entlohnt, denn in seinem Hotel fand gleichzeitig die Miss Kolumbien-Wahl statt. Überhaupt: die Sicherheitslage. Thomas Graf hat, trotz der Arbeit in mancher Krisenregion, bisher noch keine Probleme gehabt. Außer durch die Präsenz der Sicherheitsmänner, die in Kolumbien seine Jogging-Pläne durchkreuzten, fühlte er sich in den Ländern, die er besuchte, nie eingeengt oder gefährdet. Er wurde noch nie ernsthaft krank.

Eine Frau und Kinder hat Thomas Graf nicht, obwohl es viele Kollegen gibt, bei denen sich die berufliche Weltenbummelei mit einer Ehe gut verbinden lässt. Trotz der zahlreichen Reisen gibt es für den Inbetriebsetzer jedoch eindeutig ein Zuhause. „Meine Heimat ist Deutschland", sagt er überzeugt. Seine Mutter wohnt in einem kleinen Dorf in Bayern, sie besucht er bei seinen Aufenthalten in Deutschland oft. Es ist eine beschauliche, kleine Oase der Ruhe, wenn er von den lärmenden Baustellen zurückkommt. Außerdem hat Thomas Graf seit 2004 eine Wohnung in Fürth, die ein fester Punkt in seinem rastlosen Beruf geworden ist. „Nur Blumen habe ich da noch nicht stehen. Die sollen in diesem Jahr kommen – und die Nachbarn müssen sie dann eben oft gießen."

---

1 Die chinesische Kalligraphie gilt vor allem als Kunstrichtung und steht in engem Zusammenhang mit der chinesischen Malerei. Bei beiden werden die „Vier Schätze des Gelehrtenzimmers" verwendet: Papier, Stangentusche, Schreibpinsel und Reibstein.

2 Hongkong ist nicht einfach eine chinesische Stadt wie jede andere. Es ist eines der bedeutendsten Finanzzentren Asiens, verfügt über eine der fortgeschrittensten Informations- und Telekommunikationsinfrastrukturen der Welt und besitzt die grandioseste Skyline der Welt.

3 Die Anzahl der Flugverbindungen von und nach China steigt stetig. Viele Städte besitzen neue Flughäfen beziehungsweise bauen gerade welche, meist mit riesigen Dimensionen. Bis zum Jahr 2020 sollen knapp 100 neue Flughäfen in China gebaut werden.

4 Ab und zu erholen sich auch Inbetriebsetzer in Urlaubsgebieten, wie hier im benachbarten Malaysia auf der Insel Penang. Das Bild zeigt die Marktstände am Aufstieg zum Nebeltempel.

5 Stacker / Reclaimer in einem Tagebau auf der chinesischen Insel Majlshan, den Thomas Graf in Betrieb setzte.

6 In Dschebel Ali, einem ehemals kleinen Dorf 40 Kilometer von Dubai entfernt, entstand der größte je von Menschenhand erbaute Hafen. Dieser Knotenpunkt verbindet Indien mit Afrika und China mit Europa. Dubai Ports World steht nach Rotterdam und vor Hamburg an achter Stelle der weltgrößten Containerhäfen.

7 Im ersten Moment ist auch ein Inbetriebsetzer von der Fülle an exotischen Lebensmitteln eines chinesischen Supermarktes überfordert. Viele gewohnte Lebensmittel wie Schwarzbrot oder Käse wird man hier vergeblich suchen. Jedoch findet man eine Vielzahl an Nudelgerichten.

Nachwort

Jørgen Ole Haslestad, CEO Industry Solutions Division der Siemens AG

„Business People" ist ein Schlagwort. Es bezeichnet allgemein jene Manager im grauen Zweireiher in leitender Position, die ein Unternehmen führen. Ihr Maßstab für persönliche Leistung ist die Anerkennung durch Aktionäre und Börse.

„People Business" ist auch ein Schlagwort. Es bezeichnet die grauen Heerscharen von Frauen und Männern, ohne die nichts geht und ohne die es nicht geht. Aber erst wenn wirklich nichts mehr geht, bekommen diese Dienstleister ein Gesicht.

Das Geschäft von „Industry Solutions" ist ein „People Business". Es beruht wesentlich auf dem Wissen und der Erfahrung unserer Mitarbeiter. Technische Kompetenz, vernetztes Denken, unternehmerisches Handeln und die Fähigkeit, sich in verschiedenen Kulturen zu bewegen, prägen die Persönlichkeiten, die den Spirit von „Industry Solutions" ausmachen. Wir haben mit diesem Buch versucht, unserem „People Business" ein Gesicht zu geben.

„Die Inbetriebsetzung ist der Prüfstein", sagen die Kunden von Siemens und meinen damit nicht nur die gelieferte Technologie, sondern auch die gute Geschäftsbeziehung. Erst wenn auch wirklich alles funktioniert, was im Vertrag vereinbart wurde, schreibt ein Unternehmen Erfolgsgeschichte. Viele Menschen tragen dazu bei, bis eine Anlage läuft. Und keine Anlage ist wie die andere: Hier ist es die schnellste Briefsortieranlage, dort der größte Hochofen, die breiteste Papiermaschine, die schnellste Passagierabfertigung oder das sicherste Schiff. Immer sind es die Menschen, die die Grenzen des technisch Machbaren weiter nach vorn verschieben.

Diese Ingenieure, Inbetriebsetzer und Projektleiter, Frauen wie Männer, verändern die Welt wie einst Firmengründer Werner von Siemens. Mit seinen Projekten wie dem Bau der Telegraphenstrecke von Berlin nach Frankfurt/ Main, den Seekabelverbindungen nach Amerika oder der Indo-Europäischen Telegrafenlinie hat er überall in der Welt technologische Herausforderungen und Risiken angenommen und gelöst. So wie er stehen heute unsere Mitarbeiterinnen und Mitarbeiter für wirtschaftliche und technische Entwicklungen, für Innovationen und neue technologische Meisterleistungen. Ihre Arbeit ist ein Asset, für das es keine Börsenbewertung gibt und das auch in keinem Jahresbericht bilanziert wird, dem aber die Marke Siemens seit Anbeginn ihrer Geschichte weltweite Achtung verdankt und durch den sie sich gerade in einer globalisierten Welt vom Wettbewerb unterscheiden kann.

Jørgen Ole Haslestad

Die Autoren

Porträt Zellner

Melanie Völk, Jahrgang 1984, studiert seit 2005 an der Katholischen Universität Eichstätt-Ingolstadt. Neben dem Journalistik-Studium schreibt sie für verschiedene Zeitungen.

Porträt Bausch

Jürn Kruse ist 1985 in Husum an der Nordsee geboren und studiert heute Journalistik und Politikwissenschaft in Leipzig. Unter anderem arbeitete er für die Husumer Nachrichten, die Berliner Zeitung und das Fußballkulturmagazin 11FREUNDE.

Porträts Knauder und Schappert

Anika Galisch wurde 1984 geboren und studiert heute Germanistik, Journalistik und Literaturwissenschaft in Leipzig. Unter anderem arbeitete sie schon für die Leipziger Volkszeitung, die Radionachrichtenagentur SNN und das Kulturmagazin Kreuzer.

Porträts Tesfai / Warkentin und Baumgartner / Tschemernjak

Felix Stephan studiert Journalistik und Germanistik in Leipzig und Zürich. Er schreibt unter anderem für die Berliner Zeitung, den Tagesspiegel und die Leipziger Volkszeitung.

Porträts Hälßig und Djumlija

Sebastian Wieschowski, Jahrgang 1985, absolvierte nach Abitur und Zivildienst eine Ausbildung an der Kölner Journalistenschule. Neben dem Journalistikstudium in Eichstätt gibt er das Jugendmagazin „Rheintaucher" heraus und arbeitet als Reporter für Spiegel Online.

Porträt Böhm

Kathrin Löther, geb. 1985, studiert Journalistik, VWL und Unternehmensethik an der KU Eichstätt-Ingolstadt. Praktika u.a. bei Bayern2Radio, epd, Pleon. Schwerpunkte: Reportagen / Porträts aus den Bereichen Soziales, Gesellschaft, Medizin, CSR.

Porträts Aichinger und Schmidt

Claudia Reiser, Jahrgang 1984, studiert an der Uni Leipzig Journalistik und Kulturwissenschaften. Sie absolvierte Praktika in diversen Fernsehredaktionen, u.a. bei N24 und ATV in Wien, und ist freie Mitarbeiterin beim Radiosender mephisto 97.6.

Porträt Seitz

Johanna Kempter, 1986 in Augsburg geboren, studiert Jounalistik und Neuere deutsche Literatur in Eichstätt. Sie hospitierte bereits bei verschiedenen lokalen Radiosendern und Zeitungen. Neben dem Studium arbeitet sie als freie Journalistin im Hörfunk.

Porträt Arango

Pamela Przybylski, wurde 1985 in Westfalen geboren und ist dort zweisprachig (Deutsch-Polnisch) aufgewachsen. Seit 2004 studiert sie Journalistik in Eichstätt und arbeitet neben dem Studium als freie Journalistin im Print- sowie Fernsehbereich.

Porträt Rossmann

Karin Janker, Jahrgang 1986, studiert Journalistik, Neuere deutsche Literatur, Lateinamerikanistik, Philosophie und Politik an der Uni Eichstätt. Sie hospitierte in Print- und Fernsehredaktionen. Neben dem Studium arbeitet sie als freie Journalistin.

Porträt Hollederer

Simon Pausch, 23, studiert seit 2004 Journalistik und Germanistik in Leipzig. Bisher war er vornehmlich auf dem Gebiet des Sportjournalismus aktiv. Zuletzt arbeitete er für die Berliner Zeitung.

Porträt Gregorc

Andreas Raabe, wuchs auf an der Ostsee. In seiner Heimatstadt Rostock studierte er Philosophie und Politik. Er drehte Dokumentarfilme, arbeitete als Pressefotograf und fuhr um die Welt. Seit 2003 studiert er Journalistik und Psychologie in Leipzig und schreibt für Magazine und Tageszeitungen.

Porträt Bleier

David Klaubert, Jahrgang 1983, kommt ursprünglich aus dem Allgäu. Nach dem Abitur arbeitete er ein Jahr in einer Kindertagesstätte in Brasilien. Seit 2005 studiert er Journalistik, Politik und Lateinamerikanistik an der KU Eichstätt-Ingolstadt.

Porträt Brunner

Martin Wimösterer, 23, studiert Journalistik, Politik und Lateinamerikanistik in Eichstätt. Er stammt aus Mühldorf am Inn und arbeitet als freier Mitarbeiter unter anderem für das Oberbayerische Volksblatt und die Passauer Neue Presse.

Porträt Stich-Kaulbarsch

Nicole Stroth ist viel herumgekommen: Die gebürtige Berlinerin mit hessischen Wurzeln wohnte auch in Halle und in Hamburg. Ihr Journalistikstudium absolvierte sie an der Katholischen Universität Eichstätt-Ingolstadt. Bald fängt die 25-Jährige ihr Volontariat an.

Porträt Habenstein / Oetjen

Matthias Fleischer wurde 1985 in Nürnberg geboren und studiert seit 2006 Journalistik an der Katholischen Universität Eichstätt-Ingolstadt. Er arbeitet als freier Journalist für verschiedene Zeitungen.

Porträt Schirra

Peter Allgaier, geboren 1979 in Zwiesel im bayrischen Wald. Erste Medienerfahrungen beim Lokalfernsehen. Volontariat / Redakteur von 2001 bis 2004, seit April 2005 Studium in Eichstätt.

Porträts Schuster und Stukenkemper

Christian Mörsch wurde 1980 in Darmstadt geboren. Dort und im malerischen Schwäbisch Hall in Baden-Württemberg ist er aufgewachsen. Er studiert Politik, Journalistik und Lebenskunst in Leipzig.

Porträts Graf und Flick

Jan Berger, Jahrgang 1982, lebte von 1983 bis 1989 in China. Heute studiert er in Leipzig Journalistik und Soziologie. Erfahrungen sammelte er bei Deutschlandradio, ddp und der Freien Presse Chemnitz. Jan Berger volontierte bei der Saarbrücker Zeitung.

Porträt Klußmeyer

Sabine Metzger wurde 1983 in Mannheim geboren und studiert seit 2004 Journalistik an der Katholischen Universität Eichstätt-Ingolstadt. Im PR-Bereich arbeitete sie bereits für die Stadt Mannheim, die BASF AG und das Deutsche Generalkonsulat in Toronto.

Porträt Zuleger

Florian Bamberg, 26, studiert Journalistik und Psychologie in Leipzig. Nebenher arbeitet er als freier Autor für die Leipziger Volkszeitung, DB Mobil und die Musikzeitschrift Juice. Als Drehbuchautor schrieb er für die Krimiserie Ohrenzeuge (Fritz / RBB).